普通高等教育"十一五"国家级规划教材

单片微型计算机原理与接口技术
（第四版）

高 锋 编著

科学出版社

北 京

内 容 简 介

本书以 80C51 系列单片微机为主讲机种，主要介绍单片微型计算机的原理与接口技术，内容包括单片微机基本硬件配置、指令系统和程序编程、片内常用功能部件(中断、定时器/计数器、串行口)应用编程和单片微机的接口技术(存储器、I/O、A/D 接口、D/A 接口、键盘接口及显示接口的原理和扩展方法，串行扩展原理和方法、可靠性设计技术和低功耗设计技术)等内容。

本书采用双色印刷，概念清楚，叙述详细，例题丰富，阅读二维码链接的相关数字资源，有助于理解部分重点内容。

本书可作为高等院校本科"单片微机原理与接口技术"课程的教学用书，也可作为大专院校、远程教育或单片微机培训班的教材，还可供从事单片微机应用的技术人员参考。

图书在版编目(CIP)数据

单片微型计算机原理与接口技术/高锋编著. —4 版. —北京：科学出版社，2020.4
(普通高等教育"十一五"国家级规划教材)
ISBN 978-7-03-064002-4

Ⅰ. ①单… Ⅱ. ①高… Ⅲ. ①单片微型计算机-理论-高等学校-教材②单片微型计算机-接口技术-高等学校-教材 Ⅳ. ①TP368.1

中国版本图书馆 CIP 数据核字(2019)第 293125 号

责任编辑：余 江 / 责任校对：郭瑞芝
责任印制：赵 博 / 封面设计：迷底书装

科学出版社 出版
北京东黄城根北街 16 号
邮政编码：100717
http://www.sciencep.com

天津市新科印刷有限公司印刷
科学出版社发行 各地新华书店经销
*

2003 年 2 月第 一 版 开本：787×1092 1/16
2007 年 4 月第 二 版 印张：16 1/2
2013 年 6 月第 三 版 字数：402 000
2020 年 4 月第 四 版 2025 年 1 月第 25 次印刷

定价：59.80 元
(如有印装质量问题，我社负责调换)

前　言

单片微机又称微控制器(MCU)，全世界的年产量超过 160 亿片，而且还在迅速地增长。简单的如玩具、家用电器，复杂的如仪器仪表、工业控制、军用设备等，几乎每一领域都可看到单片微机的应用。单片微机的应用带来了"智能化"、"傻瓜化"，使控制更灵活、设备更精确，并符合"绿色"电子的要求。

目前，提供单片微机的公司及厂家越来越多，可供用户选择的单片微机型号也层出不穷。Intel 公司的 MCS-51 单片微机在我国流行了几十年，至今仍在发展。特别是 MCS-51 实施技术开放以后，由于 Philips、ISSI、Atmel、ADI、Dallas、Siemens 等知名公司的介入，在 MCS-51 基础上形成了新一代的 80C51 系列单片微机，使 80C51 的应用领域更宽广。另外，由于在 80C51 单片微机中采用了 Flash ROM，基于 Flash ROM 的 ISP（in system programmable）技术，软件工具已有 C 编译器和实时多任务操作系统等，因此单片微机可以在目标板上在线实时仿真，从而提高了工作效率，缩短了开发周期，适应了商品经济的发展。

正由于 80C51 的上述特点，目前多数高校都以 80C51 单片微机为基础介绍单片微机的原理与接口技术。本书也是以 80C51 单片微机为典型，介绍单片微机的原理及应用。全书共 9 章，除第 1 章"绪论"外，各章主要内容如下：①第 2 章主要介绍硬件，重点是 80C51 的内部主要硬件结构；②第 3、4 章主要介绍软件，重点是 80C51 的指令系统及软件编程方法；③第 5~7 章主要介绍 80C51 内部功能部件的原理及应用编程，特点是软、硬件相结合；④第 8 章主要介绍 80C51 的系统扩展接口技术，包括串行扩展原理和方法、可靠性设计技术和低功耗设计技术等；⑤第 9 章通过几个例子介绍单片微机的扩展和应用。

本书是作者根据多年从事本科生"微机原理与接口技术"课程理论教学和实践教学的经验与体会，对 2013 年 6 月出版的第三版的一些内容进行修订而成的。为了帮助读者更好地理解本书内容，作者编写了《单片微型计算机原理与接口技术——习题、实验与试题解析》一书，可与本书配套使用。

本书的编写，得到浙江大学"微机原理与接口技术"课程的任课老师和电气工程学院领导的帮助和鼓励，得到使用本书的兄弟院校多位老师的支持，在此表示衷心感谢。本书参考了"参考文献"所列教材和专著中的一些内容，在此向原著者表示感谢！

由于作者学识水平有限，书中难免会有不妥之处，恳请读者不吝赐教。

作　者

2019 年 10 月于浙江大学玉泉校区

目　　录

第 *1* 章

摘要：本章介绍单片微机的概念与发展，以及单片微机的应用。从而理解学习单片微机原理与接口技术的目的，了解本书的教学重点和学时安排。

1.1 单片微机的概念与发展

1.1.1 单片微机的概念

单片微机是单片微型计算机(single chip micro computer，SCMC)的译名简称，在国内也常简称为"单片微机"或"单片机"，是一种集成电路芯片，是采用超大规模集成电路技术把具有数据处理能力的中央处理器(CPU)、随机存储器(RAM)、只读存储器(ROM)、多种输入/输出(I/O)口和中断系统、定时器/计数器等功能(可能还包括显示驱动电路、脉宽调制电路、模拟多路转换器、A/D 转换器等电路)集成到一块硅片上构成的一个小而完善的微型计算机系统，在工业控制领域被广泛应用。从 20 世纪 80 年代，由当时的 4 位、8 位单片微机发展到现在的 300M 的高速单片微机。现在，单片微机已不仅指单片计算机，还包括微计算机(microcomputer)、微处理器(microprocessor)、微控制器(micro controller unit，MCU)和嵌入式控制器(embedded controller)，单片微机已是它们的俗称。

单片微机主要应用于工业控制领域，用来实现对信号的检测、数据的采集以及对应用对象的控制。由于单片微机扩展了各种控制功能，如 A/D、PWM、计数器的捕获/比较逻辑、高速 I/O 口、WDT 等，已突破了微型计算机的传统内容，所以，更准确地反映其本质的叫法应是微控制器。又由于它完全作嵌入式应用，故又称为嵌入式微控制器(embedded microcontroller)。国际上常把单片微机称为微控制器。本书中主要使用"单片微机"一词。

除了工业控制领域，单片微机在实时工控、通信设备、导航系统、医疗设备、家用电器、电子玩具、通信、高级音响、图形处理、语言设备、机器人、计算机、汽车电子设备等各个领域迅速发展。目前单片微机的世界年产量已达 160 多亿片。由此可以看出单片微机的广泛应用和发展前景。

根据总线的宽度不同，单片微机可分为 4 位机、8 位机、16 位机和 32 位机。4 位机和 8 位机的销量几乎平分秋色，但从发展来看，由于半导体技术的发展，8 位机和 4 位机之间的价格差距越来越小，8 位机的性能价格比越来越高。所以，在将来较长一段时间内，8 位机是单片微机的主流机种。而且，4 位机和 8 位机主要用于家电、电子玩具、电话、一般性的工业控制等处理速度要求不太高而又需有较大批量的领域；16 位机和 32 位机主要用于图像图形处理、机器人、高速数据通信等技术要求高的场合。近几年 32 位机得到了快速发展，其性价比越来越高，其应用领域不断拓展。在我国，消费类产品的生产制造和需求数量非常巨大，如彩电、冰箱、洗衣机等，而这类产品大多对单片微机的要求相对简单，且对单片微机价格相对更加敏感，因此，在这类产品中以 8 位单片微机，甚至是 4 位单片微机为主。同时，8 位单片微机应用的主力市场——汽车电子领域的高速增长，也是带动这一市场保持主流地位的有利因素。此外，随着供应商不断提高自身的产品性能、丰富产品的功能，8 位单片微机依靠自身的价格优势、较低的功耗及较小的尺寸，进一步抢占了部分 16 位单片微机的市场份额，从而更加巩固了主流产品的市场地位。努力研究、推广 8 位单片微机的应用比较适合我国的国情，对形成我国的单片微机应用产业有很大的好处。

在 8 位单片微机中，主要有以 Intel 公司为代表的 MCS-51 系列，以 Zilog 公司为代表的 Z8 系列等。Intel 公司的 MCS-51 系列单片微机因其优良的性能价格比、通畅的供货渠道、国产低价的仿真器、较全的技术资料而较早地占领了中国的单片微机市场，并为广大工程技术人员所熟悉。世界上很多著名半导体厂商都选购 Intel 公司的 MCS-51 单片微机专利而生产其派生产品，从而使 80C51 系列单片微机的阵容日趋庞大。众多的 80C51 系列产品为用户提供了根据实际用途选择功能上足够而又不浪费的单片微机的可能性和灵活性，使用户系统更能体现出体积小、功能强、价格便宜的优点。

1.1.2　单片微机的发展

随着单片微机技术的不断发展和 80C51 系列单片微机成员的不断扩大，单片微机的品种除了有不带片内 ROM、带片内掩模 ROM 和带片内 EPROM 三种基本品种外，还出现了带片内 E^2PROM、带片内闪速存储器(Flash)，以及具有高电磁兼容性的单片微机等。单片微机的新技术层出不穷，如监视定时器(WDT，俗称看门狗)、集成电路间互连总线(I^2C 总线)、控制域网络总线(CAN 总线)、直接存储器存取(DMA)、振荡器失效检测(OFD)、射频干扰减小(RFI)方式、低功耗方式等。这些新出现的单片微机品种和单片微机技术的新进展，无疑会对单片微机的应用产生巨大的推动作用。

众所周知，计算机必须由三大基本单元，即中央处理器、存储器和输入/输出设备组成。单片微机在一块芯片上集成了运算器、定时器、片内振荡器和控制器，构成了通常所说的 CPU；在同一芯片上集成了 ROM/EPROM、RAM、特殊功能寄存器(SFR)和存储器扩展控制器，构成了单片微机的存储器；还集成了可编程并行 I/O 控制、串行口控制器、A/D 转换器及 D/A 输出，构成了单片微机的输入/输出通道。尽管单片微机中没有键盘等输入设备，也没有 CRT 等输出设备，但单片微机允许利用 I/O 接口与各种输入/输出设备相连。

1970 年微型计算机研制成功之后，随着大规模集成电路的发展又出现了单片微机，并且按照不同的发展要求，形成了两个独立发展的分支。美国 Intel 公司 1971 年生产的 4 位单片微机 4004 和 1972 年生产的雏形 8 位单片微机 8008，特别是 1976 年 MCS-48 单片微机问世以来，在短短的二十几年间，经历了四次更新换代，其发展速度为每 2～3 年更新一代，集成度增加一倍，功能翻一番。发展速度之快、应用范围之广，已达到了惊人的地步。它已渗透到生产和生活的诸多领域，可谓"无孔不入"。

1976 年 Intel 公司首先推出 MCS-48 系列单片微型计算机。它已包括计算机的三个基本单元,成为真正意义的单片微机,赢得了广泛的应用,为单片微机的发展奠定了基础,成为单片微机发展进程中的一个重要阶段。

在 MCS-48 单片微机成功的刺激下,许多半导体公司和计算机公司争相研制和发展自己的单片微机系列。到目前为止,世界各地厂商已研制出几十个系列、上千品种的单片微机产品。其中包括飞思卡尔(Freescale)公司的 MC68HC08 系列等,Zilog 公司的 Z-8 系列,Rockwell 公司的 6501、6502 等。此外,日本的 NEC 公司、日立公司(Hitachi)、Epson 公司及韩国 LG 公司等,也都相继推出了各具特色的单片微机品种。

飞思卡尔半导体公司前身为摩托罗拉(Motorola)半导体产品部,在微控制器与应用处理器领域长期居全球市场领先地位。公司的微控制器与应用处理器产品系列齐全,由封装形式(DIP、SOIC、QFP 等)不同,温度范围不同,所含模块不同等构成了庞大的飞思卡尔微控制器与应用处理器产品系列(8 位微控制器、16 位微控制器、32 位微控制器与处理器),应用于嵌入式系统的各个领域。Freescale 近年来陆续推出了 ARM Cortex-M0+/M4 内核的 Kinetis 系列微控制器。

对工业控制、智能仪表等诸多较高层次的应用领域,8 位单片微机系列在性能、价格两方面有较好的兼顾。

MCS-51 应用非常广泛,成为继 MCS-48 之后最重要的单片微机品种。直到现在 MCS-51 仍不失为单片微机中的主流机型。由于 8 位单片微机的高性能价格比,今后它仍将是单片微机中的主流机型。

在 8 位单片微机之后,16 位单片微机也有很大发展。例如,1983 年 Intel 公司推出的 MCS-96 系列单片微机就是其中的典型代表。飞利浦公司推出了与 80C51 在源码级相兼容的 16 位单片微机,即 80C51XA(每一条 80C51 指令可以 1:1 地被翻译成一条 XA 指令,仅 XCHD 指令除外),用户不需投入很多的人员和软件开销就能提高产品性能。80C51XA 具有的高性能包括执行速度快、支持高级语言(如 C 语言)、支持实时多任务执行、易于形成派生系列产品、地址宽度可变(用户可以方便地将外部地址线宽度选定为 12 位、16 位、20 位、24 位)等。在工业控制产品、高档智能仪表、彩色复印机、录像机等应用领域,16 位单片微机大有用武之地。

近几年 32 位单片微机也得到快速发展,如 ARM 处理器系列,Freescale 公司的 Cold Fire 系列 32 位机等。

当前,单片微机的种类和功能层出不穷,各个芯片厂家为基于单片微机的应用开发提供了众多的选型可能,既推出不同位数的内核,又在同一内核的芯片中集成不同的功能,用户可以根据自己的应用需求选择适合自己的单片微机。同时,芯片厂家为了方便用户开发以及加快开发周期,纷纷推出开发板和应用例程。当然,随着单片微机性能越来越强大,功能越来越多,单片微机开发的难度也不断增大。有的单片微机价格甚至不到一元钱,对于一些只需简单功能要求的产品非常有用。

单片微机正朝多功能、多选择、高速度、低功耗、低价格、扩大存储容量和加强 I/O 功能及结构兼容方向发展。预计,今后的发展趋势不外乎在以下几个方面。

(1)多功能

在单片微机中尽可能多地把应用系统中所需要的存储器、各种功能的 I/O 口都集成在一块芯片内,即外围器件内装化,如把 LED、LCD 或 VFD 显示驱动器集成在 8 位单片微机中，把 A/D、D/A 乃至多路模拟开关和采样/保持器也集成在单片微机芯片中，从而成为名副其实的单片微机。嵌入式片上系统(SOC)得到进一步发展。

(2)高性能

为了提高速度和执行效率,在单片微机中开始使用 RISC(精简指令集计算机)体系结构、并行流水线操作和 DSP(信号处理器)等的设计技术,使单片微机的指令运行速度得到大大提高,其电磁兼容等性能明显地优于同类型的微处理器。

(3)低功耗

单片微机采用两种半导体工艺生产,HMOS 工艺即高密度短沟道 MOS 工艺,具有高速度和高密度；CHMOS 工艺即互补金属氧化物的 HMOS 工艺,除具有 HMOS 的优点外,还具有 CMOS 工艺的低功耗特点。如 8051 的功耗为 630mW,而 80C51 的功耗仅 120mW。

从第三代单片微机起开始淘汰非 CMOS 工艺。目前,数字逻辑电路和外围器件等都已普遍 CMOS 化。

(4)推行串行扩展总线

推行串行扩展总线可以显著减少引脚数量,简化系统结构。随着外围器件串行接口的发展,单片微机的串行接口的普遍化、高速化,使得并行扩展接口技术日渐衰退。而许多公司都推出了删去了并行总线的非总线单片微机,需要外扩器件(存储器、I/O 等)时,采用串行扩展总线,甚至用软件虚拟串行总线来实现。

(5)特殊功能应用的单片微机

这些单片微机非通用单片微机,而是专为某一特殊应用而设计的专用单片微机。如 USB 单片微机、以太网单片微机、蓝牙单片微机等,这些单片微机有 8 位 RISC 内核的,也有 32 位内核的,通过集成 USB 控制器、以太网控制器、蓝牙控制器、SM4/AES 加解密算法等功能模块,使得基于这种单片微机开发 USB、以太网、蓝牙的应用非常方便。

(6)多核单片微机

随着用户需求越来越多样,集成多个内核的单片微机近来也陆续推出,应用难度也越来越高。

(7)AI 处理器

人工智能方兴未艾,在一颗芯片上集成有特殊人工智能算法的处理器不断面世,AI 处理器已经商用。

1.2 80C51 系列单片微机

8051 单片微机是美 Intel 公司在 1980 年推出的 MCS-51 系列单片微机的第一个成员,MCS 是 Intel 公司的注册商标。凡 Intel 公司生产的以 8051 为核心单元的其他派生单片微机都可称为 MCS-51 系列,有时简称为 51 系列。其他公司生产的以 8051 为核心单元的其他派生单片微机却不能称为 MCS-51 系列,只能称为 8051 系列。也就是说,MCS-51 系列是专指 Intel 公司生产的以 8051 为核心单元的单片微机,而 8051 系列泛指所有公司(也包括 Intel 公司)生产的以 8051 为核心单元的所有单片微机。

80C51 系列单片微机包括 Intel 公司的 MCS-51 单片微机,也包括以 8051 为核心单元的世界许多公司生产的单片微机,如 Philips(飞利浦公司)的 83C552 及 51LPC 系列等、

Siemens(西门子公司)的 SAB80512 等、AMD(先进微器件公司)的 8053 等、OKI(日本冲电气公司)的 MSM80C154 等、Atmel 公司的 Flash 单片微机 89C51 等、ADI 公司的 ADμC8××的高精度系列等、Dallas 公司的 DS5000/DS5001 等、华邦公司的 W78C51 及 W77C51 等、LG 公司的 GMS90/97 低压高速系列等、Maxim 公司的 DS89C420 高速(50MIPS)系列等。

80C52 系列单片微机是 80C51 系列的增强型，主要是增强了以下几点：片内 ROM 从 4KB 增加到 8KB；片内 RAM 从 128 字节增加到 256 字节；定时器/计数器从 2 个增加到 3 个；中断源从 5 个增加到 6 个。

从 MCS-48 单片微机发展到如今的新一代单片微机，大致经历了三代。以 Intel 8 位单片微机为例，这三代的划分大致如下。

第一代：以 **MCS-48** 系列单片微机为代表。属于低性能单片微机阶段。

1976 年 9 月，Intel 公司推出 MCS-48 系列 8 位单片微机，含 8 位 CPU、1K ROM、64 字节 RAM、2 个中断源等。它是第一台完全的 8 位单片微机。在与通用 CPU 分道扬镳、构成新型工业微控制器方面取得了成功，为单片微机的进一步发展开辟了成功之路。

第二代：以 **MCS-51** 系列的 **8051**、**8052** 单片微机为代表。

1980 年 Intel 公司推出了 MCS-51 系列 8 位高档单片微机。其主要的技术特征如下。

1) 扩大了片内存储容量和外部寻址空间：片内程序存储器增大为 $4K \times 8$ 位。程序存储器和片外数据存储器的寻址都增加为 64 KB。在片内数据存储器方面，采用 8 位地址，寻址范围为 256 字节。

2) 增强了并行口、增设了全双工串行口 I/O：4 个 8 位并行 I/O 接口，可用于地址和数据的传送，也可与 8243、8155 等连接，进行外部 I/O 接口的扩展；串行 I/O 接口，是一个全双工串行通信口，可用于数据的串行接收和发送，为构成串行通信网络提供了方便。

3) 增加了定时器/计数器的个数并扩展了长度：定时器/计数器由一个增为两个(8052 为三个)，计数长度由 8 位增为 16 位，且有 4 种工作方式。这样，既提高了定时/计数范围，又使用户使用灵活方便。

4) 增强了中断系统：设置有 2 级中断优先级，可接受 5 个中断源的中断请求，中断优先级别可由用户定义。这样，就使 MCS-51 单片微机很适合用于数据采集与处理、智能仪器仪表和工业过程控制。

5) 具备较强的指令寻址和运算等功能：有 111 条指令，分为 4 大类，使用了 7 种寻址方式。这些指令 44% 为单字节指令，41% 为双字节指令，15% 为三字节指令。若用 12 MHz 的晶体频率，50% 的指令可在 1μs 内执行完毕，40% 的指令在 2μs 内执行完毕。此外，还设有减法、比较和 8 位乘、除法指令。乘、除法指令的执行时间仅为 4μs。这样，大大地提高了 CPU 的运算与数据处理能力。

6) 增设了颇具特色的布尔处理机：在指令系统中设置有位操作指令，可用于位寻址空间，这些位操作指令与位寻址空间一起构成布尔处理机。布尔处理机对于实时逻辑控制处理具有突出的优点。

可以看出，这一代单片微机主要的技术特征是为单片微机配置了完善的外部并行总线(地址总线(AB)、数据总线(DB)、控制总线(CB))和具有多机识别功能的串行通信接口(UART)，规范了功能单元的特殊功能寄存器(SFR)控制模式及适应控制器特点的布尔处理系统和指令系统，为发展具有良好兼容性的新一代单片微机奠定了良好的基础。

但是，无论是第一代还是第二代单片机都还未突破单片微机的内涵。

第三代：以 **80C51** 系列单片微机为代表。

它包括了 Intel 公司发展 MCS-51 系列的新一代产品，如 8XC152、80C51FA/FB、80C51GA/GB、8XC451、8XC452，还包括了 Philips、Siemens、ADM、Fujitsu、OKI、Atmel 等公司以 80C51 为核心推出的大量各具特色、与 MCS-51 兼容的单片微机。

80C51 系列单片微机是在 MCS-51 的 HMOS 基础上发展起来的，它们具有 CHMOS 结构。部分厂家所生产的 80C51 系列或与之相兼容的单片微机的特点列于表 1-1～表 1-3 中。由于生产厂家多，芯片种类也多，各个公司都对自己生产的 80C51 单片微机的命名做了规定，造成对芯片型号辨认上的困难。

表 1-1　Philips 公司 80C51 系列的部分单片微机

型　号			存储器/B		定时器/计数器	I/O 脚	串行口	中断	频率/MHz	其他特点
无 ROM	ROM	EPROM	ROM	RAM						
	83C750	87C750	1K	64	1	19		2	40	20 引脚
	83C751	87C751	2K	64	1	19	1	2	16	I^2C
	83C752	87C752	2K	64	1	21	1	2		I^2C
80C31	80C51	87C51	4K	128	2	32	1	2		
80CL31	80CL51		4K	128	2	32	1	10	16	
80C32	80C52	87C52 89C52	8K	256	3	32	1	2	33	
	80C550	83C550 87C550	4K	128	3	32	1	2	16	WDT，AD
	80C552	83C552 87C552	8K	256	4	48	2	2		I^2C，WDT，AD，PWM
		83CE559	48K	2048	4	48	2	2	16	I^2C，WDT，低干扰
83C592 80C592		87C592	16K	512	4	48	2	10	16	CAN WDT

表 1-2　Atmel 公司 89C51 系列的部分单片微机

型　号			存储器/B		定时器/计数器	I/O 脚	串行口	中断	频率/MHz	其他特点
无 ROM	ROM	E²PROM	ROM	RAM						
		89C51 89LV51 89F51	4K	128	2	32	1	6		低电压
		89C52 89LV52	8K	256	2	32	1	7		低电压
		89C55 89LV55	20K							低电压

续表

无 ROM	ROM	E²PROM	ROM	RAM	定时器/计数器	I/O 脚	串行口	中断	频率/MHz	其他特点
		89S8252	8K							
		89LS8252	2K							
		89S53	12K							低电压
		89LV32								
	80F51	87F51	4K	128	2	32	1		6	
	80F52	87F52	8K							
		89C1051	1K							20 引脚
		89C2051	2K							20 引脚
		89C4051	4K							20 引脚

表 1-3　华邦公司 W78C51 和 W77C51 系列的部分单片微机

无 ROM	ROM	E²PROM	ROM	RAM	定时器/计数器	I/O 脚	串行口	中断	频率/MHz	其他特点
W78C31B	W78C51	W78E51	4K	128	2	32	1	5	40	
W78C32B	W78C52	W78E52	8K	256	3	32	1	6	40	
W78C33B	W78C54	W78E54	16K	256	3	36	1	6	40	
	W78C54	W78E58	32K	256	3	36	1	6	40	
	W78C516	W78E516	64K	256	3	36	1	6	40	
	W78L51		4K	128	2	32	1	5	24	
W78L32	W78C52	W78LE52	8K	256	3	32	1	6	24	
W77C32				256	4	32	2	12	40	WDT
	W77C58	W77E58	32K	1K+256	4	32	2	12	40	WDT
		W77LE58							25	

从表 1-1～表 1-3 中可以看出，80C51 系列单片微机保留了 MCS-51 单片微机的所有特性，内部组成基本相同。80C51 系列单片微机增设了两种可以用软件进行选择的低功耗工作方式：待机方式和掉电保护方式。87C51 单片微机是 80C51 含 EPROM 的产品，89C51 单片微机是 80C51 含 E²PROM 的产品。这种单片微机有两级或三级程序存储器保密系统，用于保护 EPROM 或 E²PROM 中的程序，以防止非法拷贝。

新一代的 80C51 系列单片微机除了上述的结构特性外，还向外部电路扩展，有的公司产品配备了串行扩展线，如芯片间的总线(Philips 公司的 I²C 总线)、设备间网络系统总线(CAN 总线)等，为外部提供了完善的总线结构。采用总线方式的应用系统多属较复杂的工控系统、智能仪表、监测系统，或满足这些应用而构成的多机与网络系统。总线方式的单片微机在不使用外部并行总线时，外部并行总线引脚可作为 I/O 口用。在掩模用户程序时，还可要求将这些 I/O 口改造成具有各种驱动能力的 I/O 口。根据应用的需要，部分产品对总线结构做了重大改进，推出了非总线型单片微机，其对外部不存在并行三总线(AB、DB、

CB），必要时可以通过串行总线进行扩展。

1.3　单片微机的应用

　　单片微机的控制功能强、可靠性好(许多部件已集成在芯片内部，对外连线相当少)，非常易于根据应用系统要求进行扩展、功耗非常小、体积非常小，非常适用于各行各业，甚至"上天入地"。单片微机并不神秘，它的应用，首先应是它的控制功能，即在于实现计算机控制，如在线控制应用方面。由于单片微机适合各种应用场合的新品种不断推出，所以它具有很强的生命力。

　　按照所使用单片微机的类型不同，单片微机应用系统结构可分成总线方式和非总线方式。

　　在总线方式的应用系统中，单片微机都具有完善的外部扩展总线，如并行总线(AB、DB、CB)、串行通信总线(如 UART)，通过这些总线可方便地扩展外围单元、外设接口等。

　　非总线方式的应用系统(如 80C51 系列中的 83C751、87C751、83C752、WC752，Motorola 的 MC68HC05 系列中的许多产品)省去了外部并行总线，可构成各种小封装芯片，有限的引脚可提供更多的用户 I/O 口，以使应用系统的芯片数量最少。采用非总线方式的应用系统多属小型控制器、测控单元、单元仪表等。

　　现在单片微机的应用日益广泛，以下大致介绍一些典型的应用领域和应用特点。

　　(1)家用电器领域

应用单片
微机产品
图片

　　国内各种家用电器已普遍采用单片微机控制取代传统的控制电路，做成单片微机控制系统，如洗衣机、电冰箱、空调机、微波炉、电饭煲、电视机、录像机及其他音像设备的控制器。

　　延长便携设备电池的使用寿命，同时创新家庭娱乐，为消费者创造连接更紧密、更高效的娱乐环境。包括电子阅读器、家用媒体电话、智能手机、游戏及传感器。

　　智能医疗仪器得到快速发展。

　　(2)办公自动化领域

　　一台 PC 机可嵌入 10 个单片微机，如键盘、鼠标、显示器、CD-ROM、声卡、打印机、软/硬盘驱动器、调制解调器等。

　　现代办公室中所使用的大量通信、信息产品，如绘图仪、复印机、电话、传真机及考勤机等，多数都采用了单片微机。

　　(3)工业自动化领域的在线应用

　　如工业过程控制、过程监测、工业控制器及机电一体化控制系统等，这些系统除一些小型工控机之外，许多都是以单片微机为核心的单机或多机网络系统。如工业机器人的控制系统是由中央控制器、感觉系统、行走系统、擒拿系统等节点构成的多机网络系统。而其中每一个小系统都是由单片微机进行控制的，如数据采集系统、远程监控系统。

　　为工业市场的连接、控制、感应和功率管理提供解决方案。8 位、16 位和 32 位解决方案，面向智能能源、医疗、楼宇控制、HVAC、工厂自动化以及节能电机控制应用，满足它们的性能要求。

　　(4) 智能仪器仪表与集成智能传感器领域

应用单片微机来对传统的仪器仪表行业的产品进行"更新换代",具有非常理想的条件。目前各种变送器、电气测量仪表普遍采用单片微机应用系统替代传统的测量系统,使测量系统具有各种智能化功能,如存储、数据处理、查找、判断、联网和语音功能等。

单片微机的低功耗特性、微型化特性使其应用领域更扩大。例如,将压力传感器与单片微机集成在一起的微小型压力传感器可随钻机送至井下,以报告井底的压力状况。

将单片微机与传感器相结合可以构成新一代的智能传感器。它将传感器初级变换后的电量作进一步的变换、处理,输出能满足远距离传送、能与微机接口的数字信号。

(5)汽车电子

汽车微控制器,通常在这些电子系统中的集中显示系统、动力监测控制系统、自动驾驶系统、通信系统以及运行监视器(黑匣子)等,都要构成冗余的网络系统。比如,一台RMW-7 系列宝马轿车就用了 63 个单片微机,通过总线进行集中控制。

航空航天电子系统、智能电网建设、智能交通行业发展、智慧城市、物联网、手机电视、网络电视、动漫游戏等新兴文化产业;电信网、广电网、互联网三网融合等领域都有单片微机的大量应用。

从上述可以看出,单片微机应用的意义绝不限于它的功能以及所带来的经济效益上;更重要的意义在于,单片微机的应用正从根本上改变着传统的控制系统设计思想和设计方法。从前必须由模拟电路或数字电路实现的大部分控制功能,现在已能使用单片微机通过软件方法实现了。这种以软件取代硬件,并能提高系统性能的控制技术,称为微控制技术。这标志着一种全新概念的建立。随着单片微机应用技术的推广普及,微控制技术必将不断发展、日益完善、更加充实。

1.4 本书的教学安排

学习单片微机的目的,一是应用,如就业、担任研发工程师、担任项目经理等;二是为深入嵌入式系统开发打基础,如开发 32 位嵌入式系统。

除了课堂学习外,认真完成作业和实验环节非常重要。单片微机的应用都是嵌入式场合,需要软件硬件一体设计,既要熟悉硬件又要熟悉软件。

80C51 系列单片微机,硬件结构简洁明了、特殊功能寄存器功能规范、软件指令系统易于掌握,是一种既便于讲授又便于学习、理解和掌握的单片微机。该系列单片微机从 20 世纪 70 年代就进入中国,在国内介绍 80C51 的书及资料比较齐全,供应渠道很多。本书以 80C51 系列为例,介绍单片微机硬件结构和软件编程,重点介绍单片微机应用系统的扩展原理与接口技术(包括可靠性设计、低功耗设计等)。硬件结构是指 80C51 的硬件资源,如 I/O 口、定时器/计数器、中断系统和串行口等;软件编程是介绍 80C51 的寻址方式、指令系统以及程序设计等。掌握了 80C51 系列单片微机的应用与编程,如果需要开发别的单片微机应用系统,只需用很短时间,触类旁通地掌握相应单片微机的特性,将这两种系列的不同特点及软硬件上的不同之处稍加分析即可用来开发产品了。

总而言之,学习单片微机,首先应学习并掌握一个典型系列,然后在应用过程中举一反三,根据需要再选用其他系列,这是较好的学习与应用方法。基于此观点,本书将详细介绍 80C51 的硬件结构、软件编程及接口应用设计。

　　本书是以入学本科学生的单片微机教学为对象编写的，在书中有较多的例子，叙述比较详细，也适合于初学者自学，以及适合于"单片微机原理与接口技术"培训班应用。考虑到读者已经学过电子学、数字电路、模拟电路等基础课程，本书总的参考教学时数为54～68学时，其中上课时间为42～54学时，实验上机时间为12～18学时(4～6个实验，根据不同层次学生，可选仿真器应用实验、典型程序结构编程实验、中断实验、并行I/O实验、定时器/计数器定时及外部信号计数实验、串行通信实验、A/D转换实验、LED/LCD显示与键盘实验等)，布置作业4～6次。根据不同专业，不同层次的教学要求，教师可以对一部分内容(如目录中带有"◆"的章节)略讲或不讲。

　　本书软件开发以汇编语言为主，本质是机器码，是直接与单片微机对话的唯一途径，优点是效率高。而在实际开发中大多采用C语言，优点是开发速度快、移植性好，但需另外掌握C语言开发软件。

　　为帮助读者学习和掌握本书，先附上两套试题及参考答案，在学习过程中或期末复习中可作参考。

试题及参考答案1

试题及参考答案2

思考与练习

简答题

1. 什么是单片微机？为什么说单片微机是典型的嵌入式系统？
2. 请简述单片微机的发展史。
3. 为什么说单片微机的诞生是计算机技术发展的里程碑？
4. 请简述单片微机的主要技术发展方向。
5. 单片微机可应用于哪些领域？

第 2 章

80C51 单片微机的基本结构

摘要：本章重点介绍 80C51 单片微机的硬件，要求了解单片微机的基本结构，包括中央处理器(CPU)、程序存储器、数据存储器、定时器/计数器、并行 I/O 口 P0～P3、串行口和中断系统等。在后续几章对这些部件的原理和应用作进一步介绍。

2.1　80C51 单片微机的内部结构

微型计算机的基本组成有三部分，即中央处理器（通常包括运算器和控制器)+存储器+输入/输出接口。若将组成计算机的基本部件集成在一块芯片上，则俗称为单片微机。一台典型的单片微机的基本组成结构，主要包括中央处理器(CPU)、存储器(RAM 和 ROM)、并行 I/O 口、串行 I/O 口、定时器/计数器、定时电路及元件等。

主要介绍 80C51 单片微机的基本组成原理，80C51 内部结构图如图 2-1 所示，主要包括中央处理器（算术逻辑单元(ALU)、控制器等)、程序存储器 ROM、数据存储器 RAM、定时/计数器、并行 I/O 口 P0～P3、串行口、中断系统以及定时控制逻辑电路等。这些部件通过内部总线连接起来，基本结构仍然是通用 CPU 加上外围芯片的结构模式，但功能单元上的控制与先前相比有重大变化，采用了特殊功能寄存器(SFR)进行集中控制的方法。下面按其部件功能分类加以介绍。

1. 中央处理器

单片微机中的中央处理器和通用微处理器基本相同，是单片微机的核心，主要完成运算和控制功能，但增设了"面向控制"的处理功能，增强了实时性。

2. 程序存储器

80C51 单片微机根据内部是否带有程序存储器及程序存储器形式而形成三种型号：内部没有程序存储器的称 80C31(已被淘汰)，内部带 ROM 的称 80C51，内部以 EPROM 代替 ROM 的称 87C51。

单片微机的应用系统，其应用程序在开发调试后永久性地存储在程序存储器中，故单片微机的程序存储器都采用只读存储器(ROM)。为方便不同用户的需要，目前单片微机的程序存储器有以下几种结构形式。

(1)片内只读存储器

片内掩模 ROM 的特点是程序必须在制作单片微机时写入，一次性固化，用户不能修改。因此，这种结构形式只适用于程序已成熟、定型，且批量很大的场合。并且只能在厂家定

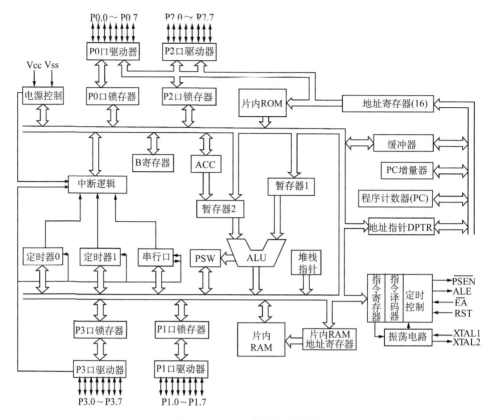

图 2-1   80C51 的内部结构图

制完成。这种单片微机的价格最便宜。

（2）片内可编程的 ROM

片内可编程的 ROM 可直接由用户进行编程，因而用户在实际应用中甚感方便。一般有以下几种。

• 紫外线可擦除型 ROM：EPROM 型单片微机（如 87C51）。EPROM 需用紫外线擦除已写入的程序，必须脱机固化，不能在线改写。

• 电可擦除型 ROM：随着微电子技术的发展，E^2PROM 已开始在单片微机中采用，称为 Flash 单片微机（如 89C51）。电可擦除型 ROM 给用户带来了更大的方便，特别是应用系统的现场调试。由于目前价格已经迅速下降，所以被广泛采用。

• EPROM 和 E^2PROM 都是可以多次擦除和编程的，或称 MTP 的 ROM。

• OTP 的 ROM，仅允许用户一次编程。在应用系统或智能产品的小批量试生产时应用，许多单片微机厂家都提供该类产品。

（3）片外只读存储器

当片内程序存储器容量不够时，利用单片微机的并行扩展技术可以外扩片外程序存储器，但目前一般很少使用。

3. 数据存储器

在单片微机中，用随机存取存储器（RAM）来存储程序在运行期间的工作变量和数据，所以称为数据存储器。一般在单片微机内部设置一定容量（64~384B 或更大容量）的 RAM。

这样，数据存储器以高速 RAM 的形式集成在单片微机内，以加快单片微机运行的速度。而且这种结构的 RAM 还可以使存储器的功耗下降很多。

在单片微机中，常把寄存器（如工作寄存器、特殊功能寄存器、堆栈等）在逻辑上划分在片内 RAM 空间中，所以可将单片微机内部 RAM 看成是寄存器堆，有利于提高运行速度。

当内部 RAM 容量不够时，还可通过串行总线或并行总线外扩数据存储器。

4. 并行 I/O 口

单片微机往往提供了许多功能强、使用灵活的并行输入/输出引脚，用于检测与控制。有些 I/O 引脚还具有多种功能，如可以作为数据总线的数据线、地址总线的地址线、控制总线的控制线等。单片微机 I/O 引脚的驱动能力也逐渐增大，甚至可以直接驱动外扩的 LED 显示器。

5. 串行 I/O 口

目前高档 8 位单片微机均设置了全双工串行 I/O 口，用以实现与某些终端设备进行串行通信，或者和一些特殊功能的器件相连的能力，甚至用多个单片微机相连构成多机系统。随着应用的拓宽，有些型号的单片微机内部还包含有两个串行 I/O 口。

6. 定时器/计数器

在单片微机的实际应用中，往往需要精确的定时，或者需对外部事件进行计数。为了减少软件开销和提高单片微机的实时控制能力，均可在单片微机内部设置定时器/计数器电路。80C51 共有两个 16 位的定时器/计数器。

7. 中断系统

80C51 单片微机的中断功能较强，具有内、外共五个中断源，两个中断优先级。

8. 定时电路及元件

计算机的整个工作是在时钟信号的驱动下，按照严格的时序有规律地一个节拍一个节拍地执行各种操作。单片微机内部设有定时电路，只需外接振荡元件即可工作。外接振荡元件一般选用晶体振荡器，或用价廉的 RC 振荡器，也可用外部时钟源，作为振荡元件。近来有的单片微机将振荡元件也集成在芯片内部，这样不仅大大缩小了单片微机的体积，同时也方便了使用。

由上可见，单片微机在结构上突破了常规的按逻辑功能划分芯片、由多片构成微型计算机的设计思想，将构成计算机的许多功能集成在一块晶体芯片上。在众多的单片微机中，又以 80C51 的结构具有显著特点，形成了主流机型，被多家单片微机厂家选作内核。本书将以通用的 80C51 系列为主，对其功能和结构作由表及里的分析。

2.2　80C51 单片微机的引脚及其功能

80C51 有 40 引脚双列直插（DIP）、44 引脚（PLCC）和 44 引脚（PQFP/TQFP）封装形式。80C51 的封装及逻辑图如图 2-2 所示。

在某些场合，不需通过并行总线扩展芯片，这时常采用 20 引脚双列直插（DIP）甚至仅 14 引脚的单片微机，Atmel 公司的 1051/2051/4051 单片微机，如图 2-3（a）所示；或 Philips 公司的 P87LPC764 单片微机，如图 2-3（b）所示。它们的引脚如图 2-3 所示。

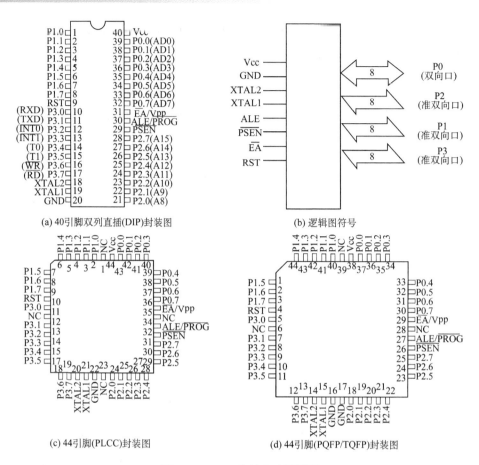

图 2-2　80C51 的封装及逻辑图

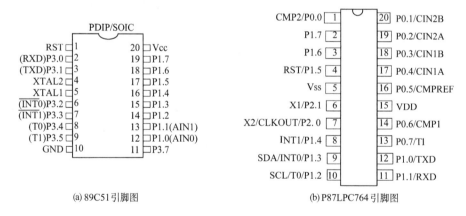

图 2-3　非总线型 80C51 单片微机引脚示意图

按引脚的功能可分为三部分。

1. 电源和晶振

- Vcc：运行和程序校验时接电源正端。

- Vss：接地。

· XTAL1：输入到单片微机内部振荡器的反相放大器。当采用外部振荡器时，对 HMOS 单片微机，此引脚应接地；对 CHMOS 单片微机，此引脚作驱动端。

· XTAL2：反相放大器的输出，输入到内部时钟发生器。当采用外部振荡器时，XTAL2 接收振荡器信号，对 CHMOS 单片微机，此引脚应悬浮。

2. I/O

共 4 个口，32 根 I/O 线。

1) P0：8 位、漏极开路的双向 I/O 口。

当使用片外存储器(ROM 及 RAM)或 I/O 时，作低 8 位地址和 8 位数据分时复用。在程序校验期间，输出指令字节，验证对需加外部上拉电阻。

P0 口(作为总线时)能驱动 8 个 LSTTL 负载。

2) P1：8 位、准双向 I/O 口。

在编程/校验期间，用作输入低位字节地址。

P1 口可以驱动 4 个 LSTTL 负载。

3) P2：8 位、准双向 I/O 口。

当使用片外存储器(ROM 及 RAM)或 I/O 时，输出高 8 位地址。

在编程/校验期间，接收高位字节地址。

P2 口可以驱动 4 个 LSTTL 负载。

4) P3：8 位、准双向 I/O 口，具有内部上拉电路。

P3 提供各种替代功能。

P3 口可以驱动 4 个 LSTTL 负载。

串行口

P3.0：RXD 串行输入口。

P3.1：TXD 串行输出口。

中断

P3.2：$\overline{\text{INT0}}$ 外部中断 0 输入。

P3.3：$\overline{\text{INT1}}$ 外部中断 1 输入。

定时器/计数器

P3.4：T0 定时器/计数器 0 的外部输入。

P3.5：T1 定时器/计数器 1 的外部输入。

数据存储器或 I/O 选通

P3.6：$\overline{\text{WR}}$ 低电平有效，输出，片外数据存储器或 I/O 端口写选通。

P3.7：$\overline{\text{RD}}$ 低电平有效，输出，片外数据存储器或 I/O 端口读选通。

3. 控制线

· RST：复位输入信号，高电平有效。在振荡器工作时，在 RST 上作用两个机器周期以上的高电平，将单片微机复位。

· $\overline{\text{EA}}$/Vpp：片外程序存储器访问允许信号，低电平有效。$\overline{\text{EA}}$=1，选择片内程序存储器；$\overline{\text{EA}}$=0，则程序存储器全部在片外，而不管片内是否有程序存储器。

使用 80C31 时，$\overline{\text{EA}}$ 必须接地，使用 8751 编程时，$\overline{\text{EA}}$ 施加 21V 的编程电压。

- ALE/PROG：地址锁存允许信号，输出。

在访问片外存储器或 I/O 时，用于锁存低 8 位地址，以实现低 8 位地址与数据的隔离。

由于 ALE 以 1/6 振荡频率的固定速率输出，可作为对外输出的时钟或用作外部定时脉冲。

在 EPROM 编程期间，作输入。输入编程脉冲（PROG）。

ALE 可以驱动 8 个 LSTTL 负载。

- PSEN：片外程序存储器读选通信号，低电平有效。

在从片外程序存储器取指期间，在每个机器周期中，当 PSEN 有效时，程序存储器的内容被送上 P0 口（数据总线）。PSEN 可以驱动 8 个 LSTTL 负载。

由于工艺和标准化、测试仪器等原因，芯片的引脚数目是有限的。但单片微机为实现功能所需要的信号数目却与实际引脚数目相差很多，这时往往定义一些引脚为多功能，使单片微机应用系统的构造显得更灵活。

在构成单片微机应用系统时，必须了解引脚的功能，这是学习单片微机硬件的重要内容。

2.3　80C51 单片微机 CPU 的结构和特点

中央处理器是单片微机内部的核心部件，主要包括控制器、运算器和工作寄存器及时序电路。在单片微机中，工作寄存器（即通用寄存器）属于数据存储器的一部分，在后面与片内数据存储器一起介绍，这里仅介绍控制器、运算器及时序电路的基本组成、功能与特点。

2.3.1　中央控制器

中央控制器是识别指令，并根据指令性质控制计算机各组成部件进行工作的部件，与运算器一起构成中央处理器。在 80C51 单片微机中，控制器包括程序计数器（program counter，PC）、程序地址寄存器、指令寄存器（IR）、指令译码器、条件转移逻辑电路及定时控制逻辑电路。其功能是控制指令的读出、译码和执行，对指令的执行过程进行定时控制，并根据执行结果决定是否分支转移。

1. 程序计数器（PC）

程序计数器是中央控制器中最基本的寄存器，是一个独立的计数器，不属于内部的特殊功能寄存器，PC 中存放的是下一条将要从程序存储器中取出的指令的地址。其基本的工作过程是：读指令时，程序计数器将其中的数作为所取指令的地址输出给程序存储器，然后程序存储器按此地址输出指令字节，同时程序计数器本身自动加 1，指向下一条指令地址。

程序计数器变化的轨迹决定程序的流程。

程序计数器的宽度决定了程序存储器可以直接寻址的范围。在 80C51 中，程序计数器（PC）是一个 16 位的计数器，故而可对 64 KB 程序存储器进行寻址。

程序计数器的最基本的工作方式是自动加 1，程序计数器因此得名。

在执行条件转移或无条件转移指令时，程序计数器将被置入转移的目的地址，程序的流向发生变化。

在执行调用指令或响应中断时，将子程序的入口地址或者中断矢量地址送入 PC，程序流向发生变化。

2. 数据指针（DPTR）

数据指针是 80C51 中一个功能比较特殊的寄存器。从结构上说，DPTR 是一个 16 位的特殊功能寄存器，主要功能是作为片外数据存储器或 I/O 寻址用的地址寄存器（间接寻址），故称为数据存储器地址指针。访问片外数据存储器或 I/O 的指令为

MOVX　　　　A,@DPTR　　读

MOVX　　　　@DPTR,A　　写

DPTR 寄存器也可以作为访问程序存储器时的基址寄存器。这时寻址程序存储器中的表格、常数等单元，不是寻址指令。

MOVC　　　　A,@A+DPTR

JMP　　　　　@A+DPTR

DPTR 寄存器既可以作为一个 16 位寄存器处理，也可以作为两个 8 位寄存器处理，其高 8 位用 DPH 表示，低 8 位用 DPL 表示。

在 80C51 中，两个地址寄存器，即程序计数器（PC）与数据指针（DPTR），有相同之处，也有差别。

1）两者都是与地址有关的 16 位的寄存器。其中 PC 与程序存储器的地址有关，而 DPTR 与数据存储器或 I/O 的地址有关。作为地址寄存器使用时，PC 与 DPTR 都是通过 P0 和 P2 口输出的。PC 的输出与 ALE 及 $\overline{\text{PSEN}}$ 信号有关；DPTR 的输出，则与 ALE、$\overline{\text{WR}}$、$\overline{\text{RD}}$ 信号有关。

2）PC 只能作为 16 位寄存器对待，是不可以访问的，它不属于特殊功能寄存器，有自己独特的变化方式。DPTR 可以作为 16 位寄存器，也可以作为两个 8 位寄存器，DPTR 是可以访问的，DPL 和 DPH 都位于特殊功能寄存器区中。

3. 指令寄存器（IR）、指令译码器及控制逻辑

指令寄存器是用来存放指令操作码的专用寄存器。执行程序时，首先进行程序存储器的读操作，也就是根据程序计数器给出的地址从程序存储器中取出指令，送指令寄存器，指令寄存器的输出送指令译码器；然后由指令译码器对该指令进行译码，译码结果送定时控制逻辑电路，指令寄存器和指令译码器如图 2-4 所示。

定时控制逻辑电路则根据指令的性质发出一系列定时控制信号，控制计算机的各组成部件进行相应的工作，执行指令。

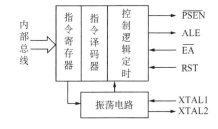

图 2-4　指令寄存器和指令译码器

条件转移逻辑电路主要用来控制程序的分支转移。在 80C51 中，转移条件也可分为两部分。一部分是内部条件，即程序状态标志位和累加器的零状态。另一部分是外部条件，即 F0 和所有位寻址空间的状态。

整个程序的执行过程就是在控制器的控制下，将指令从程序存储器中逐条取出，进行

译码，然后由定时控制逻辑电路发出相应的定时控制信号，控制指令的执行，即是一个取指令→指令译码→执行指令的不断循环过程。对于运算指令，还要将运算的结果特征送入程序状态标志寄存器(PSW)当中。

2.3.2 运算器

运算器主要用来实现对操作数的算术逻辑运算和位操作。如对传送到 CPU 的数据进行加、减、乘、除、比较、BCD 码校正等算术运算；与、或、异或等逻辑操作；移位、置位、清零、取反、加 1、减 1 等操作。80C51 的 ALU 还具有极强的位处理功能，如位置 1、位清零、位"与"、位"或"等操作，对"面向控制"特别有用。

运算器主要包括算术逻辑运算单元(ALU)、累加器(ACC)、暂存寄存器、B 寄存器、程序状态标志寄存器(PSW)以及 BCD 码运算修正电路等。

1. 算术逻辑运算单元（ALU）

ALU 实质上是全加器，其结构图如图 2-5 所示。

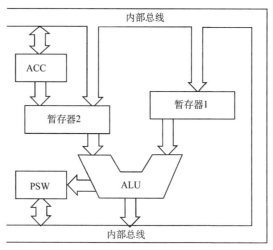

图 2-5   算术逻辑运算单元 ALU 结构图

ALU 有两个输入。

1)通过暂存器 1 的输入：输入数据来自寄存器、直接寻址单元(含 I/O 口)、内部 RAM、寄存器 B 或是立即数。

2)通过暂存器 2 或累加器 ACC 的输入：通过暂存器 2 的运算的指令有 ANL　direct, #data、ORL　direct, #data、XRL　direct, #data。

其他的运算，其输入之一大多数也要通过累加器(ACC)。

ALU 有两个输出。

1)数据经过运算后，其结果又通过内部总线送回到累加器中。

2)数据运算后产生的标志位输出至程序状态字(PSW)。

2. 累加器 A

累加器 A 是 CPU 中使用最频繁的一个 8 位专用寄存器，简称 ACC 或 A 寄存器。主要功能：累加器 A 存放操作数，是 ALU 单元的输入之一，也是 ALU 运算结果的暂存单元。

在 80C51 中只有一个累加器 A，而单片微机中大部分数据操作都要通过累加器 A 进行，容易产生"瓶颈"现象。为此，在指令系统中增加了一部分可以不经过累加器的传送指令，如寄存器与直接寻址单元之间，直接寻址单元与间接寻址单元之间，寄存器、间接寻址单元、直接寻址单元与立即数之间的传送指令。这样，既加快了传送速度，又减少了累加器的堵塞现象。

由于累加器的"瓶颈"作用制约着单片微机运算速度的提高，人们又推出寄存器阵列来代替累加器，赋予更多寄存器以累加器功能，形成了多累加器结构。

3. 寄存器 B

B 寄存器在乘法和除法指令中作为 ALU 的输入之一。

乘法中，ALU 的两个输入分别为 A、B，运算结果存放在 AB 寄存器对中。A 中放积的低 8 位，B 中放积的高 8 位。

除法中，被除数取自 A，除数取自 B，商数存放于 A，余数存放于 B。

在其他情况下，B 寄存器可以作为内部 RAM 中的一个单元来使用。

4. 程序状态字(PSW)

程序状态字(program status word，PSW)字节地址是 D0H，是一个逐位定义的 8 位寄存器，其内容的主要部分是算术逻辑运算单元(ALU)的输出。其中有些位是根据指令执行结果，由硬件自动生成，而有些位状态可用软件方法设定。一些条件转移指令就是根据 PSW 中的相关标志位的状态，来实现程序的条件转移。它是一个程序可访问的寄存器，而且可以按位访问。

CY	AC	F0	RS1	RS0	OV	—	P

其中，除 PSW.1(保留位)、RS1 和 RS0(工作寄存器组选择控制位)及用户标志位 F0 之外，其他 4 位(奇偶校验位 P、溢出标志位 OV、辅助进位标志位 AC 及进位标志位 CY)都是 ALU 运算结果的直接输出。

(1) P(PSW. 0)——奇偶校验位

每个指令周期都由硬件来置位或清除。

P 用以表示累加器 A 中值为 1 的个数的奇偶性：若累加器值为 1 的位数是奇数，P 置位(奇校验)；否则 P 清除(偶校验)。

在串行通信中，常以传送奇偶校验位来检验传输数据的可靠性。通常将 P 置入串行帧中的奇偶校验位。

(2) OV(PSW. 2)——溢出标志位

当执行运算指令时，由硬件置位或清除，以指示运算是否产生溢出，OV 置位表示运算结果超出了目的寄存器 A 所能表示的带符号数的范围($-128\sim+127$)。

若以 C_i 表示位 i 向位 $i+1$ 有进位，则 $OV=C6\oplus C7$；当位 6 向位 7 有进位(借位)而位 7 不向 CY 进位(借位)时；或当位 7 向 C 进位(借位)而位 6 不向位 7 进位(借位)时 OV 标志置位，表示带符号数运算时运算结果是错误的；否则，清除 OV 标志，运算结果正确。

对于 MUL 乘法，当 A、B 两个乘数的积超过 255 时 OV 置位；否则，OV＝0。因此，若 OV=0，只需从 A 寄存器中取积；若 OV=1，则需从 B、A 寄存器对中取积。对于 DIV 除法，若除数为 0，OV=1；否则，OV=0。

（3）RS1、RS0 (PSW. 4、PSW. 3)——工作寄存器组选择控制位

用于设定当前工作寄存器的组号。工作寄存器共有 4 组，其对应关系见表 2-1。

表 2-1　工作寄存器组表

RS1	RS0	组号	寄存器 R0～R7 地址
0	0	0	00H～07H
0	1	1	08H～0FH
1	0	2	10H～17H
1	1	3	18H～1FH

（4）AC (PSW.6)——辅助进位标志位

当进行加法或减法运算时，若低 4 位向高 4 位数发生进位或借位，AC 将被硬件置位；否则，被清除。

在十进制调整指令 DA 中要用到 AC 标志位状态。

（5）CY (PSW.7)——进位标志位

在进行算术运算时，可以被硬件置位或清除，以表示运算结果中高位是否有进位或借位。在布尔处理机中 CY 被认为是位累加器。

（6）F0 (PSW.5)——用户标志位

开机时该位为"0"。用户可根据需要，通过位操作指令置"1"或者清"0"。当 CPU 执行对 F0 位测试条件转移指令时，根据 F0 的状态实现分支转移，相当于"软开关"。

2.3.3　时钟电路及 CPU 的工作时序

时钟电路用于产生单片微机工作所需要的时钟信号，而时序所研究的是指令执行中各信号之间的相互关系。单片微机本身就如一个复杂的同步时序电路，为了保证同步工作方式的实现，电路应在唯一的时钟信号控制下严格地按时序进行工作。

1. 时钟电路

在 80C51 单片微机内带有时钟电路，因此，只需要在片外通过 XTAL1 和 XTAL2 引脚接入定时控制元件(晶体振荡器和电容)，即可构成一个稳定的自激振荡器。在 80C51 芯片内部有一个高增益反相放大器，而在芯片的外部，XTAL1 和 XTAL2 之间跨接晶体振荡器和微调电容。80C51 单片微机的时钟电路如图 2-6 所示。

由图可见，时钟电路由下列几部分组成：振荡器及定时控制元件、时钟发生器、地址锁存允许信号（ALE）。

（1）振荡器及定时控制元件

在 80C51 芯片内部有一个高增益反相放大器，其输入端为芯片引脚 XTAL1，其输出端为引脚 XTAL2。只需要在片外通过 XTAL1 和 XTAL2 引脚跨接晶体振荡器和微调电容，形成反馈电路，振荡器即可工作。振荡器的结构和振荡电路原理如图 2-7 所示。

振荡器的工作可以由 $\overline{\text{PD}}$ 位(特殊功能寄存器 PCON 中的一位)控制。当 $\overline{\text{PD}}$ 置 1 时，振

荡器停止工作，系统进入低功耗工作状态。

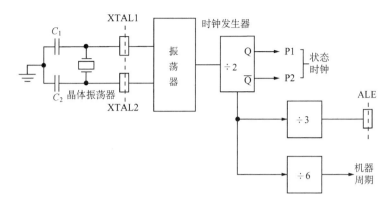

图 2-6　80C51 单片微机的时钟电路

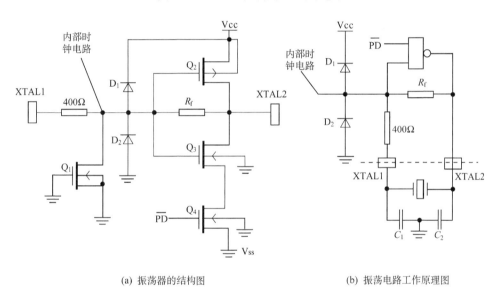

(a) 振荡器的结构图　　　　　(b) 振荡电路工作原理图

图 2-7　振荡器的结构图和振荡电路工作原理图

振荡器的工作频率一般在 1.2～12MHz，由于制造工艺的改进，有些单片微机的频率范围正向两端延伸，高端可达 40MHz，低端可达 0Hz。

一般用晶振作定时控制元件，在不需要高精度参考时钟时，也可以用电感代替晶振，有时也可以由外部引入时钟脉冲信号。

如图 2-7(b)所示，用晶振和电容构成谐振电路。C_1 和 C_2 虽然没有严格要求，但电容的大小影响振荡器振荡的稳定性和起振的快速性，通常选择为 10～30pF。在设计电路板时，晶振、电容等均应尽可能靠近芯片，以减小分布电容，保证振荡器振荡的稳定性。

在由多片单片微机组成的系统中，为了各单片微机之间时钟信号的同步，应当引入唯一的公用外部脉冲信号作为各单片微机的振荡脉冲。

当由外部输入时钟信号时，外部信号接入 XTAL1 端，XTAL2 端悬空不用。对外部信号的占空比没有要求，高低电平持续时间应不小于 20μs。

（2）内部时钟发生器

内部时钟发生器实质上是一个 2 分频的触发器。其输入是由振荡器引入的，输出为两个节拍的时钟信号。输出的前半周期，节拍 1（P1）信号有效；后半周期，节拍 2（P2）信号有效。每个输出周期为一个计算机 CPU 的状态周期，即时钟发生器的输出为状态时钟。每个状态周期内包括一个 P1 节拍和一个 P2 节拍，形成 CPU 内的基本定时时钟。

（3）ALE 信号

状态时钟经过 3 分频之后，产生 ALE 引脚上的信号输出，即 ALE 以 1/6 振荡频率的固定速率输出。

2. 时序定时单位

单片微机执行指令是在时序电路的控制下一步一步进行的。时序是用定时单位来说明的。80C51 的时序定时单位共有 4 个：节拍、状态、机器周期和指令周期。

（1）节拍 P

振荡脉冲的周期称为节拍。

（2）状态 S

一个状态 S 包含两个节拍，其前半周期对应的节拍为 P1，后半周期对应的节拍为 P2。

（3）机器周期

80C51 采用定时控制方式，因此，它有固定的机器周期。规定一个机器周期的宽度为 6 个状态，并依次表示为 S1～S6。由于一个机器周期共有 12 个振荡脉冲周期，因此，机器周期就是振荡脉冲的 12 分频。

当振荡脉冲频率为 12MHz 时，一个机器周期为 1μs；当振荡脉冲频率为 6MHz 时，一个机器周期为 2μs。

机器周期是单片微机的最小时间单位。

（4）指令周期

执行一条指令所需要的时间称为指令周期。它是最大的时序定时单位。80C51 的指令周期根据指令的不同，可包含有一、二、四个机器周期。当振荡脉冲频率为 12MHz 时，80C51 一条指令执行的时间最短为 1μs，最长为 4μs。

3. 80C51 指令时序

80C51 共有 111 条指令，全部指令按其长度可分为单字节指令、双字节指令和三字节指令。执行这些指令所需要的机器周期数目是不同的，概括起来共有以下几种情况：单字节单机器周期指令、单字节双机器周期指令、双字节单机器周期指令和双字节双机器周期指令，三字节指令都是双机器周期的，而单字节乘除指令则均为四机器周期的。

图 2-8 所示的是几种典型单机器周期和双机器周期指令的时序。

（1）单机器周期指令（图 2-8（a）、（b））

双字节时，执行在 S1P2 开始，操作码被读入指令寄存器；在 S4P2 时，再读入第二个字节。单字节时，执行在 S1P2 开始，操作码被读入指令寄存器；在 S4P2 时仍有读操作，但被读入的字节（即下一操作码）被忽略，且此时 PC 并不增量。

以上两种情况均在 S6P2 时结束操作。

（2）双机器周期指令（图 2-8（c）、（d））

双字节时，执行在 S1P2 开始，操作码被读入指令寄存器；在 S4P2 时，再读入的字节被忽略。由 S5 开始送出外部数据存储器的地址，随后是读或写的操作。在读、写期间，ALE 不输出有效信号。

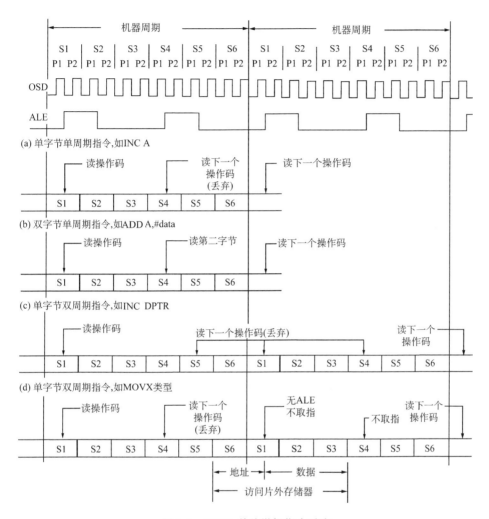

图 2-8　80C51 单片微机指令时序

在第二个机器周期，片外数据存储器也寻址和选通，但不产生取指操作。

单字节时，执行在 S1P2 开始，在整个两个机器周期中，共发生四次读操作，但是后三次操作都无效。

一般地，算术/逻辑操作发生在节拍 1 期间，内部寄存器对寄存器的传送发生在节拍 2 期间。

图 2-8 中的 ALE 信号是为地址锁存而定义的，该信号每有效一次对应单片微机进行一次读指令操作。ALE 信号以振荡脉冲六分之一的频率出现，因此，在一个机器周期中，ALE 信号两次有效，第一次在 S1P2 和 S2P1 期间，第二次在 S4P2 和 S5P1 期间，有效宽度为一个状态周期 S。

现对几个典型指令的时序作如下说明。

(1) 单字节单周期指令（如 INC　A）

由于是单字节指令，因此，只需进行一次读指令操作。当第二个 ALE 有效时，由于 PC 没有加 1，所以读出的还是原指令，属于一次无效的操作。

(2)双字节单周期指令(如 ADD   A,#data)

这种情况下对应于 ALE 的两次读操作都是有效的，第一次是读指令操作码，第二次是读指令第二字节(本例中是立即数)。

(3)单字节双周期指令(如 INC   DPTR)

两个机器周期共进行四次读指令的操作，但其中后三次的读操作全是无效的。

(4)单字节双周期指令(如 MOVX 类指令)

如前所述，每个机器周期内有两次读指令操作，但 MOVX 类指令情况有所不同。因为执行这类指令时，先在 ROM 读取指令，然后对外部 RAM 进行读/写操作。第一机器周期时，与其他指令一样，第一次读指令(操作码)有效，第二次读指令操作无效。第二机器周期时，进行外部 RAM 访问，此时与 ALE 信号无关，因此，不产生读指令操作。

2.4 80C51 单片微机存储器结构和地址空间

单片微机的存储器有两种基本结构：一种是在通用微型计算机中广泛采用的将程序和数据合用一个存储器空间的结构，称为普林斯顿(Princeton)结构；另一种是将程序存储器和数据存储器截然分开，分别寻址的结构，称为哈佛(Harvard)结构。Intel 的 MCS-51 和 80C51 系列单片微机采用哈佛结构。而 Intel 的 MCS-96 系列单片微机采用普林斯顿结构。由于考虑到单片微机"面向控制"的实际应用的特点，一般需要较大的程序存储器，因此，目前的单片微机以采用程序存储器和数据存储器截然分开的结构为多。这种结构对于单片微机"面向控制"的实际应用极为方便、有利。在 80C51 单片微机中，不仅在片内驻留一定容量的程序存储器和数据存储器及众多的特殊功能寄存器，而且还具有强的外部存储器扩展能力，寻址范围分别可达 64 KB，寻址和操作简单方便。图 2-9 为 80C51 单片微机存储器映像图。

(1)在物理上设有 4 个存储器空间
- 程序存储器：包括片内程序存储器空间和片外程序存储器空间。
- 数据存储器：包括片内数据存储器空间和片外数据存储器空间。

(2)在逻辑上设有 3 个存储器地址空间
- 片内、片外统一的 64KB 程序存储器地址空间。
- 片内 256B 数据存储器地址空间。
- 片外 64KB 数据存储器地址空间。

在访问这 3 个不同的逻辑空间时，应选用不同形式的指令。

片内数据存储器空间，在物理上又包含两部分：

对于 80C51 型单片微机，地址 0~127 为片内数据存储器空间；地址 128~255 为特殊功能寄存器(SFR)空间。

为了统一和增强灵活性，将累加器 A、寄存器 B 和程序状态寄存器(PSW)等，也都纳入特殊功能寄存器空间进行寻址。

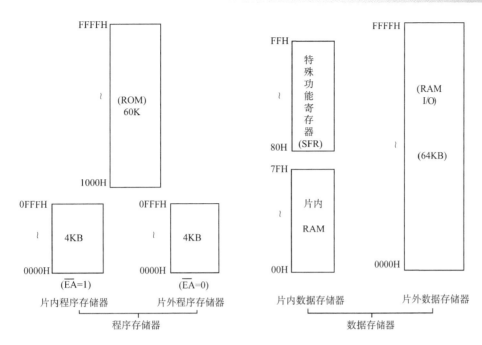

图 2-9　80C51 单片微机存储器映像图

总括起来，80C51 系列单片微机设有三种基本的寻址空间：

- 64KB 的片内、外程序存储器寻址空间。
- 64KB 的片外数据存储器寻址空间。
- 256B 的片内数据存储器寻址空间，其中包括特殊功能寄存器寻址空间。

由上可见，80C51 系列单片微机具有相当容量的存储器寻址空间，大大开拓了它的应用范围。

2.4.1　程序存储器

80C51 单片微机的程序存储器（program memory）用于存放经调试正确的应用程序和表格之类的固定常数。由于采用 16 位的程序计数器（PC）和 16 位的地址总线，因而其可扩展的地址空间为 64KB，且这 64KB 地址是空间连续、统一的。

1. 整个程序存储器可以分为片内和片外两部分

CPU 访问片内和片外存储器，可由 $\overline{EA}$ 引脚所接的电平来确定。

$\overline{EA}$ 引脚接高电平时，程序从片内程序存储器 0000H 开始执行，即访问片内存储器；当 PC 值超出片内 ROM 容量时，会自动转向片外程序存储器空间执行。

$\overline{EA}$ 引脚接低电平时，迫使系统全部执行片外程序存储器 0000H 开始存放的程序。

对于有片内 ROM 的 80C51 单片微机，正常运行时，应将 $\overline{EA}$ 引脚接高电平。对于有片内 ROM 的 80C51 单片微机，若把 $\overline{EA}$ 引脚接低电平，可用于调试状态，即将欲调试的程序设置在与片内 ROM 空间重叠的片外存储器内，CPU 执行片外存储器程序进行调试。

对于片内无 ROM 的 80C31 单片微机，应将 $\overline{EA}$ 引脚固定接低电平，以迫使系统全部执行片外程序存储器程序。

不论从片内还是片外程序存储器读取指令，其操作速度是相同的。

2. 程序存储器的某些单元被保留用于特定的程序入口地址

由于系统复位后的 PC 地址为 0000H，故系统从 0000H 单元开始取指，执行程序。它是系统的启动地址，一般在该单元设置一条绝对转移指令，使之转向用户主程序处执行。因此，0000H～0002H 单元被保留用于初始化。

从 0003H～002DH 单元被保留用于 5 个中断源的中断服务程序的入口地址，共有以下6 个特定地址被保留：

复位	0000H
外部中断 0	0003H
计时器 T0 溢出	000BH
外部中断 1	0013H
计时器 T1 溢出	001BH
串行口中断	0023H

在程序设计时，通常在这些中断入口处设置无条件转移指令，使之转向对应的中断服务程序段处执行。

3. 片内程序存储器

片内程序存储器的类型有：掩模 ROM、OTP（一次性编程）ROM 和 MTP（多次编程）ROM（包括 EPROM、E^2PROM 及 Flash ROM 等）。

在 87C51 中为 4KB 的可编程、可改写的程序存储器是 EPROM；在 89C51 中为 4KB 的可编程、可改写的程序存储器是 E^2PROM。

由于芯片内集成技术的提高，片内程序存储器的容量做得越来越大。一般应用系统中，已经没有必要进行片外程序存储器的扩展。

2.4.2　片内数据存储器

数据存储器（data memory）由随机存取存储器 RAM 构成，用来存放随机数据。

在 80C51 单片微机中，数据存储器又分片内数据存储器（internal data memory）和片外数据存储器（external data memory）两部分。

片内数据存储器（IRAM）地址只有 8 位，因而最大寻址范围为 256 字节。

在 80C51 单片微机中，设置有一个专门的数据存储器的地址指示器——数据指针DPTR，用于访问片外数据存储器（ERAM）。数据指针 DPTR 也是 16 位的寄存器，这样，就使 80C51 单片微机具有 64KB 的数据存储器扩展能力。

下面对两种存储器的基本组成及主要功能分别予以介绍。

片内数据存储器是最灵活的地址空间。它在物理上又分成两个独立的功能不同的区。

· 片内数据存储器区：地址空间为 0～127。

· 特殊功能寄存器 SFR 区：地址空间为 128～255。

图 2-10 为片内数据存储器各部分地址空间分布图。

1. 片内数据存储器

在片内数据存储器区，根据不同的寻址方式又可分为以下几个区域。

（1）工作寄存器区

这是一个用寄存器直接寻址的区域，指令的数量最多，均为单周期指令，执行的速度最快。

从图 2-10 中可知，其中片内数据存储器区的 0～31（00H～1FH），共 32 个单元，是 4 个通用工作寄存器组（表 2-1），每个组包含 8 个 8 位寄存器，编号为 R0～R7。

在某一时刻，只能选用一个寄存器组使用。其选择是通过软件对程序状态字（PSW）中的 RS0、RS1 两位的设置来实现的。设置 RS0、RS1 时，可以对 PSW 字节寻址，也可用位寻址方式，间接或直接修改 RS0、RS1 的内容。通常采用后者较方便。

例如，若 RS0、RS1 均为 0，则选用工作寄存器 0 组为当前工作寄存器。现需选用工作寄存器组 1 则只需将 RS0 改成 1，可用位寻址方式（SETB　PSW.3；PSW.3 为 RS0 位的符号地址）来实现。

这给软件设计带来极大方便，特别是在中断嵌套时，实现工作寄存器现场保护极其方便。

累加器 ACC、B、DPTR 及 CY（布尔处理器的累加器）一般也作为寄存器对待。

寄存器 R0、R1 通常用作间接寻址时的地址指针。

（2）位寻址区

片内数据存储器区的 32～47（20H～2FH）的 16 个字节单元，共包含 128 位，是可位寻址的存储器区。这 16 个字节单元，既可进行字节寻址，又可进行位寻址。字节地址与位地址之间的关系见表 2-2。

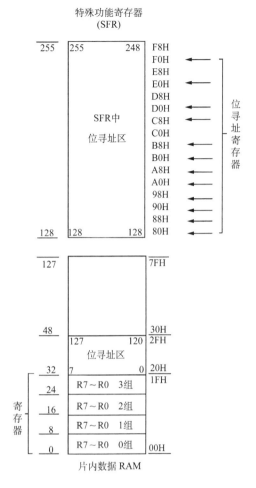

图 2-10　片内数据存储器各部分地址空间分布图

这 16 个位寻址单元，再加上可位寻址的特殊功能寄存器一起构成了布尔（位）处理器的数据存储器空间。在这一存储器空间所有位都是可直接寻址的，即它们都具有位地址。

（3）字节寻址区

从片内数据存储器区的 48～127（30H～7FH），共 80 个字节单元，可以采用直接字节寻址的方法访问。

（4）堆栈区及堆栈指示器（SP）

堆栈是在片内数据存储器区中，数据先进后出或后进先出的区域。堆栈指示器（stack pointer，SP）是一个在 80C51 中存放当前的堆栈栈顶所指存储单元地址的 8 位寄存器。

堆栈共有两种操作：进栈和出栈。不论是数据进栈还是数据出栈，都是对栈顶单元进行的，即对栈顶单元的写和读操作。

堆栈有两种形式，一是向上生成，二是向下生成。80C51 单片微机的堆栈是向上生成的，即进栈时 SP 的内容是增加的，出栈时 SP 的内容是减少的。

80C51 的堆栈区域可用软件设置堆栈指示器（SP）的值，在片内数据存储器区中予以定义。

表 2-2　字节地址和位地址的关系表

字节地址	位地址							
	7	6	5	4	3	2	1	0
2FH	7FH	7EH	7DH	7CH	7BH	7AH	79H	78H
2EH	77H	76H	75H	74H	73H	72H	71H	70H
2DH	6FH	6EH	6DH	6CH	6BH	6AH	69H	68H
2CH	67H	66H	65H	64H	63H	62H	61H	60H
2BH	5FH	5EH	5DH	5CH	5BH	5AH	59H	58H
2AH	57H	56H	55H	54H	53H	52H	51H	50H
29H	4FH	4EH	4DH	4CH	4BH	4AH	49H	48H
28H	47H	46H	45H	44H	43H	42H	41H	40H
27H	3FH	3EH	3DH	3CH	3BH	3AH	39H	38H
26H	37H	36H	35H	34H	33H	32H	31H	30H
25H	2FH	2EH	2DH	2CH	2BH	2AH	29H	28H
24H	27H	26H	25H	24H	23H	22H	21H	20H
23H	1FH	1EH	1DH	1CH	1BH	1AH	19H	18H
22H	17H	16H	15H	14H	13H	12H	11H	10H
21H	0FH	0EH	0DH	0CH	0BH	0AH	09H	08H
20H	07H	06H	05H	04H	03H	02H	01H	00H

　　系统复位后，SP 内容为 07H。如不重新定义，则以 07H 为栈底，压栈的内容从 08H 单元开始存放。通过软件对 SP 的内容重新定义，使堆栈区设定在片内数据存储器区中的某一区域内，堆栈深度不能超过片内数据存储器空间。

　　堆栈是为子程序调用和中断操作而设立的。其具体功能有两个：保护断点和保护现场。在 80C51 单片微机中，堆栈在子程序调用和中断时会把断点地址自动进栈和出栈，还有对堆栈的进栈和出栈的指令(PUSH、POP)操作，用于保护现场和恢复现场。

　　由于子程序调用和中断都允许嵌套，并可以多级嵌套，而现场的保护也往往使用堆栈，所以一定要注意给堆栈以一定的深度，以免造成堆栈内容的破坏而引起程序执行的"跑飞"。

　　2. 特殊功能寄存器(SFR)

　　特殊功能寄存器(special function register，SFR)是 80C51 单片微机中各功能部件所对应的寄存器，用以存放相应功能部件的控制命令、状态或数据的区域。这是 80C51 系列单片微机中最有特色的部分。现在所有 80C51 系列功能的增加和扩展几乎都是通过增加特殊功能寄存器来达到的。

　　80C51 系列单片微机设有 128 B 片内数据存储器结构的特殊功能寄存器空间区。除程序计数器 PC 和 4 个通用工作寄存器组外，其余所有的寄存器都在这个地址空间之内。

　　对于 80C51 系列中的 80C51，共定义了 20 个特殊功能寄存器，其名称和字节地址列于表 2-3 中。访问其他地址无效。

表 2-3　特殊功能寄存器(SFR)的名称和地址表

序号	标识符	名　　称	字节地址	位 地 址
1	ACC	累加器	E0H	E0H～E7H
2	B	B 寄存器	F0H	F0H～F7H
3	PSW	程序状态字	D0H	D0H～D7H
4	SP	堆栈指针	81H	
5	DPTR	数据指针(DPH、DPL)	83H、82H	
6	P0	P0 口	80H	80H～87H
7	P1	P1 口	90H	90H～97H
8	P2	P2 口	A0H	A0H～A7H
9	P3	P3 口	B0H	B0H～B7H
10	IP	中断优先级控制寄存器	B8H	B8H～BFH
11	IE	中断允许控制寄存器	A8H	A8H～AFH
12	TOMD	定时器/计数器方式控制寄存器	89H	
13	TCON	定时器/计数器控制寄存器	88H	88H～8FH
14	TH0	定时器/计数器 0(高位字节)	8CH	
15	TL0	定时器/计数器 0(低位字节)	8AH	
16	TH1	定时器/计数器 1(高位字节)	8DH	
17	TL1	定时器/计数器 1(低位字节)	8BH	
18	SCON	串行口控制寄存器	98H	98H～9FH
19	SBUF	串行数据缓冲器	99H	
20	PCON	电源控制及波特率选择寄存器	87H	

　　特殊功能寄存器在 128 B 空间中只分布了很小部分,在 128 B 空间中存在着大片的空白,为 80C51 系列功能的增加提供了极大的可能性。

　　在 80C51 的 20 个特殊功能寄存器中,字节地址中低位地址为 0H 或 8H 的特殊功能寄存器,除有字节寻址能力外,还有位寻址能力。这些特殊功能寄存器与位地址的对应关系见表 2-4。从表中可以看出,有些可以位寻址的位还有自己的特殊名称。如 PSW.7,位地址为 D7H,名称为进位标志 CY。

表 2-4　特殊功能寄存器(SFR)的位地址表

SFR		位 地 址							
名称	字节地址	7	6	5	4	3	2	1	0
B	F0H	F7H	F6H	F5H	F4H	F3H	F2H	F1H	F0H
ACC	E0H	E7H	E6H	E5H	E4H	E3H	E2H	E1H	E0H
PSW	D0H	CY	AC	F0	RS1	RS0	OV	—	P
		D7H	D6H	D5H	D4H	D3H	D2H	D1H	D0H
IP	B8H	—	—		PS	PT1	PX1	PT0	PX0
		BFH	BEH	BDH	BCH	BBH	BAH	B9H	B8H
P3	B0H	B7H	B6H	B5H	B4H	B3H	B2H	B1H	B0H

名称	字节地址	7	6	5	4	3	2	1	0
SFR		位 地 址							
IE	A8H	EA	—		ES	ET1	EX1	ET0	EX0
		AFH	AEH	ADH	ACH	ABH	AAH	A9H	A8H
P2	A0H	A7H	A6H	A5H	A4H	A3H	A2H	A1H	A0H
SCON	98H	SM0	SM1	SM2	REN	TB8	RB8	TI	RI
		9FH	9EH	9DH	9CH	9BH	9AH	99H	98H
P1	90H	97H	96H	95H	94H	93H	92H	91H	90H
TCON	88H	TF1	TR1	TF0	TR0	IE1	IT1	IE0	IT0
		8FH	8EH	8DH	8CH	8BH	8AH	89H	88H
P0	80H	87H	86H	85H	84H	83H	82H	81H	80H

2.4.3 片外数据存储器

片外数据存储器是在外部存放数据的区域，这一区域只能用寄存器间接寻址的方法访问，所用的寄存器为 DPTR、R1 或 R0，指令助记符为 MOVX。

当用 R0、R1 寻址时，由于 R0、R1 为 8 位寄存器，因此，最大寻址范围为 256B；当用 DPTR 寻址时，由于 DPTR 为 16 位寄存器，因此，最大寻址范围为 64KB。

可以通过并行或串行总线扩展片外数据存储器。

2.5 80C51 单片微机并行输入/输出端口

80C51 共有 4 个 8 位的并行双向口，计有 32 根输入/输出(I/O)口线。各口的每一位均由锁存器、输出驱动器和输入缓冲器所组成。由于它们在结构上的一些差异，故各口的性质和功能也就有了差异。它们之间的异同列于表 2-5。

表 2-5 80C51 并行 I/O 接口的异同表

I/O 口	P0 口	P1 口	P2 口	P3 口
性质	真正双向口	准双向口	准双向口	准双向口
功能	I/O 口 替代功能	I/O 口 替代功能	I/O 口 替代功能	I/O 口 替代功能
SFR 字节地址	80H	90H	A0H	B0H
位地址范围	80H~87H	90H~97H	A0H~A7H	B0H~B7H
驱动能力	8 个 TTL 负载	4 个 TTL 负载	4 个 TTL 负载	4 个 TTL 负载
替代功能	程序存储器、片外数据存储器低 8 位地址及 8 位数据		程序存储器、片外数据存储器高 8 位地址	串行口：RXD TXD 中断：$\overline{INT0}$ $\overline{INT1}$ CTC0、1：T0 T1 片外数据存储器： $\overline{WR}$ $\overline{RD}$

下面介绍各口的结构。

2.5.1　P0 口

P0 口是一个多功能的 8 位口，可以字节访问，也可位访问，其字节访问地址为 80H，位访问地址为 80H～87H。

1. 位结构

P0 口位结构原理图见图 2-11。

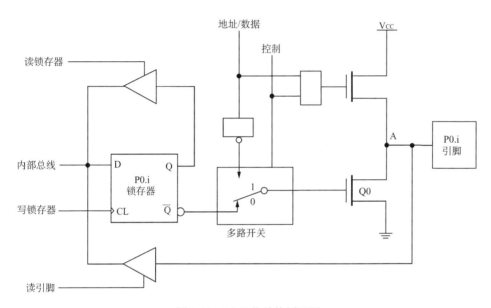

图 2-11　P0 口位结构原理图

1）P0 口中一个多路开关。多路开关的输入有两个，地址/数据输出；输出锁存器的输出 Q。多路开关的输出用于控制输出 FET Q0 的导通和截止。多路开关的切换由内部控制信号控制。

2）P0 口的输出上拉电路导通和截止受内部控制信号和地址/数据信号共同（相"与"）来控制。

3）当内部信号置 1 时，多路开关接通地址/数据输出端。

当地址/数据输出线置 1 时，控制上拉电路的"与"门输出为 1，上拉 FET 导通，同时地址/数据输出通过反相器输出 0，控制下拉 FET 截止，这样 A 点电位上拉，地址/数据输出线为 1。

当地址/数据输出线置 0 时，"与"门输出为 0，上拉 FET 截止，同时地址/数据输出通过反相器输出 1，控制下拉 FET 导通，这样 A 点电位下拉，地址/数据输出线为 0。

通过上述分析可以看出，此时的输出状态随地址/数据线而变。因此，P0 口可以作为地址/数据复用总线使用。这时上下两个 FET 处于反相，构成了推拉式的输出电路，其负载能力大大增加。此时的 P0 口相当于一个双向口。

4）当内部信号置 0 时，多路开关接通输出锁存器的 $\overline{Q}$ 端。这时明显地可看出以下两点。

① 由于内部控制信号为 0，与门关闭，上拉 FET 截止，形成 P0 口的输出电路为漏极

开路输出。

② 输出锁存器的 Q 端引至下拉 FET 栅极，因此，P0 口的输出状态由下拉电路决定。

在 P0 口作输出口用时，若 P0.i 输出 1，输出锁存器的 $\overline{Q}$ 端为 0，下拉 FET 截止，这时 P0.i 为漏极开路输出；若 P0.i 输出 0，输出锁存器的 $\overline{Q}$ 端为 1，下拉 FET 导通，P0.i 输出低电平。

在 P0 口作输入口用时，为了使 P0.i 能正确读入数据，必须先使 P0.i 置 1。这样，下拉 FET 也截止，P0.i 处于悬浮状态。A 点的电平由外设的电平而定，通过输入缓冲器读入 CPU。这时 P0 口相当于一个高阻抗的输入口。

2. P0 口的功能

(1)作 I/O 口使用

相当于一个真正的双向口：输出锁存、输入缓冲，但输入时需先将口置 1；每根口线可以独立定义为输入或输出。它具有双向口的一切特点。

与其他口的区别是，输出时为漏极开路输出，与 NMOS 的电路接口时必须要用电阻上拉，才能有高电平输出；输入时为悬浮状态，为一个高阻抗的输入口。

(2)作地址/数据复用总线用

此时 P0 口为一个准双向口。但是有上拉电阻，作数据输入时，口也不是悬浮状态。在系统扩展时，P0 口作地址/数据复用总线用。作数据总线用时，输入/输出 8 位数据 D0～D7；作地址总线用时，输出低 8 位地址 A0～A7。当 P0 口作地址/数据复用总线用之后，就再也不能作 I/O 口使用了。

应该注意：现时的许多仿真系统中，均以 P0 口作地址/数据复用总线使用，因而不能仿真 I/O 口的功能。

2.5.2　P1 口

P1 口是一个 8 位口，可以字节访问也可按位访问，其字节访问地址为 90H，位访问地址为 90H～97H。

1. 位结构和工作原理

P1 口位结构原理图如图 2-12 所示。

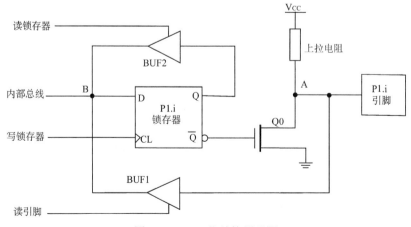

图 2-12　P1 口位结构原理图

包含输出锁存器、输入缓冲器 BUF1(读引脚)、BUF2(读锁存器)以及由 FET 晶体管 Q0 与上拉电阻组成的输出/输入驱动器。

P1 口的工作过程分析如下。

1)P1.i 位作输出口用时。CPU 输出 0 时，D=0，Q=0，$\overline{Q}=1$，晶体管 Q0 导通，A 点被下拉为低电平，即输出 0；CPU 输出 1 时，D=1，Q=1，$\overline{Q}=0$，晶体管 Q0 截止，A 点被上拉为高电平，即输出 1。

2)P1.i 位作输入口用时。先向 P1.i 位输出高电平，使 A 点提升为高电平，此操作称为设置 P1.i 为输入线。若外设输入为 1 时 A 点为高电平，由 BUF1 读入总线后 B 点也为高电平；若外设输入为 0 时 A 点为低电平，由 BUF1 读入总线后 B 点也为低电平。

2. P1 口的特点

1)输出锁存器，输出时没有条件。

2)输入缓冲，输入时有条件，即需要先将该口设为输入状态，先输出 1。

3)工作过程中无高阻悬浮状态，也就是该口不是输入态就是输出态。

具有这种特性的口不属于"真正"的双向口，而称为"准"双向口。

这里需要注意的是，若在输入操作之前不将 A 点设置为高电平(即先向该口线输出 1)，如果 A 点电平为低电平，则外设输入的任何信号均被 A 点拉为低电平，亦即此时外设的任何信号都输不进来。更为严重的是，A 点为低电平，而外设为高电平时，外设的高电平通过 Q0 强迫下拉为低电平，将可能有很大的电流流过 Q0 而将它烧坏。

3. P1 口的操作

(1) 字节操作和位操作

CPU 对于 P1 口不仅可以作为一个 8 位口(字节)来操作，也可以按位来操作。

有关字节操作的指令有：

输出	MOV	P1, A	; P1←A
	MOV	P1, #data	; P1←#data
	MOV	P1, direct	; P1←direct
输入	MOV	A, P1	; A←P1
	MOV	direct, P1	; direct←P1

有关位操作的指令有：

置位、清除	SETB	P1.i	; P1.i←1
	CLR	P1.i	; P1.i←0
输入、输出	MOV	P1.i, C	; P1.i←CY
	MOV	C, P1.i	; CY←P1.i
判跳	JB	P1.i, rel	; P1.i=1, 跳转
	JBC	P1.i, rel	; P1.i=1, 跳转且清 P1.i=0
逻辑运算	ANL	C, P1.i	; CY←(P1.i · CY)
	ORL	C, P1.i	; CY←(P1.i+CY)

P1.i 中的 i=0,1,…,7。

因此，P1 口不仅可以以 8 位一组进行输入、输出操作，还可以逐位分别定义各口线为输入线或输出线。例如：

ORL   P1,#00000010B

可以使 P1.1 位口线输出 1，而使其余各位不变。

ANL   P1,#11111101B

可以使 P1.1 位线输出 0，而使其余各位不变。

(2)读引脚操作和读锁存器操作

从 P1 口的位结构图中可以看出，有两种读口的操作：一种是读引脚操作，一种是读锁存器操作。

1)在响应 CPU 输出的读引脚信号时，端口本身引脚的电平值通过缓冲器 BUF1 进入内部总线。这种类型的指令，执行之前必须先将端口锁存器置 1，使 A 点处于高电平，否则会损坏引脚，而且也使信号无法读出。

这种类型的指令有：

MOV   A, P1   ; A←P1

MOV   direct, P1   ; direct←P1

2)在执行读锁存器的指令时，CPU 首先完成将锁存器的值通过缓冲器 BUF2 读入内部，进行修改，然后重新写到锁存器中，这就是"读-修改-写"指令。

这种类型的指令包含所有的口的逻辑操作(ANL、ORL、XRL)和位操作(JBC、CPL、MOV、SETB、CLR 等)指令。

读锁存器操作可以避免一些错误，如用 P1.i 去驱动晶体管的基极。当对 P1.i 写入一个 1 之后，晶体管导通。若此时 CPU 接着读该位引脚的值，即晶体管基极的值时，为 0；但是正确的值应该是 1，这可从读锁存器得到。

2.5.3　P2 口

P2 口是一个多功能的 8 位口，可以字节访问也可位访问，其字节访问地址为 A0H，位访问地址为 A0H～A7H。

1. P2 口位结构和工作原理

P2 口位结构原理图如图 2-13 所示。

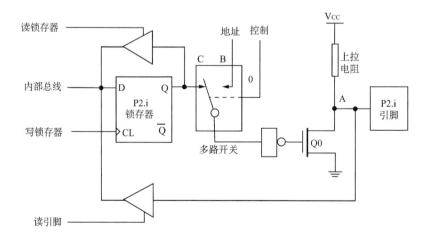

图 2-13　P2 口位结构原理图

它与 P1 口的位结构之间的区别如下。

1) P2 口的位结构中增加了一个多路开关。

多路开关的输入有两个: 一个是口输出锁存器的输出端 Q; 另一个是地址寄存器(PC 或 DPTR)的高位输出端。多路开关的输出经反相器反相后去控制输出 FET 的 Q0。多路开关的切换由内部控制信号控制。

输出锁存器的输出端是 Q 而不是 $\overline{Q}$, 多路开关之后需接反相器。

2) P2 口的工作状态是 I/O 口状态。

3) 在内部控制信号的作用下, 多路开关的输入投向输出锁存器的输出 Q(C 点)侧, 这样多路开关将接通输出锁存器。

若经由内部总线输出 0, 输出锁存器的 Q 端为 0, 信号经多路开关和反相器后输出 1, Q0 导通, A 点为 0, 输出低电平; 若经由内部总线输出 1, 输出锁存器的 Q 端为 1, 反相器后输出 0, Q0 截止, A 点为 1 输出高电平。

4) P2 口的工作状态是输出高 8 位地址。

在内部控制信号的作用下, 多路开关的输入投向地址输出(B 点)侧, 这样多路开关将接通地址寄存器输出。A 点的电平将随地址输出的 0、1 而 0、1 地变化。

2. P2 口的功能

从上述工作过程的分析中可以看出, P2 口是一个双功能的口。

1) 作 I/O 口使用时, P2 口为一准双向口, 功能与 P1 口一样。

2) 作地址输出时, P2 口可以输出程序存储器或片外数据存储器的高 8 位地址, 与 P0 输出的低地址一起构成 16 位地址线, 从而可分别寻址 64KB 的程序存储器或片外数据存储器。地址线是 8 位一起自动输出的。

3. P2 口使用中注意的问题

1) 由于 P2 口的输出锁存功能, 在取指周期内或外部数据存储器读、写选通期间, 输出的高 8 位地址是锁存的, 故无须外加地址锁存器。

2) 在系统中如果外接有程序存储器, 由于访问片外程序存储器的连续不断的取指操作, P2 口需要不断送出高位地址, 这时 P2 口的全部口线均不宜再作 I/O 口使用。

3) 在无外接程序存储器而有片外数据存储器的系统中, P2 口使用可分为两种情况。

· 若片外数据存储器的容量<256 B, 可使用"MOVX　A,@Ri"及"MOVX　@Ri,A"类指令访问片外数据存储器, 这时 P2 口不输出地址, P2 口仍可作为 I/O 口使用。

· 若片外数据存储器的容量>256 B, 可使用"MOVX　A,@DPTR"及"MOVX @DPTR,A"类指令访问片外数据存储器, P2 口需输出高 8 位地址。在片外数据存储器读、写选通期间, P2 口引脚上锁存高 8 位地址信息, 但是在选通结束后, P2 口内原来锁存的内容又重新出现在引脚上。

使用"MOVX　A,@Ri"及"MOVX　@Ri,A"类访问指令时, 高位地址通过程序设定, 只利用 P1、P3 甚至 P2 口中的某几根口线送高位地址, 从而保留 P2 口的全部或部分口线作 I/O 口用。

2.5.4　P3 口

P3 口是一个多功能的 8 位口, 可以字节访问也可位访问, 其字节访问地址为 B0H, 位访问地址为 B0H~B7H。

1. 位结构与工作原理

P3 口位结构原理图如图 2-14 所示。

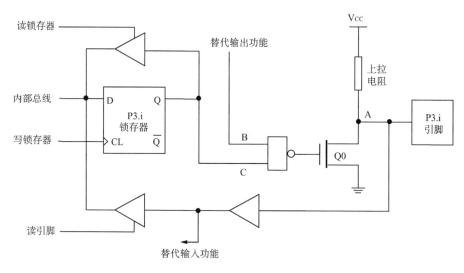

图 2-14   P3 口位结构原理图

从 P3 口的位结构图 2-14 可以看出，它与 P1 口的位结构之间的区别如下。

1）P3 口中增加了一个与非门。

与非门有两个输入端：一个为口输出锁存器的 Q 端，另一个为替代功能的控制输出。与非门的输出端控制输出 FET 管 Q0。

2）有两个输入缓冲器：替代输入功能取自第一个缓冲器的输出端，I/O 口的通用输入信号取自第二个缓冲器的输出端。

3）当替代输出功能 B 点置 1 时，输出锁存器的输出可以顺利通到引脚 P3.i。其工作状况与 P1 口相类似。这时 P3 口的工作状态为一 I/O 口，显然此时该口具有准双向口的性质。

4）当输出锁存器的输出置 1 时，替代输出功能可以顺利通到引脚 P3.i。

当替代输出为 0 时，因与非门的 C 点已置 1，现 B 点为 0，故与非门的输出为 1，使 Q0 导通，从而使 A 点也为 0。当替代输出为 1 时，与非门的输出为 1，Q0 截止，从而使 A 点也为高电平。这时 P3 口的工作状态处于替代输出功能状态。

2. P3 口的功能

与 P1 口不同，P3 口是一个多功能口。

1）可作 I/O 口使用，为准双向口。

这方面的功能与 P1 口一样。既可以字节操作，也可以位操作；既可以 8 位口操作，也可以逐位定义口线为输入线或输出线；既可以读引脚，也可以读锁存器，实现"读-修改-输出"操作。

2）可以作为替代功能的输入、输出。

① 替代输入功能。

P3.0：RXD，串行输入口。

P3.2：$\overline{\text{INT0}}$，外部中断 0 的请求。

P3.3：$\overline{\text{INT1}}$，外部中断 1 的请求。

P3.4：T0，定时器/计数器 0 外部计数脉冲输入。

P3.5：T1，定时器/计数器 1 外部计数脉冲输入。

② 替代输出功能。

P3.1：TXD，串行输出口。

P3.6：$\overline{\text{WR}}$，外部数据存储器或 I/O 写选通，输出，低电平有效。

P3.7：$\overline{\text{RD}}$，外部数据存储器或 I/O 读选通，输出，低电平有效。

2.6　80C51 单片微机布尔(位)处理器

为了更好地"面向控制"，在 80C51 单片微机中，与字节处理器相对应，还专门设置了一个结构完整、功能极强的布尔(位)处理器。实际上这是一个完整的一位微计算机，它具有自己的 CPU、寄存器、I/O、存储器和指令集。一位机在开关决策、逻辑电路仿真和实时控制方面非常有效。80C51 单片微机把 8 位机和布尔(位) 处理器的硬件资源复合在一起，这是 80C51 系列单片微机的突出优点之一，给实际应用带来了极大的方便。

位处理器系统包括以下几个功能部件。

1)位累加器：借用进位标志位 CY。在布尔运算中 CY 是数据源之一，又是运算结果的存放处，位数据传送的中心。根据 CY 的状态实现程序条件转移：JC rel、JNC rel。

2)位寻址的 RAM：内部 RAM 位寻址区中的 0～127 位(20H～2FH)。

3)位寻址的寄存器：特殊功能寄存器(SFR)中的可以位寻址的位。

4)位寻址的 I/O 口：并行 I/O 口中的可以位寻址的位(如 P1.0)。

5)位操作指令系统：位操作指令可实现对位的置位、清 0、取反、位状态判跳、传送、位逻辑运算、位输入/输出等操作。

布尔处理器的程序存储器和 ALU 与字节处理器合用。利用内部并行 I/O 口的位操作，提高了测控速度，增强了实时性。利用位逻辑操作功能把逻辑表达式直接变换成软件进行设计和运算，方法简便，免去了过多的数据往返传送、字节屏蔽和测试分支，大大简化了编程，节省了存储器空间，增强了实时性能。还可实现复杂的组合逻辑处理功能。

2.7　80C51 单片微机的工作方式

80C51 单片微机共有复位、程序执行、低功耗以及编程和校验四种工作方式。

本节仅介绍前三种工作方式。

2.7.1　复位方式

1. 复位操作

复位是单片微机的初始化操作，其主要功能是把 **PC 初始化为 0000H**，使单片微机从 0000H 单元开始执行程序。除了进入系统的正常初始化之外，当由于程序运行出错或操作错误使系统处于死锁状态时，为摆脱困境，可以按复位键以重新启动，也可以通过监视定时器来强迫复位。

除 PC 之外，复位操作还对其他一些特殊功能寄存器有影响，它们的复位状态见表 2-6。

表 2-6　特殊功能寄存器 SFR 的复位状态表

寄存器	复位时的内容	寄存器	复位时的内容
PC	0000H	TCON	0×000000B
ACC	00H	TL0	00H
B	00H	TH0	00H
PSW	00H	TL1	00H
SP	07H	TH1	00H
DPTR	0000H	SCON	00H
P0～P3	FFH	SBUF	不定
TMOD	××000000B	PCON	0×××0000B

复位操作还对单片微机的个别引脚信号有影响。例如，在复位期间，ALE 和 $\overline{PSEN}$ 信号变为无效状态，即 ALE=1，$\overline{PSEN}$ =1。

2. 复位信号及其产生

（1）复位信号

RST 引脚是复位信号的输入端。复位信号是高电平有效，其有效时间应持续 24 个振荡周期（即 2 个机器周期）以上。若使用频率为 6MHz 的晶振，则复位信号应持续 4μs 以上。产生复位信号的电路逻辑图如图 2-15 所示。

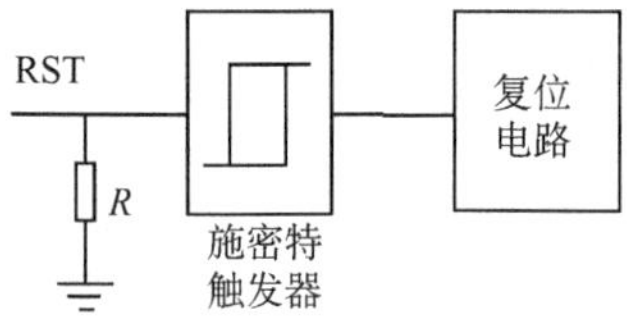

图 2-15　复位电路结构图

整个复位电路包括芯片内、外两部分。外部电路产生的复位信号（RST）送施密特触发器，再由片内复位电路在每个机器周期的 S5P2 时刻对施密特触发器的输出进行采样，然后才能得到内部复位操作所需要的信号。

（2）复位方式

复位操作有上电自动复位、按键电平复位和外部脉冲复位 3 种方式，复位电路如图 2-16 所示。

1）上电自动复位是通过外部复位电路的电容充电来实现的，其电路图如图 2-16（a）所示。只要 Vcc 的上升时间不超过 1ms，那么电源接通后就完成了系统的复位初始化。

2）按键电平复位是通过按压键使复位端经电阻与 Vcc 接通而实现的，其电路如图 2-16（b）所示。而按键上述电路中的电阻电容参数适宜于 6MHz 晶振，能保证复位信号高电平持续时间大于 2 个机器周期。

3）外部脉冲复位是由外部提供一个复位脉冲。此复位脉冲应保持宽度大于 2 个机器周期，如图 2-16（c）所示。复位脉冲过后，由内部下拉电阻保证 RST 端为低电平（无效）。

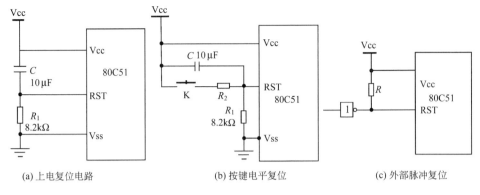

(a) 上电复位电路　　　　　　　(b) 按键电平复位　　　　　　(c) 外部脉冲复位

图 2-16　复位电路图

2.7.2　程序执行方式

程序执行方式是单片微机的基本工作方式。由于复位后 PC＝0000H，因此，程序执行总是从 0000H 开始的。但一般的程序并不是真正从 0000H 开始的，为此就得在 0000H 开始的单元中存放一条无条件转移指令，以便跳转到实际主程序的入口去执行。例如：

```
ORG      0000H
SJMP     MAIN      ; 转主程序
```

2.7.3　低功耗方式

80C51 有两种低功耗方式，即待机方式和掉电保护方式。待机方式和掉电保护方式时涉及的硬件如图 2-17 所示。

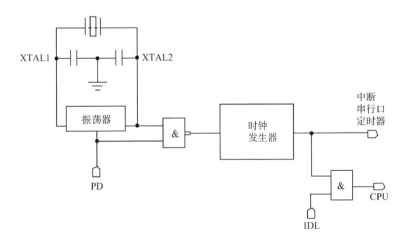

图 2-17　80C51 单片微机低功耗方式的内部结构图

待机方式和掉电保护方式都是由电源控制及波特率选择寄存器(PCON)的有关位来控制的。电源控制及波特率选择寄存器是一个逐位定义的 8 位寄存器，其格式如下：

SMOD	—	—	WLF	GF1	GF0	PD	IDL

SMOD：波特率倍增位，在串行通信波特率设置时使用。

GF1、GF0：通信标志位 1、0。

WLF：看门狗定时器 T3 允许重装标志位。

PD：掉电方式位，PD＝1，则进入掉电方式。

IDL：待机方式位，IDL＝1，则进入待机方式。

若 PD 和 IDL 同时为 1，则先激活掉电方式。

1. 待机方式

1）使用指令使 PCON 寄存器 IDL 位置 1，则 80C51 进入待机方式。

• 由图 2-17 中可看出这时振荡器仍然运行，并向中断逻辑、串行口和定时器/计数器电路提供时钟，中断功能继续存在。

• 向 CPU 提供时钟的电路被阻断，因此，CPU 不能工作，与 CPU 有关的如 SP、PC、PSW、ACC 及全部通用寄存器都被冻结在原状态。

2）可以采用中断方式或硬件复位来退出待机方式。

在待机方式下，若产生一个外部中断请求信号，在单片微机响应中断的同时，PCON.0位(IDL 位)被硬件自动清 0，单片微机就退出待机方式而进入正常工作方式。在中断服务程序中安排一条 RETI 指令，就可以使单片微机恢复正常工作，从设置待机方式指令的下一条指令开始继续执行程序。

由于在待机方式下振荡器仍然在工作，因此，硬件复位只需保持两个机器周期的高电平就可以完成。RST 端复位信号直接将 PCON.0(IDL) 清零，从而退出待机方式，CPU 则从进入待机方式的下一条指令开始重新执行程序。

2. 掉电保护方式

1）PCON 寄存器的 PD 位控制单片微机进入掉电保护方式。

当 80C51 单片微机，在检测到电源故障时，除进行信息保护外，还应把 PCON.1 位置 1，使之进入掉电保护方式。此时单片微机一切工作都停止，只有内部 RAM 单元的内容被保护。

2）只能依靠复位退出掉电保护方式。

80C51 单片微机备用电源由 Vcc 端引入。当 Vcc 恢复正常后，只要硬件复位信号维持 10ms，就能使单片微机退出掉电保护方式，CPU 则从进入待机方式的下一条指令开始重新执行程序。在待机和掉电保护期间引脚的状态见表 2-7。

表 2-7 待机和掉电保护方式时引脚状态表

引 脚	内部取指		外部取指	
	待机	掉电	待机	掉电
ALE	1	0	1	0
$\overline{PSEN}$	1	0	1	0
P0	SFR 数据	SFR 数据	高阻	高阻
P1	SFR 数据	SFR 数据	SFR 数据	SFR 数据
P2	SFR 数据	SFR 数据	PCH	SFR 数据
P3	SFR 数据	SFR 数据	SFR 数据	SFR 数据

思考与练习

填空题

1. 程序存储器指令地址使用计数器为_____，外接数据存储器地址指针为_____，堆栈的地址指针为_____。

2. 外接程序存储器的读信号为_____，外接数据存储器的读信号为_____。

3. 80C51 单片微机的片内外最大存储容量可达_____，其中程序存储器最大容量为_____，数据存储器最大容量为_____。

简答题

4. 80C51 单片微机在片内集成了哪些主要逻辑功能部件？各个逻辑部件的最主要功能是什么？

5. 80C51 单片微机芯片引脚第二功能有哪些？

6. 程序计数器(PC)和数据指针(DPTR)有哪些异同？

7. 80C51 存储器在结构上有何特点？在物理上和逻辑上各有哪几种地址空间？访问片内数据存储器和片外数据存储器的指令格式有何区别？

8. 80C51 单片微机的 $\overline{\text{EA}}$ 信号有何功能？在使用 80C51 时，$\overline{\text{EA}}$ 信号引脚应如何处理？在使用 80C31 时，$\overline{\text{EA}}$ 信号引脚应如何处理？

9. 80C51 片内数据存储器低 128 单元划分为哪四个主要部分？各部分主要功能是什么？

10. 80C51 设有四个通用工作寄存器组，有什么特点？如何选用？如何实现工作寄存器现场保护？

11. 什么是堆栈？堆栈有哪些功能？堆栈指示器(SP)的作用是什么？在程序设计时，为什么还要对 SP 重新赋值？

12. 80C51 的布尔处理器包括哪些部分？它们具有哪些功能？共有多少个单元可以位寻址？

13. 80C51 单片微机的节拍、状态、机器周期、指令周期是如何设置的？当主频为 12MHz 时，各种周期等于多少 μs？

14. 说明 80C51 的 ALE 引脚时序功能，请举例说明其在系统中有哪些应用。

15. 80C51 片外数据存储器与片内数据存储器地址允许重复，程序存储器地址也允许重复，如何区分？

16. 使 80C51 单片微机复位有几种方法？复位后 80C51 的初始状态如何，即各寄存器及数据存储器的状态如何？

17. 80C51 的 4 个 I/O 口在使用上有哪些分工和特点？试比较各口的特点。

18. 80C51 端口 P0～P3 用作通用 I/O 口时，要注意什么？

19. 80C51 单片微机有哪几种工作方式？简单说明它们的应用场合和特点。

20. 举例说明单片微机在工业控制系统中低功耗工作方式的意义及方法。

21. 单片微机"面向控制"应用的特点，在硬件结构方面有哪些体现？

第 3 章

80C51 单片微机的指令系统

摘要：本章重点介绍单片微机的软件，要求了解单片微机的指令系统。

3.1 80C51 指令系统概述

80C51 指令系统专用于 80C51 系列单片微机，是一个具有 255 种操作码(00H～FFH，除 A5H 外) 的集合。

用汇编语言表达操作代码时，只要熟记 42 种助记符，其中许多助记符与 Intel 公司生产的其他型号的单片微机的指令系统中的助记符是相同的。42 种助记符代表了 33 种功能，因为有的功能如数据传送，可以有几种助记符，如 MOV、MOVC、MOVX。而指令功能助记符与操作数各种寻址方式的结合，共构造出 111 种指令，同一种指令所对应的操作码可以多至 8 种(如指令中 Rn 对应寄存器 R0～R7) 。

3.1.1 寻址方式

寻址方式就是在指令中给出的寻找操作数或操作数所在地址的方法。执行任何一条指令都需要使用操作数。

根据指令操作的需要，单片微机有多种寻址方式。一般来说，单片微机寻址方式越多，单片微机的功能就越强，灵活性越大，指令系统也就更加复杂。因此在设定寻址方式时，应考虑到需要和可能。不同公司的单片微机的寻址方式不尽相同。80C51 系列单片微机指令系统中共有以下 7 种寻址方式。

1. 立即寻址

立即寻址是指在指令中直接给出操作数，出现在指令中的操作数称为立即数，因此，就将这种寻址方式称为立即寻址。为了与直接寻址指令中的直接地址相区别，在立即数前面必须加上前缀 "#"。

例如：指令　　MOV　　DPTR,#1234H

其中，1234H 就是立即数，指令功能是把 16 位立即数 1234H 送入数据指针 DPTR 中，如图 3-1 所示。

2. 直接寻址

直接寻址是指在指令中直接给出操作数单元的地址。

例如：指令　　MOV　　A,3AH

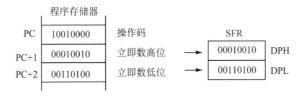

图 3-1　立即寻址示意图

其功能是把片内数据存储器中 3AH 单元内的数据传送给累加器 A，如图 3-2 所示。

图 3-2　直接寻址示意图

直接寻址方式只能给出 8 位地址，因此，这种寻址方式的寻址范围只限于片内数据存储器，具体如下。

1) 低 128 单元，在指令中直接以单元地址形式给出。

2) 特殊功能寄存器，这时除可以单元地址形式给出外，还可以寄存器符号形式给出。虽然特殊功能寄存器可以使用符号标志，但在指令代码中还是按地址进行编码的。

应当说明的是，直接寻址是访问特殊功能寄存器的唯一方法。

3. 寄存器寻址

寄存器寻址是指在指令中将指定寄存器的内容作为操作数。因此，指定了寄存器就能得到操作数。

寄存器寻址方式中，用符号名称来表示寄存器。

例如：指令　　　INC　　　R0

其功能是把寄存器 R0 的内容加 1，再送回 R0 中。由于操作数在 R0 中，指定了 R0，也就得到了操作数，如图 3-3 所示。

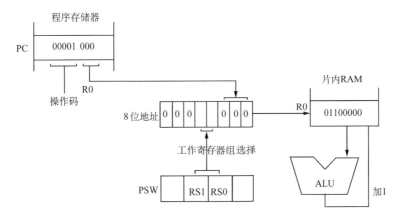

图 3-3　寄存器寻址示意图

寄存器寻址方式的寻址范围如下。

1）4 个寄存器组共 32 个通用寄存器。但在指令中只能使用当前寄存器组。因此，在使用前要通过指定 PSW 中的 RS1、RS0，以选择使用的当前寄存器组。

2）部分特殊功能寄存器。例如，累加器 A、AB 寄存器对以及数据指针 DPTR。

4. 寄存器间接寻址

寄存器间接寻址是指在指令中给出的寄存器内容是操作数的地址，从该地址中取出的才是操作数。可以看出，在寄存器寻址方式中，寄存器中存放的是操作数；而在寄存器间接寻址方式中，寄存器中存放的则是操作数的地址，也就是说，指令的操作数是通过寄存器间接得到的。因此，称为寄存器间接寻址。

寄存器间接寻址也需以寄存器符号名称的形式表示。为了区别寄存器寻址和寄存器间接寻址，在寄存器间接寻址中，应在寄存器的名称前面加前缀"@"。

假定 R1 寄存器的内容是 60H，则指令 ANL　A,@R1 的功能是以 R1 寄存器的内容 60H 为地址，将 60H 地址单元的内容与累加器 A 中的数相"与"其结果仍存放在 A 中，其功能示意图如图 3-4 所示。

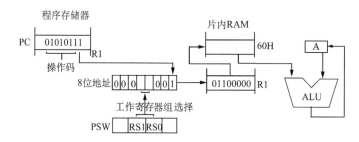

图 3-4　寄存器间接寻址示意图

寄存器间接寻址的寻址范围如下。

1）片内数据存储器的低 128 字节单元，只能采用 R0 或 R1 为间址寄存器，其形式为 @Ri（i＝0,1）。

2）片外数据存储器的 64 KB 单元，使用 DPTR 作为间址寄存器，其形式为@DPTR，例如：MOVX　A,@DPTR，其功能是把 DPTR 指定的片外数据存储器单元的内容送累加器 A。

3）片外数据存储器低 256 字节单元，除了可使用 DPTR 作为间址寄存器外，也可使用 R0 或 R1 作为间址寄存器。例如：MOVX　A,@R0，即把 R0 指定的片外数据存储器单元的内容送累加器 A。

4）堆栈区，堆栈操作指令（PUSH 和 POP）也应算作寄存器间接寻址，即以堆栈指示器（SP）作间址寄存器的间接寻址方式。

5. 相对寻址

相对寻址是指在指令中给出的操作数为程序转移的偏移量。相对寻址方式是为实现程序的相对转移而设立的，为相对转移指令所采用。

在相对转移指令中，给出地址偏移量（在 80C51 系列单片微机的指令系统中，以"rel"表示），把 PC 的当前值加上偏移量就构成了程序转移的目的地址。而 PC 的当前值是指执行完转移指令后的 PC 值，即转移指令的 PC 值加上它的字节数。因此，转移的目的地址可用如下公式表示：

$$目的地址＝转移指令所在地址＋转移指令字节数＋rel$$

在 80C51 系列单片微机的指令系统中，有许多条相对转移指令，这些指令多数均为双字节指令。只有个别的是三字节的指令。偏移量 rel 是一个带符号的 8 位二进制补码数，所能表示的数的范围是 –128B～+127B。因此，以相对转移指令的所在地址为基点，向前最大可转移(127+转移指令字节数)个单元地址,向后最大可转移(128 – 转移指令字节数)个单元地址。

例如：指令　　JC　　80H

若进位位 C 为 0，则程序计数器(PC)中的内容加 2，顺序往下执行；若进位位 C 为 1，则以程序计数器(PC)中当前值为基地址，加上偏移量 80H 后所得结果作为该转移指令的目的地址，其执行示意图如图 3-5 所示。

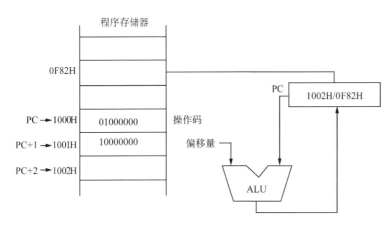

图 3-5　相对寻址示意图

指令的操作码存在 1000H 单元，偏移量存在 1001H 单元。执行该指令后，程序计数器 PC 指向 1002H(即当前值)。这里 80H 即 –128，故 1002H 与 –128(80H)相加(补码运算)后得到转移地址 0F82H。

6. 变址寻址

变址寻址是指以 DPTR 或 PC 作基址寄存器，累加器 A 作变址寄存器，以两者内容相加。形成的 16 位程序存储器地址作为操作数地址。又称基址寄存器＋变址寄存器间接寻址。

例如：指令　　MOVC　　A,@A＋DPTR

其功能是把 DPTR 和 A 的内容相加所得到的程序存储器地址单元的内容送 A。

假定指令执行前

$$(A)＝54H,　　　(DPTR)＝1256H$$

则该指令的操作示意参见图 3-6。变址寻址形成的操作数地址为 1256H＋54H＝12AAH，若 12AAH 单元的内容为 00H，则该指令执行的结果是 A 的内容为 00H。

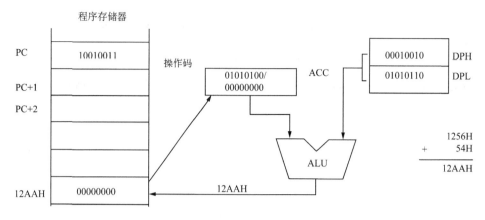

图 3-6　变址寻址示意图

80C51 系列的指令系统中的变址寻址指令有如下特点。

1)变址寻址方式只能对程序存储器进行寻址，或者说是专门针对程序存储器的寻址方式。

2)变址寻址指令只有 3 条：

    MOVC　　A,@A＋DPTR
    MOVC　　A,@A＋PC
    JMP　　　@A＋DPTR

其中，前两条是程序存储器读指令，后一条是无条件转移指令。

3)尽管变址寻址方式复杂，但这 3 条指令却都是单字节指令。

4)变址寻址方式用于查表操作。

7. 位寻址

80C51 系列单片微机有位处理功能，可以对数据位进行操作，因此就有相应的位寻址方式。位寻址的寻址范围包括：

(1)片内数据存储器中的位寻址区

片内数据存储器中的单元地址 20H~2FH，共 16 个单元 128 位，为位寻址区，位地址是 0H~7FH。 对这 128 位的寻址使用直接位地址表示。

例如：　　MOV　　C,2BH

指令的功能是把位寻址区的 2BH 位状态送累加位 C。

(2)可位寻址的特殊功能寄存器位

可供位寻址的特殊功能寄存器共有 11 个，实有寻址位 83 位。这些寻址位在指令中有以下四种表示方法。

1)直接使用位地址表示方法。

2)单元地址加位的表示方法。例如，88H 单元的位 5，则表示为 88H.5。

3)特殊功能寄存器符号加位的表示方法。例如，PSW 寄存器的位 5，可表示为 PSW.5。

4)位名称表示方法。特殊功能寄存器中的一些寻址位是有名称的，例如，PSW 寄存器位 5 为 F0 标志位，则可使用 F0 表示该位。

一个寻址位有多种表示方法。初看起来似乎复杂，实际上将为程序设计带来方便。对于指令中的操作数，因为指令操作常伴有从右向左传送数据的内容，所以常把左边操作数称为目的操作数，而右边操作数称为源操作数。

上面所讲的各种寻址方式都是针对源操作数的，实际上目的操作数也有寻址的问题。

例如：指令　　　MOV　　　45H,R1

其源操作数是寄存器寻址方式，而目的操作数则是直接寻址方式。上述指令的功能是把寄存器寻址取出的 R1 内容，再以直接寻址方式存放于内部数据存储器的 45H 单元中。

总的来说，源操作数的寻址方式多，而目的操作数的寻址方式较少，只有寄存器寻址、直接寻址、寄存器间接寻址和位寻址 4 种方式。因此，知道了源操作数的寻址方式，也就不难了解目的操作数的寻址问题了。80C51 指令系统的 7 种寻址方式与寻址空间如表 3-1 所列。

表 3-1　寻址方式与寻址空间

寻　址　方　式	寻　址　空　间
1. 寄存器寻址	R0～R7、A、B、CY(bit)、DPTR
2. 直接寻址	内部数据存储器低 128 字节
	特殊功能寄存器
3. 寄存器间接寻址	内部数据存储器（@R0,@R1,@SP 仅 PUSH、POP）
	外部数据存储器（@R0,@R1,@DPTR）
4. 立即寻址	程序存储器
5. 变址寻址	程序存储器（@A+PC,@A+DPTR）
6. 相对寻址	程序存储器(PC＋偏移量)
7. 位寻址	内部数据存储器中有 128 个可寻址位
	特殊功能寄存器中可位寻址的位

3.1.2　指令格式

指令的表示方法称为指令格式，其内容包括指令的长度和指令内部信息的安排等。一条指令通常由操作码和操作数两部分组成。操作码是用来规定指令所完成的操作的，而操作数则表示操作的对象。操作数可能是一个具体的数据，也可能是指出取得数据的地址或符号。单片微机由于字长短，因此，指令都是不定长的即变长指令。在 80C51 系列的指令系统中，有单字节、双字节和三字节等不同长度的指令。

1) 单字节指令。指令只有一个字节，操作码和操作数同在一个字节中。在 80C51 系列的指令系统中，共有 49 条单字节指令。

操作码	地址码

例如：　　　MOV　　　A,Rn

指令机器码为 11001rrr 单字节，其中 rrr 可表示为 000～111，分别代表 R0～R7。

2) 双字节指令。双字节指令包括两个字节。其中一个字节为操作码，另一个字节是操作数。在 80C51 系列的指令系统中，共有 45 条双字节指令。

操作码	地址码	数据或地址码

例如：　　MOV　　　A,#data

8 位立即数 data 需占一个字节，操作码不能省略，也需一个字节。

3）三字节指令。在三字节指令中，操作码占一个字节，操作数占两个字节。其中操作数既可能是数据，也可能是地址。在 80C51 系列的指令系统中，共有 17 条三字节指令。

操作码	数据或地址码	数据或地址码

例如：　　ANL　　　direct,#data

指令需三个字节，第一个字节为操作码，第二个字节为 8 位直接地址 direct，第三个字节为 8 位立即数 data。

从指令执行时间来看，单机器周期指令有 64 种，双机器周期指令有 45 种，只有乘法、除法指令的执行时间为 4 个机器周期。在 12MHz 晶振条件下，80C51 单片微机的指令执行时间分别为 1μs、2μs、4μs。可见 80C51 的指令系统在存储空间和时间的利用效率上都是比较高的。

3.1.3　指令分类

80C51 的指令系统，共有 111 条指令，按其功能可分为五大类：

1）数据传送类指令(28 条)；
2）算术运算类指令(24 条)；
3）逻辑运算类指令(25 条)；
4）控制转移类指令(17 条)；
5）布尔(位)操作类指令(17 条)。

本章将分类介绍这五类指令，并在书后附录 A 中逐条列出。

3.1.4　指令系统中使用符号说明

在说明和使用 80C51 系列的指令时，经常使用一些符号。下面将所使用的一些符号的意义做一简单说明。

Rn　　　　n=0～7，表示当前寄存器组的 8 个通用寄存器 R0～R7 中的一个。

Ri　　　　i=0，1，可用作间接寻址的寄存器，只能是 R0、R1 两个寄存器中的一个。

Direct　　内部的 8 位地址，既可以指片内数据存储器的低 128 个单元地址，也可以指特殊功能寄存器的地址或符号名称，direct 表示直接寻址方式。

#data　　　指令中所含的 8 位立即数。

#data16　　指令中所含的 16 位立即数。

addr16　　16 位目的地址，只限于在 LCALL 和 LJMP 指令中使用。

addr11　　11 位目的地址，只限于在 ACALL 和 AJMP 指令中使用。

rel　　　　相对转移指令中的偏移量，为 8 位带符号数。为 SJMP 和所有条件转移指令所用。转移范围为相对于下一条指令第一字节地址的–128～+127。

DPTR　　　数据指针。

bit　　　　片内数据存储器(包括部分特殊功能寄存器)中的直接寻址位。

A　　　　　累加器。

B　　　　　B 寄存器。

C　　　　　进位标志位；也是布尔处理机中的累加器，称为累加位。

@　　　　　间址寄存器的前缀标志。

/　　　　　位地址的前缀标志，表示对该位操作数取反。

(×)　　　某寄存器或某单元的内容。

((×))　　由×寻址的单元中的内容。

←　　　　　箭头左边的内容被箭头右边的内容所取代。

3.1.5　单片微机执行指令的过程

单片微机执行指令的过程，分为取指令和执行指令两项基本内容。

在取指阶段，单片微机从程序存储器中取出指令操作码，送到指令寄存器(IR)中，通过指令译码器的译码，产生一系列的控制信号。

在指令执行阶段中，利用指令译码产生的控制信号，进行本指令规定的操作。

3.2　数据传送类指令

80C51 具有丰富的数据传送指令，能实现多种数据的传送操作。数据传送方向及相互关系见图 3-7。

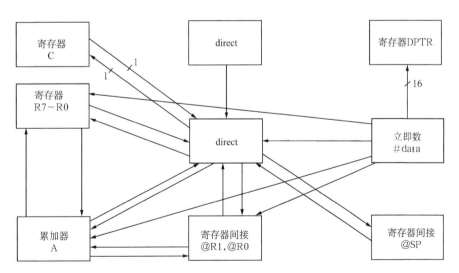

图 3-7　数据传送指令示意图

数据传送指令按功能又可分为内部 8 位数据传送指令、16 位数据传送指令(专用于设定地址指针)、外部数据传送指令、程序存储器数据传送指令、交换指令和堆栈操作指令。

助记符有 MOV、MOVX、MOVC、XCH、XCHD、SWAP、PUSH、POP 等 8 种。

源操作数可采用寄存器、寄存器间接、直接、立即、寄存器基址加变址等 5 种寻址方式，目的操作数可以采用寄存器、寄存器间接、直接等 3 种寻址方式。

数据传送指令的一般操作是把源操作数传送到目的操作数，指令执行后源操作数不变，目的操作数被修改为源操作数。若要求进行数据传送，目的操作数不变，则可以用交换指令。

数据传送类指令不影响标志位 C、AC、OV。对于 P 标志一般不加以说明。只有一种堆栈操作指令可以直接修改程序状态字(PSW)，这时可以使某些标志位发生改变。

从图 3-7 中可以看出数据传送指令的特点如下。

1)可以进行直接地址到直接地址的数据传送,能把一个并行 I/O 口中的内容传送到片内数据存储器单元中而不必经过累加器或工作寄存器 Rn，这样可以大大提高传送速度，缓解累加器 A 的瓶颈效应。

2)用 R0 和 R1 寄存器间址访问片外数据存储器 256 字节地址及片内数据存储器中的任一单元。用 DPTR 间址访问片外全部 64KB 的数据存储器或 I/O。

3)累加器 A 能对 Rn 寄存器寻址；能与特殊功能寄存器之间进行一字节的数据传送；能对片内数据存储器直接寻址；能与片内数据存储器单元之间进行低半字节的数据交换。

4)能用变址寻址方式访问程序存储器中的表格，将程序存储器单元中的固定常数或表格字节内容传送到累加器 A 中。

3.2.1　内部 8 位数据传送指令

内部 8 位数据传送指令主要用于 80C51 单片微机内部数据存储器和寄存器之间的数据传送。这类传送指令的格式为

$$MOV\ <目的字节>，<源字节>$$

它的功能是把源字节的内容送到目的字节，而源字节的内容不变。操作属于拷贝性质。

源操作数可以有：累加器 A、工作寄存器 Rn(n=0,…,7)、直接地址 direct、间接寻址寄存器@Ri(i=0,1)和立即数#data 等 5 种。

目的操作数可以有：累加器 A、工作寄存器 Rn(n=0,…,7)、直接地址 direct 和间接寻址寄存器@Ri(i=0,1)等 4 种。

这类指令是以 MOV 为其助记符的，若以目的操作数分类，可将内部 8 位数据传送指令分为 4 组。

1. 以累加器 A 为目的操作数的指令组

指令　　目的 源操作数　　功能　　　　寻址范围　　　　　机器码

MOV　A，
- Rn　　；(A)←(Rn)　　R0-R7　　11101 rrr (E8～EFH)8 种操作码
- direct　；(A)←(direct)　00-FFH　　11100101 direct 双字节
- @Ri　；(A)←((Ri))　00-FFH　　1110011r (E6～E7H) 2 种操作码
- #data　；(A)←#data　#00-#FFH　01110100　data 双字节

传送指令是以累加器 A 为中心的总体结构。绝大部分传送操作均需通过 A 进行的，所以累加器 A 是个特殊的、使用十分频繁的寄存器。但是在 80C51 中，由于可以进行直接地址之间的数据传送，大大地减轻了累加器的负担，缓解了频繁使用累加器 A 所造成的"瓶

颈”现象。

2. 以工作寄存器 Rn 为目的操作数的指令组

　　目的　　源操作数

MOV　　Rn, $\begin{cases} A & ;（Rn）\leftarrow（A） \\ direct & ;（Rn）\leftarrow（direct） \\ \#data & ;（Rn）\leftarrow data \end{cases}$

　　这组指令的功能是把源操作数的内容送入当前工作寄存器区的 R0～R7 中的某一个寄存器。源操作数有寄存器寻址、直接寻址和立即寻址等寻址方式。

3. 以直接地址 direct 为目的操作数的指令组

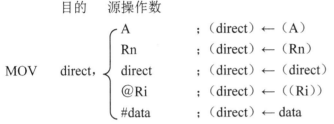

　　目的　　源操作数

MOV　　direct, $\begin{cases} A & ;（direct）\leftarrow（A） \\ Rn & ;（direct）\leftarrow（Rn） \\ direct & ;（direct）\leftarrow（direct） \\ @Ri & ;（direct）\leftarrow（（Ri）） \\ \#data & ;（direct）\leftarrow data \end{cases}$

　　这组指令的功能是把源操作数的内容送入由直接地址指出的存储单元。源操作数有寄存器寻址、直接寻址、寄存器间接寻址和立即寻址等寻址方式。

　　直接地址 direct 为 8 位直接地址,可寻址 0～255 个单元,对 80C51 可直接寻址内部数据存储器 0～127 个地址单元和 128～255 地址的特殊功能寄存器。对 80C51 而言,这 128～255 共 128 个地址单元很多是没有定义的。对于无定义的单元进行读写时,读出的为不定数,而写入的数将被丢失。

　　累加器 A 也可以其直接地址 E0H 来寻址,但机器码要多一个字节,执行时间会加长,即

MOV　　A, #data　　　　; 机器码为 <u>74 data</u>　　　　二字节
MOV　　0E0H, #data　　; 机器码为 <u>75 E0 data</u>　　三字节

4. 以间接寻址寄存器 Ri 为目的操作数的指令组

　　目的　　源操作数

MOV　　@Ri, $\begin{cases} A & ;（（Ri））\leftarrow（A） \\ direct & ;（（Ri））\leftarrow（direct） \\ \#data & ;（（Ri））\leftarrow data \end{cases}$

　　这组指令的功能是把源操作数的内容送入由 R0 或 R1 的内容所指向的内部数据存储器中的存储单元。源操作数有寄存器寻址、直接寻址和立即寻址等寻址方式。

　　间接寻址寄存器 Ri 由操作码字节的最低位来选定是 R0 还是 R1 寄存器,间址是以 Ri 的内容作为操作数的地址来进行寻址的。也就是说 Ri 的内容并不是操作数而是操作数的地址,而此地址所对应的存储单元内容才是真正的操作数。

　　直接寻址 direct 单元在编程时就已明确,而间接寻址单元是在程序进行中明确的,间接寻址空间和直接寻址空间范围相同,均为 0～255 个单元地址。

　　立即数#data 为一个常数,它是不带符号的 8 位二进制数。在编程中必须注意的是直接地址 direct 和立即数#data 均以数据形式出现,但两者的含义是不相同的,故在指令中必须

用"#"作为立即数的前缀以与直接地址相区别。例如：

　　MOV　　A, 80H　　　　　;表示把片内数据存储器中地址为80H单元(即P0口)中的内容送到A。

　　MOV　　80H, #88H　　　　;这是一条三字节指令，表示把立即数 88H 送到片内数据存储器中的80H 地址单元。

　　MOV　　80H, 0E0H　　　　;这是一条三字节指令,表示把 E0H 单元的内容送到80H 单元。这是片内数据存储单元中的直接地址单元之间数据的直接传送。

3.2.2　16 位数据传送指令

　　MOV　　DPTR, #data16　　　; (DPTR)←data16

这是 80C51 中唯一的一条 16 位指令。此指令把 16 位常数装入数据指针 DPTR，即数据高 8 位送入 DPH 寄存器，数据低 8 位送入 DPL 寄存器。16 位常数在指令的第二个、第三个字节中(第二个字节为高位字节 DPH，第三个字节为低位字节 DPL)。 此操作不影响标志位。

　　执行指令：　MOV　　　DPTR,#1234H

　　执行结果：(DPH)＝12H，(DPL)＝34H

3.2.3　外部数据传送指令

这组指令的功能是实现累加器 A 与外部数据存储器或 I/O 口之间传送一个字节数据。

采用间接寻址方式访问外部数据存储器，有 Ri 和 DPTR 两种间接寻址方式。采用 R0 或 R1 作间址寄存器时，可寻址 256 个外部数据存储器单元，8 位地址和数据均由 P0 口分时输入和输出。这时若要访问大于 256 个单元的片外数据存储器，可选用任何其他输出口线来输出高 8 位的地址(一般选用 P2 口输出高 8 位地址)。

采用 16 位 DPTR 作间址可寻址整个 64KB 片外数据存储空间，低 8 位(DPL)由 P0 口进行分时使用，高 8 位(DPH)由 P2 口输出。

1. 外部数据存储器或 I/O 内容送累加器 A

　　MOVX　　A, @Ri

　　MOVX　　A, @DPTR

说明：指令执行时，在 P3.7 引脚上输出 $\overline{RD}$ 有效信号，可用作外部数据存储器或 I/O 的读选通信号。P0 口分时输出由 Ri 或 DPL 指定的低 8 位地址信息和输入累加器中的数据信息，P2 口则输出 DPH 指定的高 8 位地址信息。

2. 累加器 A 内容送外部数据存储器或 I/O

　　MOVX　　@Ri, A

　　MOVX　　@DPTR, A

说明：该组指令执行时，在 P3.6 引脚上输出 $\overline{WR}$ 有效信号，可以用作外部数据存储器或 I/O 的写选通信号。P0 口分时输出由 Ri 或 DPL 指定的低 8 位地址信息和累加器中输出的数据信息，P2 口则输出 DPH 指定的高 8 位地址信息。

例：设工作寄存器 R0 的内容为 12H，R1 的内容为 34H，片外数据存储器 34H 单元的内容为 56H。

执行指令：

MOVX	A, @R1	; (34H)＝56H→A
MOVX	@R0, A	; (A)＝56H→片外数据存储器 12H 单元中

执行结果：片外数据存储器的(34H)＝56H，(12H)＝56H

例：某应用系统外扩了 **8KB** 数据存储器，要求把内部数据存储器的 **20H** 单元内容发送到外部数据存储器的 **800H** 单元中。

MOV	DPTR, #800H	; 片外数据存储器地址指针
MOV	R0, #20H	; 片内数据存储器地址指针
MOV	A, @R0	; 取片内数据存储器 20H 单元内容
MOVX	@DPTR, A	; 送片外数据存储器 800H 单元

3.2.4 程序存储器数据传送指令（或称查表指令）

MOVC	A, @A＋PC
MOVC	A, @A+DPTR

这两条指令的功能均是从程序存储器中读取数据（如表格、常数等），执行过程相同，其差别是基址不同，因此，适用范围也不同。

累加器 A 为变址寄存器，而 PC、DPTR 为基址寄存器。DPTR 为基址寄存器时，允许数表存放在程序存储器的任意单元，称为远程查表，编程比较直观；而 PC 为基址寄存器时，数表只能放在当前 PC 往下的 255 个单元中，称为近程查表，编程时需计算 A 值与数表首址的偏移量。

例：求平方数(远程查表法)。

MOV	DPTR,#TABLE	; 指向表首址
MOVC	A, @A+DPTR	; 查表得到平方数
MOV	20H,A	; 存平方数
HERE：SJMP	HERE	
TABLE：DB	00H，01H，04H，09H，16H	; 平方表 $0^2 \sim 9^2$
DB	25H，36H，49H，64H，81H	

例：求平方数(近程查表法)。

ADD	A, #rel	; 修正偏移量
MOVC	A,@A+PC	; 查表得到平方数
MOV	20H,A	; 存平方数
HERE:SJMP	HERE	
TABLE:DB	00H，01H，04H，09H，16H	; 平方表 $0^2 \sim 9^2$
DB	25H，36H，49H，64H，81H	

注：rel=TABLE−(查表指令地址＋1)   ; MOVC 指令为单字节

3.2.5 数据交换指令

1. 字节交换指令 XCH 组

XCH A, { Rn / A, direct / A,@Ri }   (A) ↔ (Rn)、(direct)、(Ri)

这类指令的功能是将累加器 A 与源操作数的字节内容互换。 源操作数有寄存器寻址、直接寻址和寄存器间接寻址等寻址方式。操作码分别为 C5H～CFH。

例：设(R0)＝30H，(A)＝3FH，片内(30H)＝BBH。

执行指令：XCH   A,@R0

执行结果：(A)＝BBH，(30H)＝3FH

2. 半字节交换指令组

(1) XCHD   A,@Ri

将 Ri 间接寻址单元的低 4 位内容与累加器 A 的低 4 位内容互换，而它们的高 4 位内容均不变。此指令不影响标志位。

例：设(R0)＝20H，(A)＝36H(00110110B)，内部数据存储器中(20H)＝75H(01110101B)。

执行指令：XCHD   A,@R0

执行结果：(20H)＝01110110B＝76H，(A)＝00110101B＝35H

(2) SWAP   A

该指令将累加器 A 的高、低半字节交换，该操作也可看作 4 位循环指令，如图 3-8 所示。

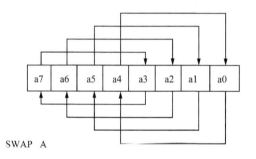

图 3-8   半字节交换指令示意图

例：设(A)＝36H(0011 0110B)。

执行指令：SWAP   A

执行结果：(A)＝63H(0110 0011B)

由于十六进制数或 BCD 码都是以 4 位二进制数表示，因此，XCHD 和 SWAP 指令主要用于实现十六进制数或 BCD 码的数位交换。

3.2.6 堆栈操作指令

PUSH   direct

POP   direct

入栈(PUSH)操作指令，又称"压栈"操作。指令执行后栈指示器(SP)＋1 指向栈顶上一个空单元，将直接地址 direct 单元内容送入 SP 所指示的堆栈单元。此操作不影响标志位。

例：中断响应时(SP)＝30H，DPTR 的内容为 0123H，执行入栈指令其结果怎样？

PUSH   DPL   ;低 8 位数据指针寄存器 DPL 内容入栈

PUSH   DPH   ;高 8 位数据指针寄存器 DPH 内容入栈

执行结果：第一条指令(SP)＋1＝31H→(SP)，(DPL)＝23H→(31H)

第二条指令(SP)＋1＝32H→(SP)，(DPH)＝01H→(32H)

所以片内数据存储器中，(31H)＝23H，(32H)＝01H，(SP)＝32H。

出栈操作指令，又称"弹出"操作，由堆栈指示器(SP)所寻址的片内数据存储器中栈顶的内容((SP))送入直接寻址单元 direct 中，然后执行(SP)−1 并送入 SP。此操作不影响标志位。

例：设(SP)＝32H，片内数据存储器的 30H～32H 单元中的内容分别为 20H，23H，01H，执行下列指令的结果怎样？

POP	DPH	；((SP))＝(32H)＝01H→DPH
		；(SP)−1＝32H−1＝31H→SP
POP	DPL	；((SP))＝(31H)＝23H→DPL
		；(SP)−1＝31H−1＝30H→SP

数据传送类指令是程序设计中用得最多的一类指令，数据传送类指令汇总见附录 A.2。应记住 8 种助记符及掌握所能采用的操作数的寻址方式。下面通过几个例子来进一步了解数据传送类指令。

例：检查传送结果。

已知内部数据存储器(10H)＝00H,(30H)＝40H，(40H)＝10H，P1 口为 11001010B，分析指令执行后各单元内容。

MOV	R0, #30H	；(R0)＝30H
MOV	A, @R0	；(A)＝(30H)＝40H
MOV	R1, A	；(R1)＝40H
MOV	B, @R1	；(B)＝(40H)＝10H
MOV	@R1,P1	；(40H)＝11001010B
MOV	P2, P1	；(P2)＝11001010B
MOV	10H, #20H	；(10H)＝20H

执行结果：(10H)＝20H，　(30H)＝40H，　(40H)＝CAH
　　　　　(P1)＝(P2)＝CAH，　(A)＝40H，　(B)＝10H，　(R0)＝30H，　(R1)＝40H

例：将 4 位 BCD 码倒序。

设内部数据存储器 2AH、2BH 单元连续存放有 4 位 BCD 码数符，试编一程序把 4 位 BCD 码数符倒序排列。

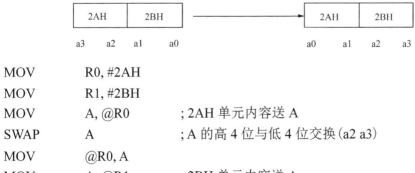

MOV	R0, #2AH	
MOV	R1, #2BH	
MOV	A, @R0	；2AH 单元内容送 A
SWAP	A	；A 的高 4 位与低 4 位交换(a2 a3)
MOV	@R0, A	
MOV	A, @R1	；2BH 单元内容送 A

```
SWAP      A                 ;A 的高 4 位与低 4 位交换(a0 a1)
XCH       A, @R0            ;2AH 与 2BH 单元内容交换
MOV       @R1, A
HERE: SJMP    HERE
```

3.3   算术运算类指令

算术运算类指令都是通过算术逻辑运算单元(ALU)进行数据运算处理的指令。它包括各种算术操作,其中有加、减、乘、除四则运算。80C51 单片微机还有带借位减法、比较指令。加法类指令包括加法、带进位的加法、加 1 以及二-十进制调整。这些运算指令大大加强了 80C51 的运算能力。但 ALU 仅执行无符号二进制整数的算术运算。对于带符号数则要进行其他处理。

使用的助记符为:ADD、ADDC、INC、DA、SUBB、DEC、MUL、DIV 等 8 种。

除了加 1 和减 1 指令之外,算术运算结果将使进位标志(CY)、半进位标志(AC)、溢出标志(OV)置位或复位。

3.3.1   加法指令

这组指令的助记符为 ADD:

$$ADD \quad A, \begin{cases} Rn & ;(A)+(Rn)\rightarrow(A) \\ direct & ;(A)+(direct)\rightarrow(A) \\ @Ri & ;(A)+((Ri))\rightarrow(A) \\ \#data & ;(A)+data\rightarrow(A) \end{cases}$$

这组指令的源操作数为 Rn、direct、@Ri 或立即数,而目的操作数为累加器 A 中的内容。这组指令的功能是将工作寄存器 Rn、片内数据存储器单元中的内容、间接地址存储器中的 8 位无符号二进制数及立即数与累加器 A 中的内容相加,相加的结果仍存放在 A 中。

这类指令将影响标志位 AC、CY、OV、P。

当和的第 3 位有进位时,将 AC 标志置位,否则为 0。

当和的第 7 位有进位时,将 CY 标志置位,否则为 0。

对于带符号数运算,当和的第 7 位与第 6 位中有一位进位而另一位不产生进位时,溢出标志(OV)置位,否则为 0。(OV)=1 表示两个正数相加,和为负数;或两个负数相加而和为正数的错误结果。

例:设(A)=C3H,(R0)=AAH。

执行指令:ADD   A,R0

```
      1 1 0 0 0 0 1 1 B
+     1 0 1 0 1 0 1 0 B
      0 1 1 0 1 1 0 1 B
```

执行结果:(A)=6DH,(CY)=1,(OV)=1,(AC)=0,P=1

第 6 位无进位而第 7 位有进位,故 OV=1。对于两个带符号数相加,即出现两个负数相加,结果为正数的错误。

3.3.2　带进位加法指令

$$
\text{ADDC}\quad \text{A,}\quad
\begin{cases}
\text{Rn} & ;\ (A)\leftarrow(A)+(Rn)+(CY)\\
\text{direct} & ;\ (A)\leftarrow(A)+(direct)+(CY)\\
\text{@Ri} & ;\ (A)\leftarrow(A)+((Ri))+(CY)\\
\#\text{data} & ;\ (A)\leftarrow(A)+data+(CY)
\end{cases}
$$

这组指令的功能是将工作寄存器 Rn、片内数据存储器单元中的内容、间接地址存储器中的 8 位二进制数及立即数与累加器 A 的内容和当前进位标志 CY 的内容相加,相加的结果仍存放在 A 中。这组指令常用于多字节数相加,实现 8 的倍数位(如 16 位、32 位……)数的加法。

这类指令将影响标志位 AC、CY、OV、P。

当和的第 3 位有进位时,将 AC 标志置位,否则清 0。

当和的第 7 位有进位时,将 CY 标志置位,表示和数溢出,否则清 0。

对于带符号数运算,当和的第 7 位与第 6 位中有一位进位而另一位不产生进位时,溢出标志(OV)置位,否则为 0。(OV)=1 表示两个正数相加,和为负数;或两个负数相加而和为正数的错误结果。

例:设(A)=C3H,(R0)=AAH,(CY)=1。

执行指令:ADDC　　A,R0

```
      1 1 0 0 0 0 1 1
    + 1 0 1 0 1 0 1 0
    +             1   (CY)
    ─────────────────
      0 1 1 0 1 1 1 0
```

执行结果:(A)=6EH,(CY)=1,(OV)=1,(AC)=0

对于带符号数的带进位相加,溢出标志为 1,意味着出错,上例为两个负数相加,出现结果为正数的错误。

例:已知(A)=B3H,(R1)=56H。

执行指令:ADD　　A, R1

```
    B 3H                     1 0 1 1 0 0 1 1
  + 5 6H                   + 0 1 0 1 0 1 1 0
  ┌─┐                       ─────────────────
  │1│ 0 9H                  1 0 0 0 0 1 0 0 1
  └─┘
    CY=1                    CY=1, OV=0, AC=0
```

- 若两个数是无符号数,则 B3H+56H=109H,答案正确。
- 若两个数是带符号数,则 B3H 的原码是−77D,56H 原码为 86D,−77D+86D=09D,答案也是正确的,因为 OV=0。

3.3.3　加 1 指令

这组指令的助记符为 INC:

$$\text{INC} \begin{cases} \text{Rn} & ; (\text{Rn}) \leftarrow (\text{Rn}) + 1 \\ \text{direct} & ; (\text{direct}) \leftarrow (\text{direct}) + 1 \\ @\text{Ri} & ; ((\text{Ri})) \leftarrow ((\text{Ri})) + 1 \\ \text{A} & ; (\text{A}) \leftarrow (\text{A}) + 1 \\ \text{DPTR} & ; (\text{DPTR}) \leftarrow (\text{DPTR}) + 1 \end{cases}$$

这组指令的功能是将工作寄存器 Rn、片内数据存储器单元中的内容 、间接地址存储器中的 8 位二进制数、累加器 A 和数据指针 DPTR 的内容加 1，相加的结果仍存放在原单元中。这组指令不影响各个标志位。

当指令中的 direct 为 P0～P3 端口(地址分别为 SFR 的 80H、90H、A0H、B0H) 时，其功能是修改输出口的内容，指令执行过程中，首先读入端口内容，在 CPU 中加 1,再输出到端口，要注意的是读入来自端口的锁存器而不是端口的引脚。这类指令具有读-修改-写的功能。

例：设(R0)＝7EH，(7EH)＝FFH，(7FH)＝40H。

执行指令：

INC	@R0	;FFH＋1＝00H	仍存入(7EH)
INC	R0	;7EH＋1＝7FH	存入(R0)
INC	@R0	;40H＋1＝41H	存入(7FH)

执行结果：(R0)＝7FH，(7EH)＝00H，(7FH)＝41H

3.3.4　二-十进制调整指令

DA　　A

该指令的功能是对 BCD 码的加法结果进行调整。两个压缩型 BCD 码按二进制数相加之后，必须经此指令的调整才能得到压缩型 BCD 码的和数。

本指令是根据 A 的原始数值和 PSW 的状态，决定是否对 A 进行加 06H 或 60H 或 66H 的操作。

说明：BCD 码采用 4 位二进制数编码，并且只采用了其中的十个编码，即 0000～1001，分别代表 BCD 码 0～9，而 1010～1111 为无效码。当相加结果大于 9，说明已进入无效编码区；当相加结果有进位，说明已跳过无效编码区。凡结果进入或跳过无效编码区时，结果是错误的，相加结果均比正确结果小 6(差 6 个无效编码)。

十进制调整的修正方法如下。

1)当累加器低 4 位大于 9 或半进位标志 AC=1 时，进行低 4 位加 6 修正。

$$(A_{0\sim3}) + 6 \rightarrow (A_{0\sim3})$$

即 $(A) = (A) + 06H$

2)当累加器高 4 位大于 9 或进位标志 CY＝1 时，进行高 4 位加 6 修正。

$$(A_{4\sim7}) + 6 \rightarrow (A_{4\sim7})$$

即 $(A) = (A) + 60H$

上述十进制调整的原理和方法，在 80C51 单片微机中是通过逻辑电路来实现的。某些单片微机指令系统中没有十进制调整指令，则可根据上述原理用软件来完成。

例：设 (A)＝0101 0110＝56 BCD，(R3)＝ 0110 0111＝67 BCD，(CY)＝1。

执行下述两条指令：

ADDC　　A,R3

DA　　　A

执行　ADDC　　A,R3

$$\begin{array}{r} (A)\ 0\,1\,0\,1\,0\,1\,1\,0 \quad (56\ BCD) \\ (R3)\ 0\,1\,1\,0\,0\,1\,1\,1 \quad (67\ BCD) \\ +\ (CY)\qquad\qquad 1 \\ \hline 1\,0\,1\,1\,1\,1\,1\,0 \quad (\text{高、低 4 位均大于 9}) \end{array}$$

再执行　DA　　A

$$\begin{array}{r} 0\,1\,1\,0\,0\,1\,1\,0 \quad (\text{加 66H 操作}) \\ \hline Cy{=}1\quad 0\,0\,1\,0\,0\,1\,0\,0 \quad (124\ BCD) \end{array}$$

即 BCD 码数 56＋67＋1＝124。经 DA　A 指令校正后，答案正确。

例：两个多字节无符号 **BCD** 码数相加。

设有两个 4 位 BCD 码分别存在内部数据存储器的 50H、51H 和 60H、61H 单元中，试编写程序，求两个 BCD 码数之和，结果存入内部数据存储器 40H、41H 单元。

MOV	R0, #50H	; 被加数首址
MOV	R1, #60H	; 加数首址
MOV	A, @R0	; 取被加数
ADD	A, @R1	; 与加数相加
DA	A	; 二-十进制调整
MOV	40H, A	; 存和的低 8 位
INC	R0	; 修正地址
INC	R1	
MOV	A, @R0	; 高位相加
ADDC	A, @R1	
DA	A	; 二-十进制调整
MOV	41H, A	; 存和的高 8 位

例：对累加器 **A** 中压缩 **BCD** 码数减 1。

ADD	A, #99H	; 加 99BCD 码数
DA	A	; 二-十进制调整

HERE: SJMP　HERE

说明：累加器 A 允许的最大 BCD 码数为 99BCD，当对 A 实行加 99BCD 码数时，必然形成对 BCD 码百位数的进位，而剩在 A 中的内容正是压缩 BCD 码数减 1。如 BCD 的 59H，经加 99H 和 DAA 的调整后，为 58H 且 CY＝1，不考虑进位 CY，则 BCD 码 59－1＝58。

3.3.5　带借位减法指令

这组指令的助记符为 SUBB：

$$SUBB \quad A, \begin{cases} Rn & ;(A)-(Rn)-(CY)\to(A) \\ drect & ;(A)-(drect)-(CY)\to(A) \\ @Ri & ;(A)-((Ri))-(CY)\to(A) \\ \#data & ;(A)-data-(CY)\to(A) \end{cases}$$

这组指令的功能是从 A 中减去进位位 CY 和指定的变量，结果(差)存入 A 中。

若第 7 位有借位则 CY 置 1，否则 CY 清 0；若第 3 位有借位，则 AC 置 1，否则 AC 清 0。

若第 7 位和第 6 位中有一位需借位而另一位不借位，则 OV 置 1；OV 位用于带符号的整数减法。OV＝1，则表示正数减负数结果为负数，或负数减正数结果为正数的错误结果。

需要注意的是，在 80C51 指令系统中没有不带借位的减法。如果需要，可以在"SUBB"指令前，用"CLR　C"指令将 CY 先清零。

例：设(A)＝C9H，(R2)＝54H，(CY)＝1。

执行指令：SUBB　　A,R2

$$
\begin{array}{r}
1100 \quad 1001 \\
-\quad 0101 \quad 0100 \\
-\quad 0000 \quad 0001 \\
\hline
0111 \quad 0100
\end{array}
$$

执行结果：(A)＝74H，(CY)＝0，(AC)＝0，(OV)＝1

3.3.6　减 1 指令

这类指令的助记符为 DEC，共有指令：

DEC	Rn	;(Rn)−1→(Rn)
DEC	direct	;(direct)−1→(direct)
DEC	@Ri	;((Ri))−1→((Ri))
DEC	A	;(A)−1→(A)

这组指令的功能是将工作寄存器 Rn、片内数据存储器单元中的内容、间接地址存储器中的 8 位二进制数和累加器 A 的内容减 1，相减的结果仍存放在原单元中。

这组指令不影响各个标志位。

需要注意：执行对并行 I/O 口的输出内容减 1 操作，是将该口输出锁存器的内容读出并减 1，再写入锁存器，而不是对该输出引脚上的内容进行减 1 操作。

例：设(R0)＝7FH，(7EH)＝00H，(7FH)＝40H。

执行指令：　　DEC　　@R0　　　　;(7FH)−1＝40H−1＝3FH→(7FH)
　　　　　　　DEC　　R0　　　　　;(R0)−1＝7FH−1＝7EH→(R0)
　　　　　　　DEC　　@R0　　　　;(7EH)−1＝00H−1＝FFH→(7EH)

执行结果：(R0)＝7EH，(7EH)＝FFH，(7FH)＝3FH

3.3.7　乘法/除法指令

1. 乘法指令

MUL　　AB

乘法指令的功能是将 A 和 B 中两个无符号 8 位二进制数相乘，所得的 16 位积的低 8 位存于 A 中，高 8 位存于 B 中。如果乘积大于 255，即高位 B 不为 0，OV 置位；否则 OV 置 0，CY 总是清 0 的。

例：设(A)＝50H(80D)，(B)＝A0H(160D)。

执行指令：MUL　　AB

即 80×160＝12800＝3200H

执行结果：乘积 3200H(12800)，(A)＝00H，(B)＝32H，(OV)＝1，(CY)＝0

2. 除法指令

DIV　　AB

除法指令的功能是将 A 中无符号 8 位二进制数除以 B 中的无符号 8 位二进制数，所得商的二进制数部分存于 A，余数部分存于 B 中，并将 CY 和 OV 置 0。当除数(B)＝0 时，结果不定，则 OV 置 1。但 CY 总是清 0 的。

例：设(A)＝FBH(251D)，(B)＝12H(18D)。

执行指令：DIV　　AB

执行结果：(A)＝0DH(商为 13)，(B)＝11H(余数为 17)，(OV)＝0，(CY)＝0

算术运算类指令汇总见附录 A.3。

例：数的码制转换。

把累加器 A 中无符号二进制整数(00～FFH)转换为三位压缩 BCD 码(0～255)并存入片内数据存储器 30H 和 31H 单元。

```
BINBCD: MOV   B, #100
    DIV     AB          ; A÷100, 百位数在 A, 余数在 B
    MOV     30H, A      ; 百位数送 30H
    MOV     A, B        ; 将余数放在 A
    MOV     B, #0AH
    DIV     AB          ; 余数÷10, 十位数在 A 低 4 位, 个位数在 B
    SWAP    A           ; 十位数放 A 的高 4 位
    ADD     A, B        ; 十位数和个位数组合后送 31H
    MOV     31H, A
    RET
```

3.4　逻辑运算类指令

逻辑运算类指令包括：与、或、异或、清除、求反、移位等操作。

助记符有 ANL、ORL、XRL、RL、RLC、RR、RRC、CPL、CLR 等 9 种。

只按位进行逻辑运算，结果不影响 PSW 中标志位。

3.4.1 逻辑"与"运算指令

这组指令的助记符为 ANL，用符号"∧"表示：

$$
\text{ANL} \quad \text{A,}
\begin{cases}
\text{Rn} & ; (A) \leftarrow (A) \wedge (Rn) \\
\text{direct} & ; (A) \leftarrow (A) \wedge (direct) \\
@\text{Ri} & ; (A) \leftarrow (A) \wedge ((Ri)) \\
\#\text{data} & ; (A) \leftarrow (A) \wedge data
\end{cases}
$$

ANL   direct, A   ; (direct) ← (direct) ∧ (A)

ANL   direct, #data   ; (direct) ← (direct) ∧ data

指令功能是将目的地址单元中的数和源地址单元中的数按"位"相"与"，其结果放回目的地址单元中。

例：设(A)＝A3H(1010 0011B)，(R0)＝AAH(1010 1010B)。

执行指令：ANL   A,Rn

执行结果：(A)＝A2H(1010 0010B)

例：设(P1)＝FFH。

执行指令：ANL   P1,#0F0H

执行结果：(P1)＝F0H，这时 P1.7～P1.4 位状态不变，P1.3～P1.0 位被清除。

逻辑"与"运算指令用作清除或屏蔽某些位。

3.4.2 逻辑"或"运算指令

这组指令的助记符为 ORL，用符号"∨"表示：

$$
\text{ORL} \quad \text{A,}
\begin{cases}
\text{Rn} & ; (A) \leftarrow (A) \vee (Rn) \\
\text{direct} & ; (A) \leftarrow (A) \vee (direct) \\
@\text{Ri} & ; (A) \leftarrow (A) \vee ((Ri)) \\
\#\text{data} & ; (A) \leftarrow (A) \vee data
\end{cases}
$$

ORL   direct, A   ; (direct) ← (direct) ∨ (A)

ORL   direct, #data   ; (direct) ← (direct) ∨ data

指令功能是将目的地址单元中的数和源地址单元中的数按"位"相"或"，其结果放回目的地址单元中。

例：设(A)＝A3H(10100011B)，(R0)＝45H(0100 0101B)。

执行指令：ORL   A,R0

执行结果：(A)＝E7H(1110 0111B)

逻辑或运算指令用作指定位强迫置位。给某些位置 1，合并两个数中的"1"。

3.4.3 逻辑"异或"运算指令

这组指令的助记符为 XRL，用符号"⊕"表示，其运算规则为

0 ⊕ 0=0   1 ⊕ 1=0

$$0 \oplus 1 = 1 \qquad 1 \oplus 0 = 1$$

$$\text{XRL} \quad \text{A,} \begin{cases} \text{Rn} & ;(A) \leftarrow (A) \oplus (Rn) \\ \text{direct} & ;(A) \leftarrow (A) \oplus (\text{direct}) \\ @\text{Ri} & ;(A) \leftarrow (A) \oplus ((\text{Ri})) \\ \#\text{data} & ;(A) \leftarrow (A) \oplus \text{data} \end{cases}$$

XRL　　direct, A　　;(direct) ← (direct) ⊕ (A)

XRL　　direct, #data　;(direct) ← (direct) ⊕ data

指令功能是将目的地址单元中的数和源地址单元中的数按 "位" 相 "异或"，其结果放回目的地址单元中。

例：设 (A) = A3H (1010 0011B)，(R0) = 45H (0100 0101B)。

执行指令：　XRL　　A,R0

$$\begin{array}{r} 1\,0\,1\,0\,0\,0\,1\,1 \\ \oplus\ 0\,1\,0\,0\,0\,1\,0\,1 \\ \hline 1\,1\,1\,0\,0\,1\,1\,0 \end{array}$$

执行结果：(A) = E6H (11100110B)

用于对目的操作数的某些位取反，也可用于判两个数是否相等，若相等则结果为 0。

3.4.4　累加器移位/循环指令

包括带进位 C 和不带进位 C 的循环左移与循环右移等 4 条指令。对于带进位的循环移位，C 的状态由移入的数位决定，其他状态标志位不受影响。

1. 循环右移指令

RR　　A

它是将累加器的内容逐位循环右移一位，并且 a0 的内容移到 a7，如图 3-9 (a) 所示。此操作不影响标志位。

例：设 (A) = A6H (10100110)。

执行指令：RR　　A

执行结果：(A) = 53H (01010011B)

2. 带进位循环右移指令

RRC　　A

它是将累加器的内容和进位位一起循环右移一位，并且 a0 移入进位位 CY，CY 的内容移到 a7，如图 3-9 (b) 所示。此操作不影响 CY 之外的标志位。

例：设 (A) = B4H (10110100B)，(CY) = 1。

执行指令：RRC　　A

执行结果：(A) = DAH (11011010B)，(CY) = 0

3. 循环左移指令

RL　　A

它是将累加器的内容逐位循环左移一位，并且 a7 的内容移到 a0，如图 3-9 (c) 所示。此操作不影响标志位。

例：设(A)＝3AH(00111010B)。

执行指令：RL   A

执行结果：(A)＝74H(01110100B)

4. 带进位循环左移指令

RLC   A

它是将累加器的内容和进位位一起循环左移一位，并且 a7 移入进位位 CY，CY 的内容移到 a0，如图 3-9(d)所示。此操作不影响 CY 之外的标志位。

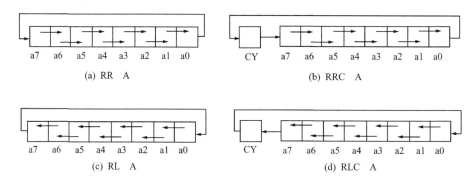

图 3-9   循环移位指令示意图

例：设(A)＝3AH(00111010B)，(CY)＝1。

执行指令：RLC   A

执行结果：(A)＝75H(01110101B)，(CY)＝0

3.4.5   累加器按位取反指令

CPL   A

对进行累加器的内容逐位取反，结果仍存在 A 中。此操作不影响标志位。

例：设(A)＝21H(0010 0001B)。

执行指令：CPL   A

执行结果：(A)＝DEH(1101 1110B)

3.4.6   累加器清 0 指令

CLR   A

对累加器进行清 0，此操作不影响标志位。

例：设(A)＝44H。

执行指令：CLR   A

执行结果：(A)＝00H

例： 数据的拆分与拼装。

要求：从(30H)＝X7X6X5X4X3X2X1X0 中取出高 5 位，从(31H)＝Y7Y6Y5Y4Y3Y2Y1Y0 中取出低 3 位，拼装后存入 40H 中，(40H)＝Y2Y1Y0X7X6X5X4X3。

地址　　机器码

```
                    ORG      0000H
0000  E5   30       MOV      A,30H
0002  C4            SWAP     A      ; X3X2X1X0 X7X6X5X4
0003  23            RL       A      ; X2X1X0 X7X6X5X4X3 循环左移了 1 位
0004  F5   40       MOV      40H,A
0006  53   40   1F  ANL      40H,#00011111B
0009  E5   31       MOV      A,31H
000B  75   F0   20  MOV      B,#20H
000E  A4            MUL      AB     ;Y2Y1Y0 00000 左移了 5 位
000F  54   E0       ANL      A,#11100000B
0011  42   40       ORL      40H,A
0013  21   13       HERE: AJMP   HERE
```

注：实现左移，采用了两种方法，即移位和乘法。

逻辑运算类指令汇总见附录 A.4。

3.5　控制转移类指令

程序的顺序执行是由 PC 自动加 1 来实现的，但在应用系统中，往往会遇到一些情况，需要强迫改变程序执行顺序，如调用子程序、根据检测值与设定值的比较结果要求程序转移到不同的分支入口等。

80C51 设有丰富的控制转移类指令，可分为无条件转移指令、条件转移指令、循环转移指令、子程序调用和返回指令及空操作指令等，但不包括布尔变量控制程序转移指令（见 3.6.4 节）。

采用助记符有 AJMP、LJMP、SJMP、JZ、JNZ、CJNE、DJNZ、ACALL、LCALL、RET、RETI、NOP 等 12 种。

3.5.1　无条件转移指令

指令　　　　　　　　机器码

指令		机器码
SJMP	rel	<u>80 rel</u>
AJMP	addr11	<u>a10 a9 a8 00001 a7～a0</u>
LJMP	addr16	<u>02 addr15～8 addr7～0</u>
JMP	@A＋DPTR	<u>73</u>

这类指令的功能是程序无条件地转移到各自指定的目标地址去执行，不同的指令形成的目标地址不同。

1. 短转移指令

SJMP　　　　　rel

```
10000000
```

```
相对地址
```

其目标地址是由当前 PC(程序计数器)值和指令的第二个字节提供的 8 位带符号的相对地址相加而成的。指令可转向当前 PC 值的后 128 B 与前 127 B 之间。rel 为 8 位带符号数。

$(PC)=(PC)+2$;当前 PC 地址
$(PC)=(PC)+rel$

当相对地址为 FEH(−02H)时,SJMP 指令实现原地转圈的运行状态。

有以下两种情况。

(1)根据偏移量计算转移的目的地址

在读已编好的用户程序时,需了解程序短转移至何处执行。

例:在 2100H 地址上有 SJMP 指令。

2100H   SJMP   7FH

源地址为 2100H,当前 PC 值为(2100H+02H)=2102H,偏移量 rel=7FH,是正数,指令 SJMP 7FH 执行后,程序转移至 PC=2102H+7FH=2181H 去执行。

例:在 2100H 地址上有 SJMP 指令。

2100H   SJMP   80H

源地址为 2100H,当前 PC 值为(2100H+02H)=2102H,偏移量 rel=80H,是负数,指令 SJMP 80H 执行后,程序转移至 PC=2102H−80H=2082H 去执行。rel=80H,是负 128 的补码。

也可以采用符号位扩展的方法进行计算。即 8 位偏移量的符号位为 1,则高 8 位为全 1,即 FFH,若 8 位偏移量的符号位为 0,则高 8 位为全 0,即 00H。

$$
\begin{array}{r}
2102H \\
+ \quad 007FH \\
\hline
2181H
\end{array}
\qquad
\begin{array}{r}
2102H \\
+ \quad FF80H \\
\hline
2082H
\end{array}
$$

(2)根据目的地址计算偏移量

在人工进行汇编时,必须算出偏移量 rel,才能得到机器码。

rel=(目标地址−当前 PC 地址)的低 8 位,而高 8 位必须是 00H 或 FFH,否则超出短转移范围,溢出出错。

例:2100H   80 FE   HERE:SJMP HERE。

rel:2100H−2102H=FFFEH。高 8 位是 FFH,表示负跳,偏移量为 FEH(−02H)。这是一条原地踏步指令,可用作程序结束或中断等待。

2. 绝对转移指令

AJMP   addr11

```
a10 a9 a8 0 0 0 0 1
```

```
a7 a6 a5 a4 a3 a2 a1 a0
```

该指令提供 11 位地址, 目标地址由指令第一个字节的高 3 位 a10～a8 和指令第二个字节的 a7～a0 所组成。以指令提供的 11 位地址去取代当前 PC 的低 11 位, 形成新的 PC 值, 即为本绝对转移地址。因此, 程序的目标地址必须包含 AJMP 指令后第一条指令的第一个字节(即当前 PC 值)在内的 2 KB 范围内(即高 5 位地址必须相同)。

例: 设(PC)=0456H, 标号 JMPADR 所指的单元为 0123H。

执行指令: AJMP   JMPADR 机器码为 <u>00100001 00100011</u>

执行结果: 程序转向为(PC)=0123H

例: 0000H 21 11 AJMP 0111H   ; 转移有效

    07FEH 81 10 AJMP 0C10H   ; 当前 PC 值为 0800H, 转移有效

    0100H   AJMP 0B11H   ; 转移无效

3. 长转移指令

LJMP   addr16

该指令提供 16 位地址, 目标地址由指令第二个字节(高 8 位地址)和第三个字节(低 8 位地址)组成。因此, 程序转向的目标地址可以包含程序存储器的整个 64 KB 空间。

例: 设(PC)=0123H, 标号 ADR 所指单元地址为 3456H。

执行指令: LJMP   ADR

执行结果: (PC)=3456H

所以, 程序转向 3456H 单元执行。

4. 间接转移指令

JMP   @A+DPTR

其目标地址是将累加器 A 中的 8 位无符号数与数据指针 DPTR 的内容相加而得到(在程序运行时动态决定)。相加运算不影响累加器 A 和数据指针 DPTR 的原内容。若相加的结果大于 64KB, 则从程序存储器的零地址往下延续。当 DPTR 的值固定时, 给 A 赋以不同的值, 即可实现程序的多分支转移。如实现键盘译码散转功能。

例: 设(A)=5, (DPTR)=4567H。

执行指令: JMP   @A+DPTR

执行结果: (PC)=(A)+(DPTR)=05H+4567H=456CH

所以, 程序转向 456CH 单元执行。

例: 散转程序设计。

根据 A 中的数值实现程序散转。

```
        MOV     R1,A                ; (A)×3
        RL      A
        ADD     A,R1
        MOV     DPTR,#TABLE    ; 散转表首地址送 DPTR
        JMP     @A+DPTR
TABLE:  LJMP    PM0            ; 转程序 PM0
TABLE+3: LJMP   PM1            ; 转程序 PM1
        …
PM0:  …
```

PM1：…

注：LJMP 是一个三字节指令，因此，转移指令入口地址相隔 3 个字节，A 中内容需是 3 的倍数。

3.5.2　条件转移指令

与无条件转移指令不同，条件转移指令仅仅在满足指令中规定的条件（如累加器内容是否为零，两个操作数是否相等）时才执行无条件转移，否则程序顺序执行，相当于执行空操作。

这 6 条指令可分为判零转移指令和比较转移指令两部分。

1. 累加器判零转移指令

JZ	rel	；若 $(A)=0$，则 $(PC)=(PC+2)+rel$
		；若 $(A)\neq0$，则 $(PC)=(PC)+2$
JNZ	rel	；若 $(A)\neq0$，则 $(PC)=(PC+2)+rel$
		；若 $(A)=0$，则 $(PC)=(PC)+2$

满足各自条件时，程序转向指定的目标地址执行（相当于执行 SJMP　rel）。当不满足各自条件时，程序顺序往下执行。可以看出，这类指令都是以相对转移的方式转向目标地址的。

偏移量 **rel** 的计算方法是

$$rel＝目标地址–PC 的当前值$$

注意：1）差值的最高两位必须为 00H 或 FFH，否则超出偏移量允许范围。rel 取低两位。

2）偏移量 rel 是用补码形式表示的带符号的 8 位数，因此，程序转移的目标地址为当前 PC 值的后 128 B 与指令前 127 B 之间。

这些指令执行后不影响任何操作数和标志位。

例：设 $(A)＝01H$。

执行程序：

JZ	LABEL1	；因为 $(A)\neq0$，程序继续执行
DEC	A	；$(A)–1＝00H$
JZ	LABEL2	；因为 $(A)=00H$，程序转向标号 LABEL2 指示的地址执行
LABEL1：	…	
LABEL2：	…	

2. 数值比较转移指令

```
CJNE    A, direct, rel
CJNE    A, #data, rel
CJNE    Rn, # data, rel
CJNE    @Ri, #data, rel
```

其指令格式为：　CJNE　（操作数 1），（操作数 2），rel

数值比较转移指令是三字节指令，是 80C51 单片微机指令系统中仅有的四条三个操作数的指令，在程序设计中非常有用。同时具有比较转移和比较数值大小的功能。

数值比较指令的第一个字节为操作码（或操作码 ＋ 操作数 1），第二个字节为操作数 2，

第三个字节为偏移量 rel。如 CJNE　　Rn,#data,rel 指令的编码为

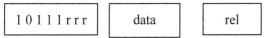

这组指令的功能是对指定的两操作数进行比较，即(操作数 1)－(操作数 2)，但比较结果均不改变两个操作数的值，仅影响标志位 CY。CJNE 指令执行流程图如图 3-10 所示。

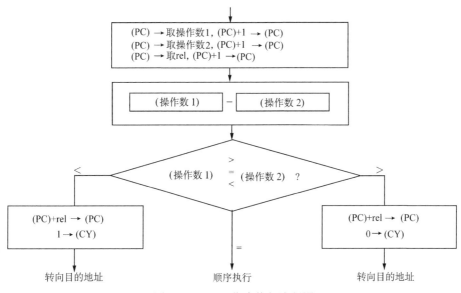

图 3-10　CJNE 指令执行流程图

1)若它们的值不等，程序转移到(PC)+3 再加第三个字节带符号的 8 位偏移量(rel)指的目标地址。

若(操作数 1)＞(操作数 2)，清进位标志(CY)。

若(操作数 1)＜(操作数 2)，则置位进位标志(CY)。

2)它们的值相等，程序继续执行。

程序转移的范围是从(PC)+3 为起始的＋127B～－128B 的单元地址。

例：温度控制程序。

某温度控制系统，A 中存温度采样值 Ta，(20H)=温度下限值 T20，(30H)=温度上限值 T30。若 Ta＞T30，程序转降温 JW，若 Ta＜T20 程序转升温 SW，若 T30≥Ta≥T20 程序转 FH 返回主程序。

```
CMP:CJNE      A,30H,LOOP       ;(采样值)－(温度上限值 T30)
     AJMP     FH               ;等于 T30, 转 FH
LOOP:JNC      JW               ;大于 T30, 降温
     CJNE     A,20H,LOOP1      ;(采样值)－(温度下限值 T20)
     AJMP     FH               ;等于 T20, 转 FH
LOOP1:JC      SW               ;小于 T20, 升温
FH:   …                        ;保温
     AJMP     CMP
```

```
JW:      …                      ；降温
    AJMP      CMP
SW:      …                      ；升温
    AJMP      CMP
```

3.5.3 循环转移指令

```
DJNZ          Rn, rel
DJNZ          direct, rel
```

指令功能是：每执行一次本指令，先将指定的 Rn 或 direct 的内容减 1，再判别其内容是否为 0。若不为 0，转向目标地址，继续执行循环程序；若为 0，则结束循环程序段，程序往下执行。这类指令在计数循环结构程序编写时很有用。

当 direct 所指示的变量为 I/O 口时，该变量应读自该口的输出锁存器，而不是引脚。

例：从 P1.7 引脚输出 5 个方波。

```
    MOV       R2, #10              ；5 个方波，10 个状态
LOP: CPL      P1.7                 ；P1.7 状态变反
    DJNZ      R2, LOP
```

例：数据块移动。

将 2000H 单元开始的一批数据传送到从 3000H 开始的单元中，数据长度在内部数据存储器的 30H 中。

```
    MOV       DPTR, #2000H         ；源数据区首址
    PUSH      DPL                  ；源数据区首址压栈保护
    PUSH      DPH
    MOV       DPTR, #3000H         ；目的数据区首址
    MOV       R6, DPL              ；目的数据区首址存入寄存器
    MOV       R7, DPH
LP: POP       DPH                  ；取源数据区地址指针
    POP       DPL
    MOVX      A, @DPTR             ；取源数据
    INC       DPTR
    PUSH      DPL
    PUSH      DPH
    MOV       DPL, R6              ；取目的数据区地址指针
    MOV       DPH, R7
    MOVX      @DPTR, A             ；存入目的数据区
    INC       DPTR
    MOV       R6, DPL
    MOV       R7, DPH
    DJNZ      30H, LP              ；若数据块未移完, 则继续
    POP       DPH
```

```
POP        DPL
SJMP       $
```

说明：因为 2000H 和 3000H 都在外部数据存储器或 I/O 中，使用地址指针均为 DPTR，所以要注意 DPTR 的保护和恢复。

3.5.4　子程序调用指令

1. 绝对调用指令

ACALL　　addr11

a10 a9 a8 1	0 0 0 1		a7~a0

无条件地调用首地址为 addr11 处的子程序。操作不影响标志位。

1）断点地址压栈：把 PC 加 2 以获得下一条指令的地址（当前 PC），将这 16 位的地址压进堆栈（先 PCL，后 PCH），同时栈指针加 2。

2）然后将指令提供的 11 位目标地址，送入 PC10~PC0，而 PC15~PC11 的值不变，程序转向子程序的首地址开始执行。目标地址由指令第一个字节的高 3 位和指令第二个字节所组成；所以，所调用的子程序的首地址必须与 ACALL 后面指令的第一个字节在同一个 2 KB 区域内。

例：设（SP）=60H，（PC）=0123H，子程序 SUBRTN 的首地址为 0456H。

执行指令：ACALL　　SUBRTN

机器码：91 56

执行结果：（PC）+2=0123H+2=0125H→（PC）

将（PC）=0125H 压入堆栈。25H 压入（SP）+1=61H，01H 压入（SP）+1=62H，此时（SP）=62H。ADD11→$PC_{10\sim0}$，（PC）=0456H。

2. 长调用指令

LCALL　　addr16

无条件地调用首地址为 addr16 的子程序。操作不影响标志位。

1）断点地址压栈：把 PC 加 3 以获得下一条指令的地址，将这 16 位的地址压进堆栈（先 PCL，后 PCH），同时栈指针加 2。

2）将指令第二个和第三个字节所提供的 16 位目标地址，送 PC15~PC0，程序转向子程序的首地址开始执行。

所调用的子程序的首地址可以在 64 KB 范围内。

例：设（SP）=60H，（PC）=0123H，子程序 SUBRTN 的首地址为 3456H。

执行指令：　LCALL　　SUBRTN

执行结果：（PC）+3=0123H+3=0126H→（PC）

将（PC）压入堆栈：26H 压入（SP）+1=61H 中，01H 压入（SP）+1=62H，此时（SP）=62H。（PC）=3456H，执行子程序。

3.5.5　返回指令

1. 子程序返回指令

RET

执行时表示结束子程序，返回调用指令 ACALL 或 LCALL 的下一条指令（即断点地址），继续往下执行。往往与子程序调用指令配对使用。

执行时将栈顶的断点地址送入 PC（先 PCH，后 PCL），并把栈指针减 2。本指令的操作不影响标志位。

例：设(SP)＝62H，RAM 中的(62H)＝01H，(61H)＝26H。

执行指令：RET

执行结果：(SP)＝60H，(PC)＝0126H

2. 中断返回指令

RETI

它除了执行从中断服务程序返回中断时保护的断点处继续执行程序外（类似 RET 功能），并清除内部相应的中断状态寄存器。

因此，中断服务程序必须以 RETI 为结束指令。

CPU 执行 RETI 指令后至少再执行一条指令，才能响应新的中断请求。利用这一特点，可用来实现单片微机的单步操作。

例：设(SP)＝62H，中断时断点是 0123H，RAM 中的(62H)＝01H，(61H)＝23H。

执行指令：RETI

执行结果：(SP)＝60H，(PC)＝0123H

程序回到断点 0123H 处继续执行，清除内部相应的中断状态寄存器。

3.5.6　空操作指令

NOP

本指令不作任何操作，仅将程序计数器 PC 加 1，使程序继续往下执行。

它为单周期指令，在时间上仅占用一个机器周期，常用于精确延时或时间上等待一个机器周期的时间以及给程序预留空间。

控制转移类指令汇总见附录 A.5。

3.6　布尔(位)操作类指令

80C51 单片微机内部有一个布尔(位)处理器，具有较强的布尔变量处理能力。

布尔处理器实际上是一位的微处理机，它以进位标志 CY 作为位累加器，以内部数据存储器的 20H 至 2FH 单元及部分特殊功能寄存器为位存储器，以 P0、P1、P2、P3 为位 I/O。对位地址空间具有丰富的位操作指令，包括布尔传送指令、布尔状态控制指令、位逻辑操作指令及位条件转移指令。

助记符有 MOV、CLR、CPL、SETB、ANL、ORL、JC、JNC、JB、JNB、JBC 等 11 种。

布尔操作类指令中位地址可用以下多种方式表示，这些方式均能为 80C51 的汇编程序所识别。

1)直接用位地址 0~255 或 0~FFH 表示，如 D5H。

2)采用字节地址的位数方式表示，两者之间用"."隔开，如 20H.0；D0H.5 等。

3)采用字节寄存器名加位数表示，两者之间用"."隔开，如 P1.5；PSW.5 等。

4) 采用位寄存器的定义名称表示，如 F0。

上述位地址 D5H、F0、D0H.5 和 PSW.5 等表示的是同一位。

3.6.1　布尔(位)传送指令

MOV　　C, bit　　 ; (C) ← (bit)

MOV　　bit, C　　 ; (bit) ← (C)

功能：将源操作数(位地址或布尔累加器)送到目的操作数(布尔累加器或位地址)中。当直接寻址位为 P0、P1、P2、P3 口的某一位时，指令先把端口的 8 位全读入，然后进行位传送，再把 8 位内容传送到端口的锁存器中，是"读-修改-写"指令。

例：设(C)=1。

执行指令：MOV　　P1.3,C

执行结果：P1.3 口线输出 1

例：设 P1 口的内容为 00111010B。

执行指令：MOV　　C,P1.3

执行结果：(C)=1

3.6.2　布尔(位)状态控制指令

1. 位清除指令

CLR　　C　　　 ; (C) ← 0

CLR　　bit　　 ; (bit) ← 0

功能：将 C 或指定位(bit)清 0。

例：设 P1 口的内容为 1 1 1 1 1 0 1 1 B。

执行指令：CLR　　P1.0

执行结果：(P1)=1 1 1 1 1 0 1 0 B

2. 位置 1 指令

SETB　　C　　 ; (C) ← 1

SETB　　bit　　 ; (bit) ← 1

功能：将 C 或指定位(bit)置 1。

例：设(C)=0, P3 口的内容为 1 1 1 1 1 0 1 0 B。

执行指令：SETB　　P3.0

　　　　　　SETB　　C

执行结果：(C)=1, P3.0=1, 即(P3)=1 1 1 1 1 0 1 1 B

3. 位取反指令

CPL　　C　　　 ; (C) ← (/C)

CPL　　bit　　 ; (bit) ← (/bit)

功能：将 C 或指定位(bit)取反。

例：设(C)=0, P1 口的内容为 0 0 1 1 1 0 1 0 B。

执行指令：CPL　　P1.0

　　　　　　CPL　　C

执行结果：(C)=1，P1.0=1，即(P0)=0 0 1 1 1 0 1 1 B

3.6.3　布尔(位)逻辑操作指令

1. 位逻辑"与"操作指令

```
ANL    C, bit          ; (C)←(C)·(bit)
ANL    C, /bit         ; (C)←(C)·(/bit)
```

功能：将指定位(bit)的内容或指定位内容取反后(原内容不变)与 C 的内容进行逻辑与运算，结果仍存于 C 中。

例：设(C)=1，P1 口的内容为 1 1 1 1 1 0 1 1 B，ACC.7=0。

执行指令：
```
ANL    C, P1.0         ; (C)=1
ANL    C, ACC. 7       ; (C)=0
```

执行结果：(C)=0

2. 位逻辑"或"操作指令

```
ORL    C, bit          ; (C)←(C)+(bit)
ORL    C, /bit         ; (C)←(C)+(/bit)
```

功能：将指定位(bit)的内容或指定位内容取反后(原内容不变)与 C 的内容进行逻辑或运算。结果仍存于 C 中。

例：设(C)=1，P1 口的内容为 1 1 1 1 1 0 1 1 B，ACC.7=0。

执行指令：
```
ORL    C, P1.0         ; (C)=1
ORL    C, ACC.7        ; (C)=1
```

执行结果：(C)=1

3.6.4　布尔(位)条件转移指令

1. 布尔累加器条件转移指令

```
JC     rel
JNC    rel
```

功能：对布尔累加器 C 进行检测，当 C=1 或 C=0 时，程序转向当前 PC 值(转移指令地址+2)与第二个字节中带符号的相对地址(rel)之和的目标地址，否则程序往下顺序执行。因此，转移的范围是−128B～+127 B。

操作不影响标志位。

例：设(C)=0。

执行指令：
```
JC     LABEL1    ; (C)=0, 则程序顺序往下执行
CPL    C         ; (C)=1, 程序转 LABEL2
JC     LABEL2
```

进位位取反变为 1，以后，程序转向 LABEL2 单元执行。

例：设(C)=1。

执行指令：
```
JNC    LABEL1
CLR    C
JNC    LABEL2
```

进位位清为 0，以后，程序转向 LABEL2 单元执行。

2. 位测试条件转移指令

JB　　　　bit, rel

JNB　　　　bit, rel

功能：检测指定位，当位变量分别为 1 或 0 时，程序转向当前 PC 值(转移指令地址+3)与第二字节中带符号的相对地址(rel)之和的目标地址，否则程序往下顺序执行。因此，转移的范围是–128B～+127B。

操作不影响标志位。

例：设累加器 A 中的内容为 FEH(1 1 1 1 1 1 1 0 B)。

执行指令：　　JB　　　　ACC.0,LABEL1　　　　; ACC.0=0，程序顺序往下执行

　　　　　　　　JB　　　　ACC.1,LABEL2　　　　; ACC.1=1，转 LABEL2

程序转向 LABEL2 单元执行。

例：设累加器 A 中的内容为 FEH(1 1 1 1 1 1 1 0 B)。

执行指令：　JNB　　　　ACC.1,LABEL1　　　　; ACC.1=1，程序顺序往下执行

　　　　　　　JNB　　　　ACC.0,LABEL2　　　　; ACC.0=0，转 LABEL2

程序转向 LABEL2 单元执行。

3. 位测试条件转移并清 0 指令

JBC　　　　bit,rel

功能：检测指定位，当位变量为 1 时，将该位清 0，且程序转向当前 PC 值(转移指令地址+3)与第二字节中带符号的相对地址(rel)之和的目标地址，否则程序往下顺序执行。因此，转移的范围是–128 B～+127 B。

操作不影响标志位。

例：设累加器 A 中的内容为 7FH(0 1 1 1 1 1 1 1 B)。

执行指令：　JBC　　　　ACC.7, LABEL1　　　　; ACC.7=0

　　　　　　　JBC　　　　ACC.6, LABEL2　　　　; ACC.6=1

执行结果：程序转向 LABEL2 单元执行，并将 ACC.6 位清为 0，于是(A)=3FH(0 0 1 1 1 1 1 1 B)

布尔(位)操作类指令汇总见附录 A.6。

例：试编程序实现下述逻辑表达式的功能。

设 8 位输入信号从 P1 口输入，Y 信号从 P3.0 输出。

$Y=\overline{X0} + X1\overline{X2}+\overline{X1}X2+\overline{X4}\,\overline{X5}\,\overline{X6}\,X7$

分析：表达式中 4 项之间为"或"关系，只要其中 1 项为 1，输出 Y 就为 1。

　　　　MOV　　　　A, P1

　　　　JB　　　　ACC.0, MM

　　　　SETB　　　　C

　　　　SJMP　　　　OUT　　　　　　　　　　; $\overline{X0}$ =1, 转出口

MM: MOV　　　　C, ACC.1

　　　　ANL　　　　C, /ACC.2

```
      JC       OUT          ; X1 X̄2 =1, 转出口
      MOV      C, ACC.2
      ANL      C, /ACC.1
      JC       OUT          ; X̄1 X2=1, 转出口
      MOV      C, ACC.7
      ANL      C, /ACC.4
      ANL      C, /ACC.5
      ANL      C, /ACC.6    ; X4 X̄5 X̄6 X7
OUT:  MOV      P3.0, C      ; Y 信号从 P3.0 输出
```

思考与练习

填空题

1. 程序中 LOOP: JC rel 的相对转移以转移指令所在地址为基点向前最大可偏移_____个单元地址，向后最大可偏移_____个单元地址。

简答题

2. 什么是指令、指令系统？

3. 80C51 单片微机的指令系统具有哪些特点？

4. 简述 80C51 指令的分类和格式。

5. 简述 80C51 的指令寻址方式，并举例说明。

6. 若访问特殊功能寄存器 S、F、R，可使用哪些寻址方式？

7. 若访问外部数据存储器单元或 I/O 端口，可使用哪些寻址方式？

8. 若访问内部数据存储器单元，可使用哪些寻址方式？

9. 若访问程序存储器，可使用哪些寻址方式？

10. MOV，MOVC，MOVX 指令有什么区别？分别用于哪些场合？为什么？

11. 说明 DAA 指令功能，并说明二-十进制调整的原理和方法。

12. 说明 80C51 单片微机的布尔处理机的构造及功能。

读程序题

13. 试分析以下程序段的执行结果。

```
MOV      SP, #60H
MOV      A, #88H
MOV      B, #0FFH
PUSH     ACC
PUSH     B
POP      ACC
POP      B
```

14. 已知(A)=7AH,(R0)=30H,(30H)=A5H,(PSW)=81H，请填写各条指令的单独执行结果。

(1) XCH   A, R0   (2) XCH   A, 30H

(3) XCH	A, @R0		(4) XCHD	A, @R0
(5) SWAP	A		(6) ADD	A, R0
(7) ADD	A, 30H		(8) ADD	A, #30H
(9) ADDC	A, 30H		(10) SUBB	A, 30H
(11) SUBB	A, #30H			

15. 已知 (30H)=40H, (40H)=10H, (10H)=00H, (P1)=CAH, 请写出执行以下程序段后有关单元的内容。

```
MOV     R0, #30H
MOV     A, @R0
MOV     R1, A
MOV     B, @R1
MOV     @R1, P1
MOV     A, @R0
MOV     10H, #20H
MOV     30H, 10H
```

16. 已知 (R1)=20H, (20H)=AAH, 请写出执行完下列程序段后 A 的内容。

```
MOV     A, #55H
ANL     A, #0FFH
ORL     20H, A
XRL     A, @R1
CPL     A
```

17. 阅读下列程序, 说明其功能。

```
MOV     R0, #30H
MOV     A, @R0
RL      A
MOV     R1, A
RL      A
RL      A
ADD     A, R1
MOV     @R0, A
```

18. 读下列程序: (1)写出程序功能, 并以图示意; (2)加以注释。

```
        ORG     0000H
MAIN: MOV     DPTR, #TAB
        MOV     R1, # 06H
LP: CLR     A
        MOVC    A, @A+DPTR
        MOV     P1, A
        LCALL   DELAY 0.5s
        INC     DPTR
```

```
        DJNZ        R1, LP
        AJMP        MAIN
TAB: DB             01H, 03H, 02H, 06H, 04H, 05H
DELAY 0.5s:         ...                     ; 软件延时 0.5s 子程序(略)
        RET
        END
```

19. 读程序：(1)请画出 P1.0~P1.3 引脚上的波形图，并标出电压 V-时间 T 坐标；(2)加以注释。

```
        ORG         0000H
START: MOV          SP, #20H
        MOV         30H, #01H
        MOV         P1, #01H
MLP0: ACALL         D50ms                   ; 软件延时 50ms
        MOV         A, 30H
        CJNE        A, #08H, MLP1
        MOV         A, #01H
MLP2: MOV           30H, A
        MOV         DPTR, #ITAB
        MOVC        A, @A+DPTR
        MOV         P1, A
        SJMP        MLP0
MLP1: INC           A
        SJMP        MLP2
ITAB: DB            0, 1, 2, 4, 8
        DB          8, 4, 2, 1
D50ms:              ...                     ; 延时 50ms 子程序(略)
        RET
```

编程题

20. 已知两个十进制数分别从内部数据存储器中的 40H 单元和 50H 单元开始存放(低位在前)，其字节长度存放在内部数据存储器的 30H 单元中。编程实现两个十进制数求和，并将求和结果存放在内部数据存储器 40H 开始的单元中。

21. 编程实现把外部数据存储器中从 8000H 开始的 100 字节数据传送到 8100 开始的单元中。

第 *4* 章

80C51 单片微机的程序设计

摘要：继续介绍单片微机的软件，要求掌握 80C51 程序设计的几种基本结构方法(如分支程序结构、循环程序结构和子程序结构)的编程。

4.1 概　　述

4.1.1 汇编语言格式

1. 计算机语言——机器语言、汇编语言与高级语言

程序就是为计算某一算式或完成某一工作的若干指令的有序集合。计算机的全部工作概括起来，就是执行这一指令序列的过程。这一指令序列称为程序。为计算机准备这一指令序列前的过程称为程序设计。通常，计算机的配置不同，设计程序时所使用的语言也就不同。目前，可用于程序设计的语言基本上可分为三种：机器语言、汇编语言和高级语言。下面先对这三种语言做一简单说明，然后重点介绍 80C51 单片微机的汇编语言。

(1)机器语言

在计算机中，所有的数符都是用二进制代码来表示的，指令也是用二进制代码来表示的。这种用二进制代码表示的指令系统称为机器语言系统，简称为机器语言。直接用机器语言编写的程序称为手编程序或机器语言程序。

计算机可以识别机器语言，并加以执行。但是，对于使用者来说，不易看懂，不便记忆，容易出错。为了克服这些缺点，从而出现了汇编语言和高级语言。

(2)汇编语言

在程序设计自动化的第一阶段，就是用英文字符来代替机器语言，这些英文字符称为助记符。用这种助记符表示指令系统的语言称为汇编语言或符号语言，用汇编语言编写的程序称为汇编语言程序。

汇编语言具有以下几个特点。

1)助记符指令与机器指令是一一对应的，因此，用汇编语言编写的程序效率高，占用存储空间小，运行速度快，而且能反映计算机的实际运行情况，所以用汇编语言能编写出最优化的程序。

2)汇编语言是"面向机器"的语言，编程比使用高级语言困难。因此，使用汇编语言进行程序设计必须熟悉计算机的系统结构、指令系统、寻址方式等功能，才能编写出符合

要求的程序，所以对设计者的要求较高，即要求设计者具有"软硬结合"的功底。在一定程度上可以说，掌握汇编语言是学习单片微机的基本功。

3）汇编语言能直接访问存储器、输入与输出接口及扩展的各种芯片（如 A/D、D/A 等），也可直接处理中断，因此，汇编语言能直接管理和控制硬件设备。

4）汇编语言通用性差，汇编语言和机器语言一样，都面向一台具体的机器，不同的单片微机具有不同的指令系统，并且不能通用。这对于新推出来但性能更优的单片微机的推广增加了难度。但如果熟练地掌握了一种单片微机的汇编语言，触类旁通，对学习和掌握另一种单片微机的汇编语言还是很有益处的。

但是，计算机不能直接识别在汇编语言中出现的字母、数字和符号，需要将其转换成用二进制代码表示的机器语言程序，才能够识别和执行。通常把这一转换（翻译）工作称为汇编。汇编可以由程序员通过查指令表把汇编指令程序转换为机器语言程序，这个过程称为人工汇编。目前基本上由专门的程序来进行汇编，这种程序称为汇编程序，借助汇编程序，计算机本身可以自动地把汇编源程序翻译成机器语言程序。经汇编程序汇编而得到的机器语言程序，计算机能够识别和执行，因此，这一种机器语言程序称为目的程序或目标程序，而汇编语言程序称为源程序。这三者之间的关系如图 4-1 所示。

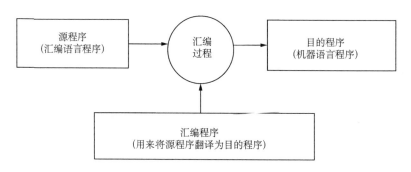

图 4-1　汇编过程示意图

显然，汇编语言要比机器语言前进了一大步。它醒目、易懂、不易出错，即使出错，也容易发现和修改。这给编制、阅读和修改程序带来了方便，因此，它是微型计算机所使用的主要语言之一。

（3）高级语言

高级语言，如 BASIC、FORTRAN、COBOL 及 PASCAL 等，都是一些参照数学语言而设计的、近似于人们日常用语的语言。这种语言不仅直观、易学、易懂，而且通用性强，易于移植到不同类型的机器中。

计算机也不能直接识别和执行高级语言，需要将其转换为机器语言才能识别和执行。对于高级语言，这一转换工作通常称为编译或者解释。进行编译或者解释的专用程序称为编译程序或者解释程序。

由于高级语言不受具体机器的限制，而且使用了许多数学公式和习惯用语，从而简化了程序设计的过程，因此是一种面向问题或者面向过程的语言。近年来高级语言发展很快，相继出现了许多面向工程设计、自动控制、人工智能等方面的语言，如 APT、PROLOG、LISP、PL/M 以及 C 语言等。而 80C51 系列单片微机作为工业标准地位，从 1985 年开始就有 C 语言编译器，简称 C51。

但是，汇编语言是计算机能提供给用户的最快而又最有效的语言，也是能利用计算机所有硬件特性并能直接控制硬件的唯一语言。因而，在对于程序的空间和时间要求很高的场合，汇编语言是必不可缺的。

本书针对单片微机"面向控制"这一使用的特点，仍以汇编语言为主进行讲解。

2. 汇编语言

汇编语言语句的种类和格式如下。

(1) 汇编语言语句的种类

汇编语言语句有三种基本类型：指令语句、伪指令语句和宏指令语句。

指令语句：每一个指令语句都在汇编时产生一个目标代码，对应着机器的一种操作。

例如：MOV　A, #0

伪指令语句：主要是为汇编语言服务的，在汇编时没有目标代码与之对应。

例如：ONE　EQU　1

宏指令语句：用以代替汇编语言源程序中重复使用的程序段的一种语句，由汇编程序在汇编时产生相应的目标代码。

(2) 汇编语言语句的格式

指令语句和伪指令语句的格式是类似的。

指令语句的格式：

【标号(名字)】：　助记符(操作码)【操作数(参数)】　;【注释】

伪指令语句的格式：

名字　　定义符　　参数　　;注释

两种语句都由四个部分组成。其中每一部分称为域也称为字段，各域之间用一个空格或域定界符分隔，常用的域定界符有冒号":"、逗号","和分号";"。其中方括号括起来的是可选择部分，可有可无，根据指令需要而定。

标号(也称为名字)域：

用来说明指令的地址。标号可以作为 LJMP、AJMP、LCALL 及 ACALL 等指令的操作数。

1) 在指令语句中，标号位于一个语句的开头位置，由字母和数符组成，字母打头，冒号":"结束。在 80C51 单片微机的汇编语言中，标号中的字符个数一般不超过 8 个，若超过 8 个，则以前面的 8 个为有效，后面字符不起作用。

2) 不能使用本汇编语言中已经定义了的符号作标号，如指令助记符(如 ADD)、伪指令(如 END)及寄存器符号名称(如 PC)。

3) 一条语句可以有标号，也可以没有标号，标号的有无取决于程序中的其他语句是否需要访问该条语句。

伪指令语句与指令语句主要不同是在其名字后面没有冒号。

操作码域：

1) 是指令的助记符或定义符，用来表示指令的性质，规定这个指令语句的操作类型。

2) 伪指令语句中的定义符规定这个指令语句的伪操作功能。

3) 对于标号缺省的语句，操作码域作为一行的开始。但在书写时，应与上一行的操作码对齐。

操作数域：

给出的是参与运算或进行其他操作的数据或这些数据的地址。

1) 操作数与操作码之间用空格分隔，若有两个操作数，这两个操作数之间必须用逗号",",分开。操作数域若是数据的直接或间接地址，则必须满足寻址方式的规定。

2) 对于操作数域出现的常数：若采用十六进制数表示，其末尾必须加"H"说明；若十六进制数以 A、B、C、D、E、F 开头，其前面必须添一个"0"进行引导说明，如 0F0H，否则在机器汇编时会出错。若采用二进制数表示，其末尾必须用"B"说明。若采用十进制数表示，可以不加后缀或加"D"说明。

3) 80C51 的操作数可以是寄存器寻址、直接地址等 7 种寻址方式。

注释域：

注释域由分号";"引导开始，是说明语句功能、性质以及执行结果的文字。使用注释可以使文件编制显得更加清楚，便于人们阅读程序，简化软件的维护。对机器不起作用。注释的长度不限，一行不够可换行接着写，但换行的开头仍以分号";"引导。

例：把片外数据存储器 2200H 单元中的数送入片内数据存储器 70H 单元中。

标号域	操作码域	操作数域	注释域
BEGIN:	MOV	DPTR, #2200H	；设片外数据存储器首地址
	MOV	R0, #70H	；设片内数据存储器首地址
	MOVX	A, @DPTR	；从片外数据存储器 2200H 单元取数
	MOV	@R0, A	；送入片内数据存储器 70H

4.1.2　伪指令语句

为了便于编程和对汇编语言程序进行汇编，各种汇编程序都提供一些特殊的指令，供人们编程使用。这些指令通常称为伪指令，由伪指令确定的操作称为伪操作。伪指令又称汇编程序控制译码指令。"伪"体现在汇编时不产生机器指令代码，不影响程序的执行，仅指明在汇编时执行一些特殊的操作。例如，为程序指定一个存储区，将一些数据、表格常数存放在指定的存储单元，说明源程序开始或结束等。不同的单片微机开发装置所定义的伪指令不全相同，下面简单介绍一下 MASM-51 汇编程序中常用的几类伪指令语句。

1. ORG (ORiGin) 汇编起始地址伪指令

指令格式为：　ORG　＜表达式＞

其含义是向汇编程序说明，下述程序段的起始地址由表达式指明。表达式通常为 16 进制地址码。

- 一般规定，在由 ORG 伪指令定位时，其地址应当由小到大，不能重叠。
- 它的有效范围一直到下一条 ORG 伪指令出现。
- 跟在 ORG 伪指令后面的程序段或数据段是绝对地址还是浮动地址段，依赖于 ORG 右边的表达式性质。

例如：

```
        ORG     1000H
START: MOV     A,#12H
```

ORG 伪指令通知汇编程序，从 START 开始的程序段，其起始地址由 1000H 开始。由于 1000H 是立即数型地址码，所以还隐含地指明该程序段是绝对地址段。

假定 ORG 右边的表达式是浮动程序段中定义的标号 RELOCA，

   ORG   RELOCA
  SUBROU: …

则表明 SUBROU 起始于 RELOCA(它是相对地址)浮动地址的程序段。

2. END(END of assembly)汇编结束伪指令

汇编结束伪指令一般有以下两种格式：

  主程序模块：＜标号＞　END　＜表达式＞
  子程序模块：＜标号＞　END

其含义是用以通知汇编程序，该程序段汇编至此结束。因此，在设计的每一个程序中必须要有 END 语句，而且只能有一条。但 END 语句应设置在整个程序(包括伪指令在内)的后面。

当源程序为主程序时，END 伪指令中可有标号，这个标号应是主程序第一条指令的符号地址。若源程序为子程序，则在 END 伪指令中不需要带标号。

只有主程序模块才具有＜表达式＞项，且＜表达式＞的值等于该程序模块的入口地址。子程序模块没有该项。

3. EQU(EQUate)赋值伪指令

指令格式为：＜标号＞　EQU　＜表达式＞

其作用是把表达式赋值于标号，这里的标号和表达式是必不可少的。

例如：   LOOP　EQU　2002H

是向汇编程序表明，标号 LOOP 的值为 2002H。

又如：   LOOP1　EQU　LOOP

LOOP 已赋值为 2002H，则相当于 LOOP1＝LOOP，即 LOOP1 也为 2002H，在程序中 LOOP 和 LOOP1 可以互换使用。

用 EQU 语句给一个标号赋值以后，在整个源程序中该标号的值是固定的，不能更改。若需更改，需用伪指令 DL 重新定义。

4. DL 定义标号值伪指令

指令格式为：＜标号＞　DL＜表达式＞

其含义也是说明标号等值于表达式。同样，标号和表达式是必不可少的。例如：

COUNT　DL　3000H ;定义标号 COUNT 的值为 3000H

COUNT　DL　COUNT+1　;重新定义 COUNT 的值为 3000H+1

DL 和 EQU 的功能都是将表达式值赋予标号，但两者有差别：可用 DL 语句在同一源程序中给同一标号赋予不同的值，即可更改已定义的标号值；而用 EQU 语句定义的标号，在整个源程序中不能更改。

5. DB(Define Byte)定义字节伪指令

指令格式为：＜标号＞　DB　＜表达式或表达式表＞

其含义是将表达式或表达式表所表示的数据或数据串存入从标号开始的连续存储单元中。标号为可选项，它表示数据存储单元地址。表达式或表达式表是指一个字节或用逗号分开的字节数据，可以是用引号括起来的字符串。字符串中的字符按 ASCII 码存于连续的程序存储器单元中。例如：

```
        ORG        2000H
TABLE: DB          73H, 04, 100, 32, 00, –2, "ABC"
```

表示字节串数据存入由 TABLE 标号为起始地址的连续存储器单元中。即从 2000H 存储单元开始依次连续存放数据为：73H，04H，64H，20H，00H，FEH，41H，42H，43H。表中 41H，42H，43H 分别是字符 A、B、C 的 ASCII 码。

若不采用 ORG 伪指令专门规定数据区的起始地址，则数据区的起始地址即根据 DB 命令前一条指令的地址确定。这时 DB 所定义的数据字节的起始地址为 DB 命令前一条指令的地址加上该指令的字节数。

6. DW（Define Word）定义字伪指令

其指令格式为：＜标号＞ DW ＜表达式或表达式表＞

其含义是把字或字串值存入由标号开始的连续存储单元中，且把字的高字节数存入低地址单元，低字节数存入高地址单元。按顺序连续存放。

```
DW      100H, 3456H, 814
```

表示按顺序存入 01H，00H，34H，56H，03H，2EH。

注：DB 和 DW 定义的数表，数的个数不得超过 80 个。若数据的数目较多，可以使用多个定义命令。一般以 DB 来定义数据，以 DW 来定义地址。

7. DS（Define Storage）定义存储区伪指令

存储区说明伪指令的指令格式为：＜标号＞ DS ＜表达式＞

通知汇编程序，在目标代码中，以标号为首地址保留表达式值的若干存储单元以备源程序使用。汇编时，对这些单元不赋值。例如：

```
BASE   DS   100H
```

是通知汇编程序，从标号 BASE 开始，保留 100H 个存储单元，以备源程序另用。

注意：对于 80C51 单片微机，DB、DW、DS 等伪指令只能应用于程序存储器，而不能对数据存储器使用。

8. BIT 位定义伪指令

用于给字符名称赋予位地址。

命令格式为：＜字符名称＞ BIT＜位地址＞

其中，位地址可以是绝对地址，也可以是符号地址。

例：ABC   BIT   P3.1

把 P3.1 位地址赋值给 ABC，在后面的编程中，ABC 即可作为位地址 P3.1 使用。

除了一般的汇编程序之外，还有一些高性能的汇编程序，可在汇编时进行表达式赋值、条件汇编和宏汇编。这样为用户编程带来了很大的方便。

· 表达式赋值可允许汇编语言程序的指令操作数域使用表达式，例如："ADD A，#ALFA*BETA/2"，其中 ALFA 和 BETA 是两个已定义的标号。

· 条件汇编可使用户在汇编时根据需要对源程序进行汇编，这样有利于程序的调试。特别是为用户系统(或大的应用)程序的调试带来方便。

· 宏汇编允许用户在编写源程序时使用宏指令。一条宏指令往往包括若干条汇编语言指令，这样在使用宏指令之后可使源程序缩短，简化程序设计。

在使用宏指令之前，要先对相应的寄存器赋值，否则将会得出错误的结果。

例：伪指令应用。

```
ORG    8100H
BUFFER    DS    10H
DW    "A B"
DW    100H, 1ACH, −814
```

说明：（1）从 8100H 至 810FH 为缓冲区空间。

（2）(8110H)=41H（A 的 ASCII 码）

　　(8111H)=42H（B 的 ASCII 码）

（3）8112H 单元起存放 01H, 00H, 01H, ACH, FCH, D2H。

注：−814 的补码表示为 FCD2H。

4.2　80C51 汇编语言程序设计

为了使用计算机求解某一问题或完成某一特定功能就要先对问题或特定功能进行分析。确定相应的算法和步骤，然后选择相应的指令，按一定的顺序排列起来，这样就构成了求解某一问题或实现特定功能的程序。通常把这一编制程序的工作称为程序设计。

程序设计有时可能是一件很复杂的工作，首先针对提出的要求进行分析，找出合理的计算方法及适当的数据结构，从而确定解题步骤。只有明确了题意，才能编制出高质量程序。对于一些较复杂的程序，要求根据算法画出程序流程框图，把算法和解题步骤通过流程框图逐步具体化，以减少出错的可能性。

汇编语言程序设计，就是采用汇编指令来编写计算机程序。要对应用中需要使用的寄存器、存储单元、I/O 端口等先做出具体安排。在实际编程中，如何正确选择指令、寻址方式和合理使用工作寄存器，包括数据存储器单元，如何对扩展的 I/O 端口进行操作等，都是基本的汇编语言程序设计技巧。

根据结构化程序设计的观点，功能复杂的程序结构一般采用以下三种基本控制结构，即顺序结构、分支结构和循环结构，再加上使用广泛的子程序及中断服务子程序，共有五种基本结构。

采用结构化方式的程序设计已成为软件工作的重要原理。它使得程序结构具有简单清晰、易读写、调试方便、生成周期短、可靠性高等特点。这种规律性极强的编程方法，正日益被程序设计者所重视和广泛应用。

下面简要介绍前四种基本结构的设计方法，第 5 章介绍中断服务程序的设计。

4.2.1　顺序结构程序设计

顺序结构是按照逻辑操作顺序，从某一条指令开始逐条顺序执行，直至某一条指令。比如，数据的传送与交换、简单的运算、查表等程序的设计。顺序结构是所有程序设计中最基本、最单纯的程序结构形式，在程序设计中使用最多，因而是一种最简单、应用最普遍的程序结构。在顺序结构程序中没有分支，也没有子程序，但它是组成复杂程序的基础、主干。下面以几个例子来进一步说明顺序结构程序的设计方法。

例：数据传送和交换。

将 R0 与 R7 内容互换，R4 与内存 20H 单元内容互换。

```
XCHR: MOV    A, R0
      XCH    A, R7
      XCH    A, R0          ; R0 与 R7 内容互换
      MOV    A, R4
      XCH    A, 20H
      XCH    A, R4          ; R4 与 20H 单元内容互换
```

例：不带符号多字节加法。

设被加数存放于片内数据存储器的 20H（低位字节）、21H（高位字节），加数存放于 22H（低位字节）和 23H（高位字节），运算结果的和数存放于 20H（低位字节）和 21H（高位字节）中。编程实现 16 位相加。其程序段如下：

```
START: PUSH   ACC          ; 将 A 中内容进栈保护
       MOV    R0, #20H      ; 设被加数低位字节地址
       MOV    R1, #22H      ; 设加数低位字节地址
       MOV    A, @R0        ; 被加数低字节内容送 A
       ADD    A, @R1        ; 低字节数相加
       MOV    @R0, A        ; 低字节数和存 20H 中
       INC    R0            ; 指向被加数高位字节
       INC    R1            ; 指向加数高位字节
       MOV    A, @R0        ; 被加数高位字节内容送 A
       ADDC   A, @R1        ; 高字节数带进位相加
       MOV    @R0, A        ; 高字节数之和存 21H 中
       CLR    A
       ADDC   A, #00H
       MOV    10H, A        ; 进位暂存于 10H 中
       POP    ACC           ; 恢复 A 原内容
```

这里将 A 原内容进栈保护，如果原 R0、R1 内容有用，亦需进栈保护。如果相加结果高字节的最高位产生进位且有意义，应对标志位 CY 检测并进行处理。

注意：对于带符号数的减法运算，只要先将减数原码的符号位取反，即可把减法运算按加法运算的原则来处理。

对于带符号数的加法运算，首先要进行两数符号的判定，若两数符号相同，则进行两数相加，并以被加数符号为结果的符号。

如果两数符号不同，则进行两数相减。如果相减结果为正，则该数即为最后结果，并以被减数符号为结果的符号。如果两数相减的结果为负，则应将其差数取补，并把被减数的符号取反后作为结果的符号。

例：双字节乘法。

多字节乘法的基础是加法。分别相乘后对应字节相加（个位、十位、百位等分别相加，

并考虑低字节向高字节的进位）。选用工作寄存器暂存中间积。

　　分析：设被乘数低字节(addr1)用 A 表示，高字节(addr2)用 B 表示；乘数低字节(addr3)用 L 表示，高字节(addr4)用 M 表示。

```
                        B        A      ; 被乘数
              ×         M        L      ; 乘数
              ─────────────────────────
                       HAL      LAL     ; (1)部分积
               HBL     LBL              ; (2)部分积
               HMA     LMA              ; (3)部分积
        +  HBM  LBM                     ; (4)部分积
        ─────────────────────────────
        RES3(R4) RES2(R3) RES1(R2) RES0   ; 积
```

　　工作寄存器用来存放部分积，R2 存放(HAL+LBL+LMA)，R3 存放(HBL+CY+HMA+LBM)，R4 存放(HBM+CY)。

　　双字节乘法程序段如下：

例.双字节
乘法

```
START: PUSH   PSW                ; PSW、A、B 入栈
       PUSH   ACC
       PUSH   B
       MOV    PSW, # 18H         ; 选用工作寄存器组 3
       MOV    R0, #addr1         ; 被乘数低字节地址送 R0
       MOV    R1, #addr3         ; 乘数低字节地址送 R1
       MOV    A, @R0             ; 被乘数低字节内容送 A
       PUSH   A                  ; 保护被乘数低字节内容 A
       MOV    B, @R1             ; 乘数低字节内容送 B
       MUL    AB                 ; (1) A×L
       MOV    @R0, A             ; 积的最低字节存入 addr1 中
       MOV    R2, B              ; HAL 送 R2 中
       INC    R0                 ; 指向被乘数高字节
       MOV    A, @R0             ; 被乘数高字节送 A
       MOV    B, @R1             ; 乘数低字节送 B
       MUL    AB                 ; (2) B×L
       ADD    A, R2              ; HAL+LBL
       MOV    R2, A              ; HAL+LBL 之和送 R2
       MOV    A, B               ; HBL 送 A
       ADDC   A, # 00H           ; HBL+CY
       MOV    R3, A              ; HBL 送 R3
       POP    A                  ; 恢复被乘数低字节内容 A
       INC    R1                 ; 指向 addr4
       MOV    B, @R1             ; M 送 B
```

MUL	AB	; (3) M×A
ADD	A, R2	; LMA+(R2)
MOV	R2, A	; LMA+HAL+LBL 之和送 R2
MOV	A, B	; HMA 送 A
ADDC	A, R3	; HMA+HBL+CY
MOV	R3, A	; HMA+HBL+CY 之和送 R3
MOV	R4, #0	; 清 R4
JNC	LOOP	; 判 CY, CY=0 转 LOOP
INC	R4	; CY=1 则(R4)←R4+1
LOOP: MOV	A, @R0	; B 送 A
MOV	B, @R1	; M 送 B
MUL	AB	; (4) M×B
ADD	A, R3	; HAM+HBL+LBM
MOV	R3, A	; HAM+HBL+LBM 之和送 R3
MOV	A, B	; HBM 送 A
ADDC	A, R4	; R4+HBM+CY 之和送 RES3
MOV	@R1, A	; RES3 存入 addr4 中
MOV	A, R2	
MOV	@R0, A	; RES1 存入 addr2 中
DEC	R1	; 指向 addr3
MOV	A, R3	
MOV	@R1, A	; RES2 存入 addr3 中
POP	B	; B、A、PSW 出栈
POP	ACC	
POP	PSW	
...		

本程序介绍的方法很容易推广到更多字节的乘法运算中。对于带符号数的乘法，其原则为：原码相乘，乘积的符号位为被乘数符号位与乘数符号位的"异或"。

例：双字节无符号数除法。

除法指令 DIV AB 是条单字节除法，对于多字节无符号数的除法，可以依照"移位相减"的基本方法来进行。除法运算是按位进行的，每一位是一个循环，每个循环中做三件事，一是被除数左移一位，二是余数减除数，最后根据是否够减来置商位为 1 或 0。对于 16 位的被除数，要循环 16 次才能完成除法运算。若除数为零，则除法无法进行，这时置溢出标志为 1。

对于被除数的移位，最简单的办法是把被除数向余数单元左移，把被除数左移后空出的低位存放商数，当除法完成后，被除数已全部移到余数单元并逐次被减而得到余数，而被除数单元中内容已成为商数。

对相关内存单元做以下分配，即：

(R7)(高字节)(R6)——程序执行前为被除数，执行后为最终商数；

(R5)(高字节)(R4)——存除数；

(R3)(高字节)(R2)——存放每次相除后的余数，程序执行后为最终余数；

(R1)——循环次数计数器(被除数的位数)；

F0——溢出标志。

双字节无符号数除法程序段如下：

```
        CLR    F0              ; 清溢出标志
        MOV    A, R5
        JNZ    ZERO            ; 除数不为零, 转
        MOV    A, R4
        JZ     OVER            ; 除数为零, 转溢出处理
ZERO:   CLR    A               ; 余数单元清 0
        MOV    R2, A
        MOV    R3, A
        MOV    A, R7
        JNZ    START           ; 被除数高字节不为零, 开始除法运算
        MOV    A, R6
        JNZ    START           ; 被除数高字节为零, 低位字节不为零, 开始除法运算
        ...                    ; 被除数为零, 则商和余数均为零, 结束
START:  MOV    R1, #10H        ; 设循环计数器
LOOP:   CLRC                   ; 进行一位除法运算
        MOV    A, R6           ; 被除数左移一位
        RLC    A
        MOV    R6, A
        MOV    A, R7
        RLC    A
        MOV    R7, A
        MOV    A, R2           ; 移出的被除数高位移入余数单元
        RLC    A
        MOV    R2, A
        MOV    A, R3
        RLC    A
        MOV    R3, A
        MOV    A, R2           ; 余数低字节减除数低字节
        SUBB   A, R4
        MOV    R0, A
        MOV    A, R3           ; 再比较余数与除数的高字节
        SUBB   A, R5
        JC     NEXT            ; 余数小于除数, 则继续下一位除法
        MOV    A, #01H         ; 余数大于除数, 则商最低位置 1
```

```
        ORL         A, R6
        MOV         R6, A
        MOV         A, R0
        MOV         R2, A
        AJMP        NEXT1
NEXT:   MOV         A, #0FEH        ; 余数小于除数, 则商最低位置 0
        ANL         A, R6
        MOV         R6, A
NEXT1:  DJNZ        R1, LOOP        ; 16 次循环未结束, 则继续
        ...
OVER:   SETB        F0              ; 除数为零, 溢出标志为 1
        ...
```

例: 查表。

线性表可以有不同的存储结构, 而最简单最常用的是用一组连续的存储单元顺序存储线性表的各个元素, 这种方法称为线性表的顺序分配。

而实际应用场合会接触到许多非线性的参数, 如在自动检测系统或智能仪器仪表中, 其误差往往难以从理论上建立准确的误差模型, 用硬件来修正很难实现或代价很高, 这时可以通过软件校准的方法, 只要测试出系统的输入所对应的输出值, 然后将系统的输入、输出数据列成校准表格, 通过查表方法将复杂的非线性变成简单的查表。

另外, 对于虽然可以通过建立数学模型来用软件编程实现的一些运算, 如求平方数、开根号等, 但由于 8 位机的局限, 编程相当麻烦, 这时可在程序存储器中存入平方表、开根号表等, 采用查表方式, 可以很方便地求得结果。

查表就是根据变量 x, 在表格中查找对应的 y 值, 使 $y=f(x)$。y 与 x 的对应关系可有各种形式, 而表格也可有各种结构。

一般表格常量设置在程序存储器的某一区域内。在 80C51 指令集中, 设有两条查表指令:

```
MOVC        A, @A+DPTR        ; 远程查表
MOVC        A, @A+PC          ; 近程查表
```

设有一个巡回检测报警装置, 需对四路输入进行控制, 每路设有一个最大额定值, 为双字节数。控制时需根据检测的路号找出该路对应的最大额定值。设 R2 用于寄存检测路号, 查找到的对应的最大额定值存放于片内数据存储器 31H 和 32H 单元中。查找最大允许额定值程序如下:

地址	机器码	源程序		注释
		ORG	2000H	
2000	EA	MOV	A, R2	; 检测路号送 A
2001	2A	ADD	A, R2	; 检测路号×2
2002	F531	MOV	31H, A	; 距表首址偏移量
2004	2419	ADD	A, #19H	; 偏移量
2006	83	MOVC	A, @A+PC	; 查表, 读取第一个字节内容

2007	C531	XCH	A, 31H	; 第一个字节存入 31H 单元
2009	2415	ADD	A, #15H	; 偏移量
200B	83	MOVC	A, @A+PC	; 查表, 读取第二个字节
200C	F532	MOV	32H, A	; 第二个字节存入 32H 单元
200E	…			
		ORG	2020H	; 最大额定值表
2020	1230	TAB: DW	1230H	; 路号 0
2022	1540	DW	1540H	; 路号 1
2024	2340	DW	2340H	; 路号 2
2026	2430	DW	2430H	; 路号 3
		END		

说明：两个偏移量（19H、15H）分别为当前 PC 地址（查表指令地址+1）与表首址和（表首址+1）之间的偏差，要通过计算得出。

rel 计算：$2020H-(2006H+1)=19H$

$(2020H+1)-(200BH+1)=15H$

例：查表。

设数据表中有 1024 个元素，每个元素为 2 字节，则表格总长为 2048 字节。现按 R4 和 R5 的内容从表格中查出对应的数据元素值，送存 R4 和 R5 中。其程序如下：

```
TBDP1: MOV    DPTR, #TBDP2      ; 表格首地址值送 DPTR
       MOV    A, R5             ; 查表参数低位字节送 A
       CLR    C                 ; 清 CY
       RLC    A                 ; 带进位左移一位
       XCH    A, R4             ; 将查表参数 R4 内容送 A
       RLC    A                 ; 带进位左移一位
       XCH    A, R4             ; R4 与 R5 内容互换
       ADD    A, DPL            ; (DPL)＋查表参数低位字节
       MOV    DPL, A            ; 调整 DPL、DPH
       MOV    A, DPH            ; DPH 送 A
       ADDC   A, R4             ; (DPH)＋查表参数高位字节
       MOV    DPH, A            ; 相加和存 DPH
       CLR    A                 ; 清 A
       MOVC   A, @A＋DPTR       ; 查表, 读第一个字节
       MOV    R4, A             ; 第一个字节存入 R4
       CLR    A                 ; 清 A
       INC    DPTR              ; (DPTR)＋1
       MOVC   A, @A＋DPTR       ; 查表, 读第二个字节
       MOV    R5, A             ; 第二个字节存入 R5
       RET                      ; 返回
TBDP2: DW     …                 ; 数据表
```

例.查表

DW …

4.2.2 分支结构程序设计

分支结构程序的主要特点是程序执行流程中必然包含有条件判断。符合条件要求和不符合条件要求分别有不同的处理路径。编程的主要方法和技术是合理选用具有逻辑判断功能的指令。在程序设计时，往往借助程序框图(判断框)来指明程序的走向。

一般情况下，每个分支均需单独一段程序，在程序的起始地址赋予一个地址标号，以便当条件满足时转向指定地址单元去执行，条件不满足时则顺序往下执行。

80C51 的条件判跳指令极其丰富，功能极强，特别是位处理判跳指令，对复杂问题的编程提供了极大方便。程序中每增加一条条件判跳指令，就应增加一条分支。

分支结构程序的形式，有单分支结构和多分支结构两种。

1. 单分支结构

当程序仅有两个出口，两者选一，称为单分支结构。通常用条件判跳指令来选择并转移。在 80C51 指令系统中，可实现单分支程序转移的指令有位条件转移指令，如 JC、JNC、JB、JNB 和 JBC 等，还有一些条件转移指令，如 JZ、JNZ、DJNZ 等。

这类单分支结构程序有三种典型的形式，其结构示意图如图 4-2 所示。

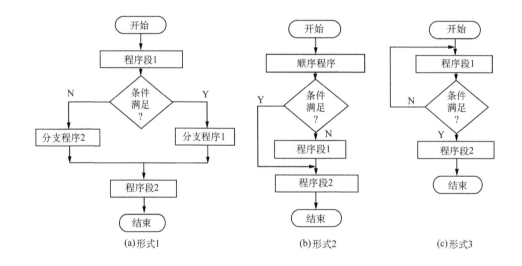

图 4-2   单分支结构示意图

形式 1 如图 4-2(a)所示，当条件满足时执行分支程序 1，否则执行分支程序 2。

形式 2 如图 4-2(b)所示，当条件满足时跳过程序段 1，从程序段 2 开始继续顺序执行；否则，顺序执行程序段 1 和程序段 2。

形式 3 如图 4-2(c)所示，当条件满足时程序顺序执行程序段 2；否则，重复执行程序段 1，直到条件满足。以程序段 1 重复执行的次数或某个参数作为判跳条件，当重复次数或参数值达到条件满足时，停止重复，程序顺序往下执行。这是分支结构的一种特殊情况，实际是循环结构程序。

当条件不满足，不是转向程序段 1 的起始地址，重复执行程序段 1，而是转向判跳指令本身。这种方式常用于状态检测。例如：

```
LOOP: JB        P1.1, LOOP              ;当 P1.1 引脚电平为"1"时，等待
```

由于条件判跳指令均属相对寻址方式，其相对偏移量 rel 是个带符号的 8 位二进制数，常以补码形式出现，可正可负，其寻址范围为 +127～−128 字节单元，因此，它可向高地址方向转移，也可向低地址方向转移，应用时应特别注意。这对实时系统的应用带来很大方便。

例：求双字节补码。

设对 addr1，addr1+1 的双字节数取补后存入 addr2 和 (addr2+1) 单元中，其中高位字节在高地址单元中。8 位微机对双字节数取补需分二次进行。首先对低字节数取补，然后判其结果是否为全 0。若为 0，则高字节数取补；否则，高位字节数取反。双字节数取补程序段如下：

```
START: MOV     R0, #addr1              ; 原码低字节地址送 R0
       MOV     R1, #addr2              ; 补码低字节地址送 R1
       MOV     A, @R0                  ; 原码低字节内容送 A
       CPL     A
       INC     A                      ; A 内容取反加 1, 即取补
       MOV     @R1, A                 ; 低字节补码存 addr2 单元
       INC     R0                     ; 指向原码高字节
       INC     R1                     ; 指向补码高字节
       JZ      LOOP1                  ; 当 (A) = 0 转 LOOP1
       MOV     A, @R0                 ; 原码高字节送 A
       CPL     A                      ; 高字节内容取反
       MOV     @R1, A                 ; 字节反码存 (addr2+1) 单元
       SJMP    LOOP2                  ; 转 LOOP2, 结束
LOOP1: MOV     A, @R0                 ; 低字节补码为 0
       CPL     A                      ; 对高字节数取补
       INC     A
       MOV     @R1, A                 ; 高字节补码存 (addr2+1) 单元
LOOP2: …
       END                            ; 结束
```

上述程序采用判 0 指令 JZ 进行分支的选择。

例：试编写计算下式的程序。

$$Y=a^2+b \ (当 b \geqslant 10 \ 时)$$
$$Y=a^2-b \ (当 b < 10 \ 时)$$

```
       ORG     0000H
START: MOV     A, #a
       MOV     B, A
       MUL     AB                     ; (B)(A) = a²
```

MOV	R0, A	; (R1) (R0) — a²
MOV	R1, B	
MOV	A, #b	
CJNE	A, #0AH, MMN	; b≠10 则转移
MM: ADD	A, R0	; b≥10, a²+b=Y
MOV	R0, A	
MOV	A, #00H	
ADDC	A, R1	
MOV	R1, A	
SJMP	MMNN	
MMN: JNC	MM	; 无借位(即 b>10)转 MM
MOV	R3, A	; (R3)←b
MOV	A, R0	
CLR	C	
SUBB	A, R3	; (R1) (R0)←a²−b
MOV	R0, A	
MOV	A, R1	
SUBB	A, #00H	
MOV	R1, A	
MMNN: MOV	Y0, R0	; (Y1) (Y0)←结果
MOV	Y1, R1	
HERE: AJMP	HERE	
END		

注：Y1、Y0 需用位定义伪指令赋值。

2. 多分支选择结构

当程序的判别部分有两个以上的出口流向时，称为多分支结构。

一般微机要实现多分支选择需由几个两分支判别进行组合来实现。这不仅复杂，执行速度慢，而且分支数有一定限制。80C51 的多分支选择指令给这类应用提供了方便。

多分支结构通常有两种形式，参见图 4-3。形式 1 如图 4-3(a)所示，如散转程序结构。形式 2 如图 4-3(b)所示，多一条条件转移指令即多一个分支。

分支结构程序允许嵌套，即一个程序的分支又由另一个分支程序所组成，从而形成多级分支程序结构。汇编语言本身并不限制这种嵌套的层次数，但过多的嵌套层次将使程序的结构变得复杂和臃肿，以致造成逻辑上的混乱，应尽力避免。

80C51 设有两条多分支选择指令：

（1）散转指令 **JMP　@A＋DPTR**

散转指令由数据指针 DPTR 决定多分支转移程序的首地址，由累加器 A 中内容动态地选择对应的分支程序。因此，可从多达 256 个分支中选一。

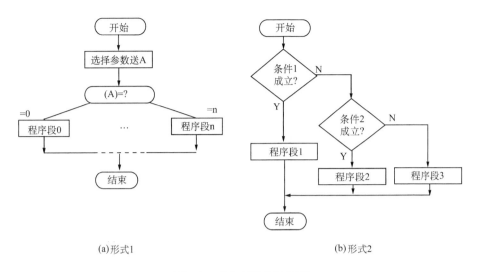

(a)形式1   (b)形式2

图 4-3 多分支结构示意图

(2)比较指令 **CJNE   A, direct, rel**(共有 4 条)

比较两个数的大小，必然存在大于、等于、小于三种情况，这时就需从三个分支中选一。另外，还可以使用查地址表的办法、查转移指令表的办法或通过堆栈来实现多分支程序转移。

例：通过堆栈操作实现分支程序转移。

设分支转移序号在 R3 中，分支程序入口地址放在 BRTAB 表中。

```
        MOV     DPTR, #BRTAB    ; 分支入口地址表首地址
        MOV     A, R3
        RL      A               ; 分支转移序号×2
        MOV     R1, A
        INC     A               ; 取低位地址
        MOVC    A, @A+DPTR
        PUSH    A               ; 低位地址入栈
        MOV     A, R1
        MOVC    A, @A+DPTR      ; 取高位地址,并入栈
        PUSH    A
        RET                     ; 分支入口地址出栈送入 PC
BRTAB:  DW      BR0, BR1, BR2…  ; 分支程序入口地址表
```

注：RET 指令与两条 PUSH 指令配对，压栈时先"低字节"后"高字节"。而 DW 伪指令在字节存放时，先"高字节"后"低字节"。

例：通过查转移指令表实现多分支程序转移。

由 40H 单元中动态运行结果值来选择分支程序：

(40H)＝0，转处理程序 0

(40H)＝1，转处理程序 1

…

（40H）＝n，转处理程序 n

其程序段如下：

```
START: MOV    DPTR, #ADDR16        ; 多分支转移指令表首址送 DPTR
       MOV    A, 40H               ; 40H 单元内容送 A
       CLR    C                    ; 清 CY 位
       RLC    A                    ; A 内容左移一位
       JNC    TABLE                ; 若 CY＝0 转 TABEL
       INC    DPH                  ; 若 CY＝1, DPH 内容+1
TABEL: JMP    @A+DPTR              ; 多分支转移
ADDR16: AJMP  LOOP0                ; 转分支程序 0
       AJMP   LOOP1                ; 转分支程序 1
       ...
       AJMP   LOOPn                ; 转分支程序 n
       END
```

由于选用绝对转移指令 AJMP，每条指令占用 2 字节，因此，要求 A 中内容为偶数，在程序中将选择参量（A 中内容）左移一位。如果最高位为 1，则将它加到 DPH 中，这样分支量可在 0～255 中选一。

根据 AJMP 指令的转移范围，要求分支程序段和各处理程序入口均位于 2KB 范围内。如果要求不受此限制，可选用长跳转指令 LJMP，但它需占用 3 字节，因此，在程序上需作一定的修改。修改后的程序段如下：

```
START: MOV    DPTR, #ADDR16        ; 分支程序段首址送 DPTR
       MOV    A, 40H               ; 选择参量送 A
       MOV    B, #03H              ; 乘数 3 送入 B
       MUL    AB                   ; 参量×3
       MOV    R7, A                ; 乘积低八位暂存 R7 中
       MOV    A, B                 ; 乘积高八位送 A
       ADD    A, DPH               ; 乘积高八位加到 DPH 中
       MOV    DPH, A
       MOV    A, R7
       JMP    @A+DPTR              ; 多分支选择
ADDR16: LJMP  LOOP0                ; 转分支程序 0
       LJMP   LOOP1                ; 转分支程序 1
       ...
       LJMP   LOOPn                ; 转分支程序 n
```

这样，分支处理程序可位于 64KB 范围内的任何区域。

例：对从 P1 口输入的 100 个 0～9 的数进行概率统计。统计的数值分别存入 20H～29H 中。

```
       CLR    A                    ; 0～9 统计数值结果单元 20H～29H 清零
       MOV    R0, #10
```

```
        MOV         R1, #20H
LP: MOV             @R1, A
        INC         R1
        DJNZ        R0, LP
        MOV         R0, #100        ; 设 100 个数的计数器
READ: MOV           A, P1           ; 读入 P1
CHK0: CJNE          A, #0, CHK1     ; 比较, 不为 0, 继续比较
        INC         20H             ; 是 0, 则 0 计数单元加 1
        SJMP        END0            ; 是否全部统计完
CHK1: CJNE          A, #1, CHK2
        INC         21H             ; 是 1, 则 1 计数单元加 1
        SJMP        END0
CHK2: CJNE          A, #2, CHK3
        INC         22H             ; 是 2, 则 2 计数单元加 1
        SJMP        END0
CHK3: CJNE          A, #3, CHK4
        INC         23H             ; 是 3, 则 3 计数单元加 1
        SJMP        END0
CHK4: CJNE          A, #4, CHK5
        INC         24H             ; 是 4, 则 4 计数单元加 1
        SJMP        END0
CHK5: CJNE          A, #5, CHK6
        INC         25H             ; 是 5, 则 5 计数单元加 1
        SJMP        END0
CHK6: CJNE          A, #6, CHK7
        INC         26H             ; 是 6, 则 6 计数单元加 1
        SJMP        END0
CHK7: CJNE          A, #7, CHK8
        INC         27H             ; 是 7, 则 7 计数单元加 1
        SJMP        END0
CHK8: CJNE          A, #8, CHK9
        INC         28H             ; 是 8, 则 8 计数单元加 1
        SJMP        END0
CHK9: CJNE          A, #9, ERR
        INC         29H             ; 是 9, 则 9 计数单元加 1
END0: DJNZ          R0, READ        ; 判是否全部统计完
HERE: SJMP          HERE
ERR:  …                             ; 非 0~9, 出错
```

例.概率
统计

从上可见, CJNE 是一条功能极强的比较指令。它可指出两个无符号数的大小及是否相

等。通过寄存器和直接寻址方式，可派生出很多条比较指令，它属于相对转移。

4.2.3　循环结构程序设计

循环是强制 **CPU** 重复多次地执行一串指令的基本程序结构。从本质上看，循环程序结构只是分支程序中的一个特殊形式而已，但却是一种很常用的程序设计结构。计数循环结构示意图如图 4-4 所示，条件循环结构示意图如图 4-5 所示。

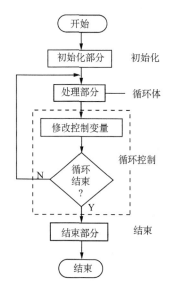

图 4-4　计数循环结构示意图

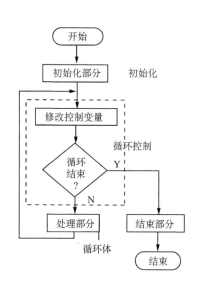

图 4-5　条件循环结构示意图

1. 循环程序的四个部分

(1)循环初始化

在进入循环程序体之前所必要的准备工作：需给用于循环过程的工作单元设置初值，如循环控制计数初值的设置、地址指针的起始地址的设置、为变量预置初值等，有些情况下还要进行现场保护。

(2)循环体

这是循环结构程序的核心部分，完成实际的处理工作，是需反复执行的部分。这部分的程序内容，取决于实际需处理问题的本身。

(3)循环控制

这是控制循环程序的循环与结束部分，通过循环变量和结束条件进行控制。在重复执行循环体的过程中，不断修改循环变量，直到符合结束条件，就结束循环程序的执行。在循环过程中，除不断修改循环变量外，还需修改地址指针等有关参数。

循环控制部分的实现方法主要有循环计数控制法和条件控制法。

- 循环次数不确定的情况：如当计算结果达到给定的精度要求或找到某一个给定值或某个特定标志(如故障标志)时，满足条件就结束循环，采用条件控制法。
- 循环次数已知的情况：如传送 100 个数，循环次数设为 100，采用计数控制法。

(4)结束部分

对循环程序执行的结果进行分析、处理和存放。有些情况下需恢复现场。

图 4-4 是计数循环结构形式。由图 4-4 可见，主机对循环程序的初始化和结束部分均只执行一次，而对循环体和循环控制部分则常需重复执行多次，不管条件如何，它至少执行一次循环体。当循环计数回 0 时，结束循环。循环体和循环控制这两部分是循环程序的主体，是循环程序设计的重点。

图 4-5 是条件循环结构形式。条件循环先检查控制条件是否成立，决定循环程序是否执行。若循环结束条件一开始就已成立，则循环体可能一次也不执行。这是两种不同结构的本质区别。

2. 计数控制循环结构

计数循环程序的特点是循环次数已知，必须在初始化部分设定计数的初值，循环控制部分依据计数器的值决定循环次数。一般均设置为减 1 计数器，每循环一次自动减 1，直到回 0 时结束循环。

80C51 设有功能强的循环转移指令：

| DJNZ | Rn, rel | ;以工作寄存器作控制计数器 |
| DJNZ | direct, rel | ;以直接寻址单元作控制计数器 |

这两条基本指令可派生出很多条不同控制计数器的循环转移指令，大大扩充了应用范围和多重循环层次。

循环程序在实际应用程序设计中应用极广。

例：软件延时。

有些情况可以不采用单片微机内的定时器/计数器作定时，而是采用软件延时的办法，执行一段循环程序，而循环程序执行的时间即为延时时间。延时子程序如下：

```
DELAY: MOV    R2 #data        ;预置计数循环控制常数
DELAY1: DJNZ   R2, DELAY1      ;当(R2)≠0,转向本身
        RET                    ;当(R2)=0,子程序返回
```

根据 R2 的不同初值可实现 4～514 个机器周期的延时(第一条为单周期指令，第二条为双周期指令)。

通过软件可以实现任意的延时要求，但是以牺牲 CPU 的工作为代价，一般很少采用。

3. 条件控制循环结构

根据控制循环结束的条件，决定是否继续循环程序的执行。所谓的结束条件可以是搜索到某个参数(如回车符"CR")，也可以是发生的某种变化(如故障引起电路电平变化)等，什么时候结束循环是不可预知的。一般常用比较转移指令或条件判跳指令进行控制和实现。

例：把内部数据存储器中起始地址为 DATA 的数据串传送到外部数据存储器以 BUFFER 为首地址的区域，直到发现"$"字符的 ASCII 码，数据串的最大长度在内部数据存储器 20H 中。源程序段如下：

例.条件控制循环

```
        ORG    0000H
        MOV    R0,#DATA        ;内部数据存储器区首地址
        MOV    DPTR, #BUFFER   ;外部数据存储器区首地址
LOOP: MOV    A, @R0           ;从内部数据存储器中取数据
        CJNE   A, #24HLOOP2     ;判是否为"$"符($的 ASCII 码是 24H)
```

```
        SJMP        LOOP1              ; 是 "$" 符, 则结束
LOOP2:  MOV         A, @R0             ; 不是 "$" 符, 则传送
        MOVX        @DPTR, A
        INC         R0
        INC         DPTR
        DJNZ        20H,LOOP           ; 数据串未查完, 继续
LOOP1:  …                             ; 传送结束
```

注：本例中循环控制条件有两个，第一个是条件循环控制，以找到 ASCII 码 "$" 符为循环结束条件，这是主要的结构；第二个是计数循环结构，若找不到 ASCII 码 "$" 符，则由数据串的最大长度作为计数循环控制条件。

4. 循环嵌套结构

循环嵌套就是在循环内套循环的结构形式，也称多重循环。

循环的执行过程是从内向外逐层展开的。内层执行完全部循环后，外层则完成一次循环，逐次类推。层次必须分明，层次之间不能有交叉，否则将产生错误。

例：多字节二进制整数转换成 BCD 码。

设二进制数低字节地址指针为 R0，二进制数长度指针为 R7，BCD 码低字节地址指针为 R1。

设计方法：将二进制数从高位开始逐次移入结果寄存器(从最低位开始移入)。

程序段如下：

```
START: PUSH        PSW                ; 保护现场
        PUSH        ACC
        PUSH        B
        MOV         A, R0              ; 将 R0, R1 内容暂存于 R5, R6 中
        MOV         R5, A
        MOV         A, R1
        MOV         R6, A
        MOV         A, R7              ; 二进制数的字节数加 1 后暂存 R3 中
        INC         A
        MOV         R3, A
        CLR         A                  ; 清 A
LOOP1:  MOV         @R1, A             ; 存放 BCD 码的单元清 0
        INC         R1
        DJNZ        R3, LOOP1
        MOV         A, R7              ; 求二进制数的总长(位数)存 R3 中
        MOV         B, #08H
        MUL         AB
        MOV         R3, A
LOOP2:  MOV         A, R5
        MOV         R0, A
```

```
        MOV         A, R7
        MOV         R2, A
LOOP3:  MOV         A, @R0          ; 二进制数左移一位后存入原单元
        RLC         A
        MOV         @R0, A
        INC         R0              ; 指向下一单元
        DJNZ        R2, LOOP3       ; 未全部移位完, 则转 LOOP3
        MOV         A, R6
        MOV         R1, A
        MOV         A, R7           ; 字节数送 R2, 并加 1
        MOV         R2, A
        INC         R2
LOOP4:  MOV         A, @R1          ; 结果单元内容×2＋CY, 进行调整后存入原单元
        ADDC        A, @R1
        DA          A
        MOV         @R1, A
        INC         R1
        DJNZ        R2, LOOP4       ; 按字节相加未完, 转 LOOP4
        DJNZ        R3, LOOP2       ; 全部处理完了吗?
        POP         B               ; 出栈, 恢复原单元的内容
        POP         A
        POP         PSW
        END                         ; 结束
```

4.2.4　子程序设计

1. 子程序及其调用

子程序是一段由专门的子程序调用指令 CALL 调用而以子程序返回指令 RET 结束的程序段。在编制应用程序时, 往往将那些需多次应用的、但完成的运算或操作相同的程序段, 编制成一个子程序, 并尽量使其标准化, 存放于某存储区域。调用子程序的程序称为主程序或调用程序。

在 80C51 指令集中, 为了尽可能地节省存储空间, 设有如下的指令。

1) 绝对调用指令: ACALL　addr11。这是一条双字节指令, 它提供 PC 低 11 位调用目标地址, PC 高 5 位地址不变。这意味着被调用的子程序首地址距调用指令的距离在 2KB 范围内。

2) 长调用指令: LCALL　addr16。这是一条三字节指令, 它提供 16 位目标地址码。因此, 子程序可设置在 64 KB 的任何存储器区域。

调用指令自动将断点地址(当前 PC 值)压入堆栈保护, 以便于程序执行完毕, 正确返回源程序, 从断点处继续往下执行。

3) 返回指令: RET。设置在子程序的末尾, 表示子程序执行完毕。它的功能是自动将断点地址从堆栈弹出送 PC, 从而实现程序返回源程序断点处继续往下执行。

子程序的第一条指令地址，通常称为子程序首地址或入口地址，往往采用标号（可用助记符）加以表示，调用（转子）指令的下一条指令地址，通常称为返回地址或断点。

子程序与主程序之间的关系如图 4-6 所示，主程序两次调用子程序。第一次调用是当主程序执行到 ACALL addr 指令时，将(nnnnH＋2)的断点地址进栈保护，而将 addr 地址的低 11 位(addr0～addr10)送 PC，addr11～15 位不变。这样，程序就转向以标号地址 addr 为入口的子程序去执行。当子程序执行到 RET 返回指令时，自动将(nnnnH＋2)的断点地址弹出送 PC，从而实现程序返回断点处继续往下执行。

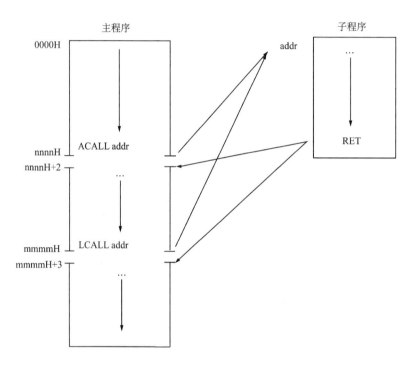

图 4-6 子程序调用与返回过程示意图

当程序执行到第二条调用指令 LCALL addr 时，自动将 PC 中的(mmmmH＋3)断点地址进栈保护，然后再将标号地址 addr(16 位子程序入口地址)送 PC，从而使程序转向以 addr 为入口的子程序去执行。当程序执行到 RET 返回指令时，自动将断点地址(mmmmH＋3)弹出送 PC，从而使程序返回原断点继续往下执行。

这里子程序的入口地址为 addr。在某些情况下可以为多个：addr1，addr2，…，根据具体要求转入不同的入口。

在子程序的执行过程中，可能出现在子程序中再次调用其他子程序的情况。像这种子程序调用子程序的现象通常称为子程序嵌套。主程序执行时，调用子程序 1，子程序 1 执行过程中又调用子程序 2，子程序 2 执行时还可再调用子程序 3，即一级一级地调用。当子程序执行完后返回时也是一级一级地返回，即子程序 3 执行完后返回到子程序 2 断点地址，子程序 2 执行完后返回到子程序 1 断点地址，最后由子程序 1 返回到主程序断点地址。为了不在子程序返回时造成混乱，必须处理好子程序调用与返回之间的关系，在子程序中处理好有关信息的保护和交换工作，特别是堆栈指针 SP 和堆栈内容。

　　为了能够正确地使用子程序，并在子程序执行完返回到主程序后又能正确地工作，在编写子程序时需要注意以下几点。

　　(1) 子程序入口条件

　　在调用子程序之前，必须先将数据或参数送到主程序与子程序的某一共享存储单元或寄存器中，调用子程序后，子程序从共享存储单元或寄存器中取得数，在返回主程序之前，子程序还必须把计算结果送到共享存储单元或寄存器中。这样在返回主程序之后，主程序才可能从共享存储单元或寄存器中得到执行子程序后的结果。

　　(2) 保护现场与恢复现场

　　在调用子程序时，单片微机只是自动保护断点地址，但由调用程序转入子程序执行时，往往会破坏主程序或调用程序的有关寄存器(如工作寄存器和累加器等)的内容，也很可能破坏程序状态字 PSW 中的标志位，从而在子程序返回后引起出错。因此，必要时应将这些单元内容保护起来，即保护现场。对于 PSW、A、B 等可通过压栈指令进栈保护。工作寄存器采用选择不同工作寄存器组的方式来达到保护的目的。一般主程序选用工作寄存器组 0，而子程序选用工作寄存器的其他组。

　　当子程序执行完后，即返回主程序时，应先将上述内容送回到来时的寄存器中，后一过程称为恢复现场。对于 PSW、A、B 等内容可通过弹栈指令来恢复。

　　在编写子程序时，还应注意保护(压栈)和恢复(弹出)的顺序，即先压入者后弹出，否则将出错。

　　(3) 子程序的特性

　　对于通用子程序，为便于各种用户程序的选用，要求在子程序编制完成后提供一个说明文件，使用户只需阅读说明文件就能了解子程序的功能及应用。子程序说明文件一般包含如下内容。

　　1) 子程序名。标明子程序功能的名字。

　　2) 子程序功能。简要说明子程序能完成的主要功能。

　　3) 子程序入口条件和出口结果。说明当主程序或调用程序调用本子程序时应设置哪些参量，说明子程序执行结果及其存储单元。

　　4) 子程序所用的寄存器、存储单元、标志位等，提示主程序或调用程序是否需要在调用本子程序前对此进行保护。

　　5) 子程序嵌套。指明本子程序需调用哪些子程序。

　　有些复杂而庞大的子程序还需说明占用资源情况、程序算法及程序结构流程图等，随子程序功能的复杂程度不同，其说明文件的要求也各不相同。

　　2. 子程序举例

　　例：中值数字滤波子程序。

　　为了保证采集数据的稳定和不受干扰影响，除了采用硬件滤波电路外，还常常应用软件来进行数字滤波。中值数字滤波就是连续输入三个检测信号值，从中选择一个中间值为有效信号值。中值数字滤波流程图如图 4-7 所示。

　　入口条件：三次采集数据分别存储在内部数据存储器的 20H、21H 和 22H 中。

　　出口结果：中间值在 R0 寄存器中。

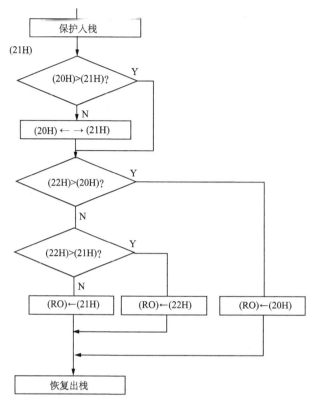

图 4-7 中值数字滤波流程图

使用资源：累加器 A、R0 及内存 20H、21H 和 22H。

	ORG	2100H	
FILLE:	PUSH	PSW	; PSW 及 ACC 保护入栈
	PUSH	ACC	
	MOV	A, 20H	; 取第一个数据 (20H)
	CLR	C	
	SUBB	A, 21H	; 与第二个数据 (21H) 比较
	JNC	LOB1	; 第一个数据 (20H) 比第二个数据 (21H) 大，转 LOB1
	MOV	A, 20H	; 第一个数据 (20H) 比第二个数据 (21H) 小，交换两个数
			; 的位置
	XCH	A, 21H	
	MOV	20H, A	; (20H)=两个数的较大数
LOB1:	MOV	A, 22H	; 取第三个数据 (22H)
	CLR	C	
	SUBB	A, 20H	; 第三个数据与前两个数据中的较大数比较
	JNC	LOB3	; 第三个数据大于前两个数据中的较大数，转 LOB3
	MOV	A, 22H	; 取第三个数据
	CLR	C	

```
        SUBB      A, 21H        ; 第三个数据与前两个数据中的较小数比较
        JNC       LOB4          ; 第三个数据大于前两个数据中的较小数, 转 LOB4
        MOV       A, 21H        ; 第三个数据小于前两个数据中的较小数, (21H)=中值
LOB2:   MOV       R0, A         ; 出口, (R0)=中值
        POP       ACC           ; 恢复 ACC 和 PSW
        POP       PSW
        RET
LOB3:   MOV       A,20H         ; (20H)=中值
        AJMP      LOB2
LOB4:   MOV       A,22H         ; (22H)=中值
        AJMP      LOB2
```

例: 码制转换。

把外部数据存储器 30H~3FH 共 16 个单元中的 ASCII 码依次转换为十六进制数, 并拼装压缩存入内部数据存储器 60H~67H 共 8 个单元中。

```
        ORG       0000H
ASCTOH: MOV       R0, #30H      ; 设 ASCII 码地址指针
        MOV       R1, #60H      ; 设十六进制数地址指针
        MOV       R7, #08H      ; 拼装的十六进制数字节个数
AB:     ACALL     TRAN          ; 调用转换子程序
        SWAP      A             ; 存转换后十六进制数字节高 4 位
        MOVX      @R1, A
        INC       R0
        ACALL     TRAN          ; 调用转换子程序
        XCHD      A, @R1        ; 存转换后十六进制数字节低 4 位
        INC       R0            ; 修正地址
        INC       R1
        DJNZ      R7, AB        ; 拼装的十六进制数字节个数未到, 则继续
HALT:   SJMP      HALT
        ORG       2100H
TRAN:   CLR       C             ; ASCII 码数转换为十六进制数子程序
        MOVX      A, @R0
        SUBB      A, #30H       ; 欲转换的 ASCII 码数减 30H
        CJNE      A, #0AH, BB
        AJMP      BC
BB:     JC        DONE
BC:     SUBB      A, #07H       ; 欲转换的 ASCII 码数减 30H≥0AH, 则再减 07H
DONE:   RET                     ; 子程序返回
        END
```

注: ASCII 码即美国标准信息交换码, 低 7 位有效。十六进制数的 ASCII 码在 ASCII

码中分列在二段，即十六进制数 0～9 的 ASCII 码为 30H～39H；十六进制数 A～F 的 ASCII 码为 41H～46H。

转换算法——把欲转换的 ASCII 码数减 30H，若小于 0 则为非十六进制数，若为 0～9，即为转换结果。若≥0AH，则应再减 07H（"41H"–"A"）。若在 0AH～0FH 间，即为转换结果，若小于 0AH 或大于 0FH，均为非十六进制数。两个 4 位的十六进制数合并为一个 8 位的字节。

标号为 TRAN 的子程序实现 ASCII 码数转换为十六进制数，调用前应把欲转换的 ASCII 码数放在以 R0 间接寻址的单元中，转换结果在累加器 A 中。

子程序可列举很多，凡针对某一问题，均可编成写子程序形式。把子程序的参量设置、有关内容保护和返回部分删去，即可作为程序段引用于主程序中。

4.2.5 程序设计举例

1. 数据排序程序

数据的排序，其算法很多，常用的有插入排序法、冒泡排序法、快速排序法等。

冒泡法是一种相邻数互换的排序方法，其过程类似水中气泡上浮。执行时从前向后进行相邻数比较，若数据的大小次序与要求的顺序不符(逆序)，就将两数互换，正序时不交换，假定是升序排序，则通过这种相邻数互换方法，使小数向前移，大数向后移，为此从前向后进行一次冒泡(相邻数互换)，就会把最大数换到最后，再进行一次冒泡，就会把次大数排在倒数第二，直至冒泡结束。

假定原始数据为：5FH，38H，7H，13H，44H，D8H，22H

冒泡过程是：　5FH, 38H，7H，13H，44H，D8H，22H(逆序，则两数互换)

　　　　　　　38H，5FH, 7H，13H，44H，D8H，22H(逆序，则两数互换)

　　　　　　　38H，7H，5FH, 13H，44H，D8H，22H(逆序，则两数互换)

　　　　　　　38H，7H，13H，5FH, 44H，D8H，22H(逆序，则两数互换)

　　　　　　　38H，7H，13H，44H，5FH, D8H，22H(正序)

　　　　　　　38H，7H，13H，44H，5FH，D8H, 22H(逆序，则两数互换)

第一次冒泡结束：38H，7H，13H，44H，5FH，22H，D8H

第二次冒泡结束：7H，13H，38H，44H，22H，5FH，D8H

第三次冒泡结束：7H，13H，38H，22H，44H，5FH，D8H

第四次冒泡结束：7H，13H，22H，38H，44H，5FH，D8H

第五次冒泡结束：7H，13H，22H，38H，44H，5FH，D8H

说明：

1)每次冒泡都从前向后排定了一个大数(升序)，每次冒泡所需进行的比较次数都递减，如有 n 个数排序，则第一次冒泡需比较 $n-1$ 次，第二次冒泡则需比较 $n-2$ 次，依次类推，但实际编程中为了简化程序，往往把各次比较次数都固定为 $n-1$ 次。

2)对于 n 个数，理论上说应进行 $n-1$ 次冒泡才能完成排序，但实际上往往不到 $n-1$ 次就已排好序。判定排序是否完成的最简单方法是每次冒泡中是否有互换发生，如果有互换发生，说明排序还没完成，否则就表示已排好序，为此控制排序结束常不使用计数方法，而使用设置互换标志的方法，以其状态表示在一次冒泡中有无数据互换进行。

例：在一组测量数据中，挑选出大于标准 m 的数值作为合格的产品，而那些小于 m 的数值作为不合格产品，则被剔除掉。

设数据组为 X1, X2, …, X10 共 10 个。

			ORG	0000H	
0000H	C2 00	PX: CLR		00	; 设交换过标志
0002H	7B 09		MOV	R3, #09H	; 10 个数据比较，第一次比较两个数
					; 据，比较次数为 $n-1$ 次
0004H	78 50		MOV	R0, #50H	; 10 个单元无符号数存放首址
0006H	E6		MOV	A, @R0	
0007H	08	PX1: INC		R0	
0008H	F9		MOV	R1, A	
0009H	96		SUBB	A, @R0	; $D_X - D_{X+1}$
000AH	E9		MOV	A1, R1	
000BH	40 06		JC	PX2	; $D_X < D_{X+1}$ 则转 PX_2，不交换
000DH	D2 00		SETB	00H	; $D_X > D_{X+1}$，置交换标志位 20H.0=1
000FH	C6		XCH	A, @R0	; D_X 与 D_{X+1} 交换
0010H	18		DEC	R0	
0011H	C6		XCH	A, @R0	
0012H	08		INC	R0	
0013H	E6	PX2: MOV		A, @R0	; $A < D_{X+1}$
0014H	DB F1		DJNZ	R3, PX1	; 比较 9 次
0016H	20 00 E7		JB	00H, PX	; 有交换则再比较一遍
0019H	80 FE	END0: SJMP		END0	
			END		

执行结果：(50H) 中为最小数，(59H) 中为最大数。

2. 查找一组无符号数中最大值的程序

例：已知采样值为无符号数，存放在外部数据存储器的 1000H～100FH 中，试编程找出其中的最大值存入内部数据存储器区的 20H 中。

	ORG	0000H	
	MOV	R0, #10H	; 采样值数据区长度
	MOV	DPTR, #1000H	; 采样值存放首址
	MOV	20H, #00H	; 最大值单元初始值设为最小数
LP:	MOVX	A, @DPTR	; 取采样值
	CJNE	A, 20H, CHK	; 数值比较
	SJMP	LP1	; 两值相等，转移
CHK:	JCL	P1	; A 值小，转移
	MOV	20H, A	; A 值大，则送 20H
LP1:	INC	DPTR	
	DJNZ	R0, LP	; 继续

```
HERE:SJMP    HERE                    ；结束
```

注：**20H** 中始终存放两个数比较后的大值，比较结束后存放的即是最大值。

若要寻找最小值，只要在初始化时，把可能的最大值放入最小值存放单元，比较转移用的标志位由 C 改 NC 即可。

3. 数据搜索程序

在数据区中寻找关键字，称为数据搜索。常用的方法有两种，即顺序搜索和对分搜索。所谓顺序搜索就是把关键字与数据区中的数据逐个比较，相等者即为找到的关键字。所谓对分搜索是按对分原则进行取数与关键字比较，但前提是数据区中的数已排好序，这样搜索一次后，搜索的数据区范围缩小一半，搜索速度快。

例：已知数据区内有 **16** 个数，从内部数据存储器 **30H** 开始存放，要搜索的关键字在 **20H** 中，若数据区中搜索到关键字，则在 **21H** 中记录关键字在数据区中的序号；若数据区中没有搜索到关键字，则置用户标志 **F0** 为 1。

例.数据
搜索

```
            ORG      0000H
            MOV      R0, #30H          ；数据区首址
            MOV      R1, #16           ；数据区长度
            MOV      20H, #KEY         ；关键字送 20H 单元
            CLR      F0                ；清用户标志位
            MOV      21H, #01          ；序号置 1
LP: MOV     A, @R0                     ；取数
    CJNE     A, 20H, LP1               ；与关键字比较
HERE: SJMP  HERE                       ；找到关键字, 结束搜索
LP1: INC    21H                        ；未找到关键字, 序号加 1
     INC     R0                        ；数据区地址指针加 1
     DJNZ    R1, LP                    ；继续搜索
     SETB    F0                        ；搜索结束, 未搜索到关键字, 则置位用户标志
     SJMP    HERE
     END
```

本章主要介绍了四种程序结构形式和设计，中断服务程序的设计见第 5 章。这五种程序结构是程序设计的基础，通过它们的组合，可完成各种应用程序设计。

思考与练习

简答题

1. 简述下列基本概念：程序、程序设计、机器语言、汇编语言、高级语言。

2. 在单片微机领域，目前最广泛使用的是哪几种语言？有哪些优越性？这几种语言，单片微机能否直接执行？

3. 什么是结构化程序设计？它包含哪些基本结构程序？

4. 顺序结构程序的特点是什么？

5. 80C51 有哪些查表指令？它们有何本质区别？当表的长度超过 256 字节时应如何处

理？

6. 什么是分支结构程序？80C51 的哪些指令可用于分支结构程序编程？有哪些多分支转移指令？

7. 循环结构程序有何特点？80C51 的循环转移指令有何特点？什么是循环嵌套？编程时应注意些什么？

8. 什么是子程序？它的结构特点是什么？什么是子程序嵌套？

编程题

9. 试用顺序结构程序编写三字节无符号数的加法程序段，最高位进位存入用户标志 F0 中。

10. 请编写按序号 i 值查找 Di 的方法，设值 i 存放在 R7 中，将查找到的数据存放于片内数据存储器的 30H、31H 单元中，请画出程序流程图，编写查表程序段，加上必要的伪指令，并加以注释。

11. 根据运算结果给出的数据到指定的数据表中查找对应的数据字。

运算结果给出的数据在片内数据存储器的 40H 单元中，给出的数据大小为 00～0FH，数据表存放在 20H 开始的片内程序存储器中。查表所得数据字（为双字节、高位字节在后）高位字节存于 42H、低位字节存于 41H 单元。其对应关系为

给出数据：00　　　01　　　02　　…　　0DH　　0EH　　0FH

对应数据：00A0H　7DC2H　FF09H　…　3456H　89ABH　5678H

请编制查表程序段，加上必要的伪指令，并加以注释。

12. 由累加器 A 中的动态运行结果值进行选择分支程序，分支转移指令选用 LJMP，请编写散转程序段和画出程序流程图，加上必要的伪指令，并加以注释。

13. 请编写软件延时 1s 的程序段，已知主频为 6MHz，加上必要的伪指令，并加以注释。

14. 把长度为 10H 的字符串从内部数据存储器的输入缓冲区 inbuf 向设在外部数据存储器的输出缓冲区 outbuf 进行传送，一直进行到遇见回车字符"CR"结束传送或整个字符串传送完毕。加上必要的伪指令，并加以注释。

15. 内部数据存储器从 20H 单元开始存放一正数表，表中之数作无序排列，并以–1 作为结束标志。编程实现在表中找出最小正数，存入 10H。加上必要的伪指令，并加以注释。

16. 比较两个 ASCII 码字符串是否相等。字符串的长度在内部数据存储器的 20H 单元，第一个字符串的首地址在内部数据存储器 30H 中，第二个字符串的首地址在内部数据存储器 50H 中。如果两个字符串相等，则置用户标志 F0 为 0；否则置用户标志 F0 为 1。加上必要的伪指令，并加以注释。（注：每个 ASCII 码字符为一个字节，如 ASCII 码"A"表示为 41H。）

17. 已知经 A/D 转换后的温度值存在内部数据存储器 40H 中，设定温度值存在内部数据存储器 41H 中，要求编写控制程序，当测量的温度值 >(设定温度值+2℃)时，从 P1.0 引脚上输出低电平，当测量的温度值 <(设定温度值–2℃)时，从 P1.0 引脚上输出高电平，其他情况下，P1.0 引脚输出电平不变。（假设运算 C 标志不会被置 1。）加上必要的伪指令，并加以注释。

18. 从内部数据存储器的 31H 单元开始存放一组 8 位带符号数，字节个数在 30H 中。请编写程序统计出其中正数、零和负数的数目，并把统计结果分别存入 20H、21H 和 22H 三个单元中。加上必要的伪指令，并加以注释。

19. 两个 10 位的无符号十进制数，分别从内部数据存储器的 40H 和 50H 单元开始存放。编程计算两个数的和，并从内部数据存储器的 60H 单元开始存放。加上必要的伪指令，并加以注释。

20. 将外部数据存储器的 2040H 单元中的一个字节拆成两个 ASCII 码，分别存入内部数据存储器 40H 和 41H 单元中，试编写以子程序形式给出的转换程序，说明调用该子程序的入口条件和出口功能。加上必要的伪指令，并加以注释。

21. 根据 8100H 单元中的值 X，决定 P1 口引脚输出为

$$P1 = \begin{cases} 2X, & X>0 \\ 80H, & X=0 \quad (-128D \leqslant X \leqslant 63D) \\ X变反, & X<0 \end{cases}$$

22. 将 4000H 至 40FFH 中 256 个 ASCII 码加上奇校验后从 P1 口依次输出。（注：ASCII 码的有效位为 7 位，其最高位 D7 可与程序状态字 PSW 中的奇偶校验位 P 配合进行校验。）

23. 编写将十位十六进制数转换为 ASCII 码的程序。假定十六进制数存放在内部数据存储器的 20H 单元开始的区域中，转换得到的 ASCII 码存放在内部数据存储器 30H 单元开始的区域中。加上必要的伪指令，并加以注释。（注：十六进制数 0～9 所对应的 ASCII 码为 30H～39H，十六进制数 A～F 所对应的 ASCII 码为 41H～46H。）

24. 手工汇编下列程序。

```
        ORG     2000H
        MOV     R0,#30H      ; 数据区首址
        MOV     R1,#16       ; 数据区长度
        MOV     20H,#KEY     ; 关键字送20H单元
        CLR     F0           ; 清用户标志位
        MOV     21H,#01      ; 序号置1
LP: MOV     A,@R0            ; 取数
        CJNE    A,20H,LP1
HERE: SJMP    HERE           ; 找到关键字,结束
LP1: INC     21H            ; 未找到关键字,序号加1
        INC     R0           ; 数据区地址指针加1
        DJNZ    R1,LP        ; 继续搜索
        SETB    F0           ; 全部搜索完,未搜索到关键字,则置位用户标志
        SJMP    HERE
        END
```

25. 80C51 单片微机的 P1.7，P1.6，P1.5 的输出波形如第 25 题附图所示，输出波形 100 拍后停止，请编写源程序，并加以注释和加上必要的伪指令。

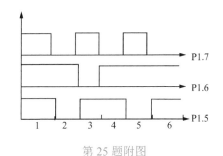

第 25 题附图

26. 编写查找一组无符号数中最小值的子程序，入口条件为：内部数据存储器 20H 和 21H 中存数据块的起始地址，22H 中存数据块的长度，查找得到的最小值存入 30H 中。

读程序

27. 读下列程序，并完成下面两个任务。

任务：(1)直接在源程序";"右侧对程序加以注释。

　　　(2)写出程序功能。

```
        ORG     0000H               ;
        SJMP    MAIN
        ORG     0030H
MAIN:   MOV     R2, #10H            ;
        MOV     R0, #00             ;
        MOV     R1, #10H            ;
LP:     MOV     A, @R1              ;
        CJNE    A, #50, LP1         ;
        INC     R0                  ;
LP1:    INC     R1                  ;
        DJNZ    R2, LP              ;
HERE:   SJMP    HERE
        END                         ;
```

28. 读下列程序，并完成下面两个任务。

任务：(1)直接在源程序";"右侧对程序加以注释。

　　　(2)写出程序功能。

```
        ORG     0000H
        SJMP    MAIN
        ORG     0030H
MAIN:   MOV     DPTR, #2000H        ;
        MOV     R1, #20H            ;
        MOV     R0, #50H            ;
        MOV     R2, #10             ;
        CLR     C
ADDA:   MOVX    A, @ DPTR           ;
```

```
ADDC      A, @R1           ;
MOV       @R0, A           ;
INC       R0               ;
INC       R1
INC       DPTR
DJNZ      R2, ADDA         ;
AJMP      $
END
```

第 5 章

80C51 单片微机的中断系统原理及应用

摘要：中断是个重要概念，需掌握中断的原理及应用编程。

中断概念的出现，是计算机系统结构设计中的重大变革。现代计算机中操作系统实现的管理调度，其物质基础就是丰富的中断功能和完善的中断系统。一个 CPU 资源要面向多个任务，出现资源竞争，而中断技术实质上是一种资源共享技术。单片微机的中断系统包括它的硬件和软件编程。本章介绍 80C51 单片微机中断系统的硬件及公共编程。在第 6 章介绍 80C51 定时器/计数器的中断应用，在第 7 章介绍 80C51 串行口的中断应用，在第 8 章中介绍外部中断的应用。

5.1 中断系统概述

5.1.1 单片微机的中断系统需要解决的问题

1. 中断系统的几个概念

（1）中断

程序执行过程中，允许外部或内部事件通过硬件打断程序的执行，使其转向为处理外部或内部事件的中断服务程序；完成中断服务程序后，CPU 继续原来被打断的程序，这样的过程称为中断响应过程，如图 5-1 所示。

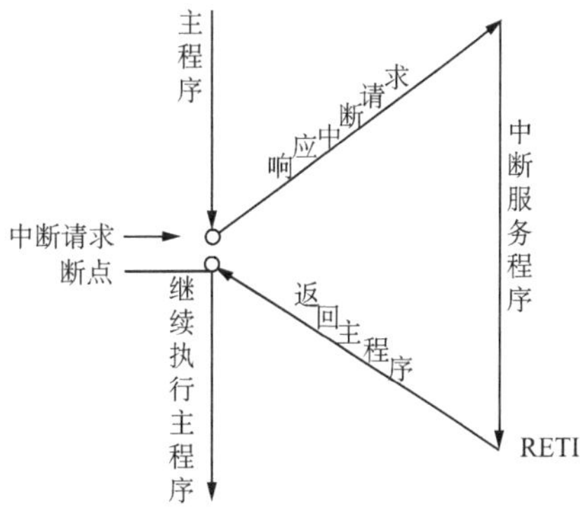

（2）中断源

能产生中断的外部和内部事件。

（3）中断优先级

当有几个中断源同时申请中断时，或者 CPU 正在处理某中断源服务程序时，又有另一中断源申请中断，那么 CPU 必须要区分哪个中断源更重要，从而确定优先去处理谁的能力，称为中断优先级。

（4）中断嵌套

优先级高的事件可以中断 CPU 正在处理的低级的中断服务程序，待完成了高级中断服务程序之后，再继续被打断的低级中断服务程序，这是中断嵌套。

图 5-1 中断响应过程

2. 单片微机的中断系统需要解决的问题

单片微机的中断系统需要解决的问题主要有三点。

1）当单片微机内部或外部有中断申请时，CPU 能及时响应中断，停下正在执行的任务，转去处理中断服务了程序，中断服务处理后能回到原断点处继续处理原先的任务。

2）当有多个中断源同时申请中断时，应能先响应优先级高的中断源，实现中断优先级的控制。

3）当低优先级中断源正在享用中断服务时，若这时优先级比它高的中断源也申请中断，则要求能停下低优先级中断源的服务程序转去执行更高优先级中断源的服务程序，实现中断嵌套，并能逐级正确返回原断点处。

5.1.2 中断的主要功能

1. 实现 CPU 与外部设备的速度配合

由于应用系统的许多外部设备速度较慢，与速度越来越快的 CPU 之间无法实现数据的同步交换，如打印机与单片微机的接口。这时可以通过中断的方法来协调快速 CPU 与慢速外部设备之间的工作。当 CPU 在执行程序过程中，若需要进行数据的输入或输出，则先启动外部设备，当外部设备为数据的输入或输出做好准备后，即向 CPU 发出中断信号，CPU 响应中断，停止当前程序的执行，转去为外部设备的数据输入或输出服务，中断服务结束后，CPU 返回断点处往下继续执行程序，而外部设备为下一次数据的传送做准备。

2. 实现实时控制

在单片微机中，依靠中断技术能实现实时控制。实时控制要求计算机能及时完成被控对象随机提出的分析和计算任务，以便使被控对象能保持在最佳工作状态，达到预定的控制要求。在自动控制系统中，要求各控制参量随机地在任何时刻可向计算机发出请求，CPU 必须做出快速响应、及时处理。

3. 实现故障的及时发现及处理

单片微机应用中由于外界的干扰、硬件或软件设计中存在问题等因素，在实际运行中会出现硬件故障、运算错误、程序运行故障等，有了中断技术，计算机就能及时发现故障并自动处理。

4. 实现人机联系

比如，通过键盘向单片微机发出中断请求，可以实时干预计算机的工作。

5.2 80C51 的中断系统结构

80C51 的中断系统包括中断源、中断允许寄存器（IE）、中断优先级寄存器（IP）、中断矢量等。在 80C51 中，只有两级中断优先级。80C51 的中断系统结构示意图如图 5-2 所示。

5.2.1 中断源

80C51 中有 5 个中断源，每一个中断源都能被程控为高优先级或低优先级。80C51 的 5 个中断源中包括 2 个外部中断源和 3 个内部中断源。2 个外部中断源为 $\overline{\text{INT0}}$ 和 $\overline{\text{INT1}}$，外部设备的中断请求信号、掉电等故障信号都可以从 $\overline{\text{INT0}}$ 或 $\overline{\text{INT1}}$ 引脚输入。3 个内部中断源为定时器/计数器 T0 和 T1 的定时/计数溢出中断源和串行口发送或接收中断源。80C51 的 5 个中断源可以分为三类。

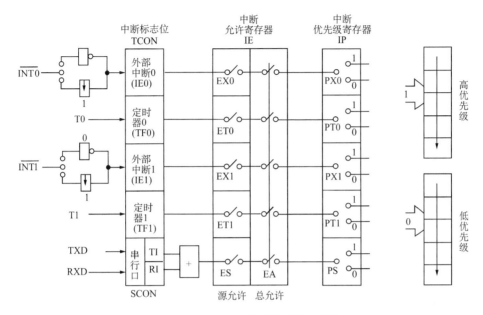

图 5-2　80C51 的中断系统结构示意图

1. 外部中断

外部中断是由外部信号引起的，共有两个外部中断，它们的中断请求信号分别从引脚 $\overline{INT0}$ (P3.2) 和 $\overline{INT1}$ (P3.3) 上引入。

外部中断请求有两种信号触发方式，即电平有效方式和跳变有效方式，可通过设置有关控制位进行定义。

当设定为电平有效方式时，若 $\overline{INT0}$ 或 $\overline{INT1}$ 引脚上采样到有效的低电平，则向 CPU 提出中断请求；当设定为跳变有效方式时，若 $\overline{INT0}$ 或 $\overline{INT1}$ 引脚上采样到有效负跳变，则向 CPU 提出中断请求。

(1) $\overline{INT0}$ (P3.2)：外部中断 0

当 IT0 (TCON.0) ＝0 时，低电平有效；当 IT0 (TCON.0)＝1 时，下降沿有效。

(2) $\overline{INT1}$ (P3.3)：外部中断 1

当 IT1 (TCON.2) ＝0 时，低电平有效；当 IT1 (TCON.2)＝1 时，下降沿有效。

2. 定时中断

定时中断是为满足定时或计数的需要而设置的。当计数器发生计数溢出时，表明设定的定时时间到或计数值已满，这时可以向 CPU 申请中断。由于定时器/计数器在单片微机芯片内部，所以定时中断属于内部中断。80C51 内部有两个定时器/计数器，所以定时中断有两个源。

(1) TF0 (P3.4)：定时器/计数器 T0 溢出中断

(2) TF1 (P3.5)：定时器/计数器 T1 溢出中断

3. 串行中断

串行中断是为串行数据传送的需要而设置的。每当串行口发送或接收一帧串行数据时，就产生一个中断请求。

RXD、TXD：串行中断。

5.2.2　中断矢量

当 CPU 响应中断时，由硬件直接产生一个固定的地址，即矢量地址，由矢量地址指出每个中断源的中断服务程序的入口，这种方法通常称为矢量中断。很显然，每个中断源分别有自己的中断服务程序，而每个中断服务程序又有自己的矢量地址。当 CPU 识别出某个中断源时，由硬件直接给出一个与该中断源相对应的矢量地址，从而转入各自中断服务程序。

中断矢量地址见表 5-1。

表 5-1　中断矢量地址表

中断源	中断矢量地址
外部中断 0（$\overline{INT0}$）	0003H
定时器/计数器 0（T0）	000BH
外部中断 1（$\overline{INT1}$）	0013H
定时器/计数器 1（T1）	001BH
串行口（RI、TI）	0023H

5.3　中断的控制

5.3.1　中断标志

$\overline{INT0}$、$\overline{INT1}$、T0 及 T1 的中断标志存放在 TCON（定时器/计数器控制）寄存器中；串行口的中断标志存放在 SCON（串行口控制）寄存器中。

定时器/计数器控制寄存器 TCON 字节地址为 88H，其格式如下：

位地址	8FH	8EH	8DH	8CH	8BH	8AH	89H	88H
符号	TF1		TF0		IE1	IT1	IE0	IT0

IT1（TCON.2）：$\overline{INT1}$ 的中断申请触发方式控制位。

IT0（TCON.0）：$\overline{INT0}$ 的中断申请触发方式控制位。

TF1（TCON.7）：T1 计数溢出，由硬件置位，响应中断时由硬件复位。不用中断时用软件清 0。

TF0（TCON.5）：T0 计数溢出，由硬件置位，响应中断时由硬件复位。不用中断时用软件清 0。

IE1（TCON.3）：IE1＝1 时，外部中断 1 向 CPU 申请中断。

IE0（TCON.1）：IE0＝1 时，外部中断 0 向 CPU 申请中断。

串行口控制寄存器 SCON 字节地址为 98H，其格式如下：

位地址	9FH	9EH	9DH	9CH	9BH	9AH	99H	98H
符号							TI	RI

低 2 位锁存接收中断源 RI 和发送中断源 TI。

TI(SCON.1)：串行口发送中断源。

发送完一帧，由硬件置位。响应中断后，必须用软件清 0。

RI(SCON.0)：串行口接收中断源。

接收完一帧，由硬件置位。响应中断后，必须用软件清 0。

5.3.2　中断允许控制

中断允许和禁止由中断允许寄存器 IE 控制。

中断允许寄存器 IE 的字节地址为 A8H，其格式如下：

位地址	AFH	AEH	ADH	ACH	ABH	AAH	A9H	A8H
符号	EA	—	—	ES	ET1	EX1	ET0	EX0

IE 寄存器中各位设置：为 0 时，禁止相应中断源中断；为 1 时，允许相应中断源中断。

系统复位后 IE 寄存器中各位均为 0，即此时禁止所有中断。

与中断有关的控制位共 6 位。

1) EX0(IE.0)：外部中断 0 中断允许位。

2) ET0(IE.1)：定时器/计数器 T0 中断允许位。

3) EX1(IE.2)：外部中断 1 中断允许位。

4) ET1(IE.3)：定时器/计数器 T1 中断允许位。

5) ES(IE.4)：串行口中断允许位。

6) EA(IE.7)：CPU 中断允许位。当 EA＝1 时，允许所有中断开放，总允许后，各中断的允许或禁止由各中断源的中断允许控制位进行设置；当 EA＝0 时，屏蔽所有中断。

80C51 通过中断允许控制寄存器对中断的允许(开放) 实行两级控制，即以 EA 位作为总控制位，以各中断源的中断允许位作为分控制位。只有当总控制位 EA 有效时，即开放中断系统，这时各分控制位才能对相应中断源分别进行开放或禁止。

5.3.3　中断优先级

在 80C51 中有高、低两个中断优先级，通过中断优先级寄存器 IP 来设定。

中断优先级寄存器 IP 的字节地址为 B8H，其格式如下：

位地址	BFH	BEH	BDH	BCH	BBH	BAH	B9H	B8H
符号		—	—	PS	PT1	PX1	PT0	PX0

IP 寄存器中各位设置：为 0 时，相应中断源为低中断优先级；为 1 时，设相应中断源为高中断优先级。

系统复位后 IP 寄存器中各位均为 0，即此时全部设定为低中断优先级。

中断优先级控制，除了中断优先级控制寄存器之外，还有两个不可寻址的优先级状态触发器，其中一个用于指示某一高优先级中断正在进行服务，而屏蔽其他高优先级中断；另一个用于指示某一低优先级中断正在进行服务，从而屏蔽其他低优先级中断，但不能屏蔽高优先级中断。

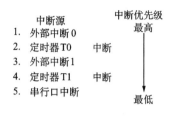

```
中断源              中断优先级
1. 外部中断0          最高
2. 定时器T0    中断
3. 外部中断1
4. 定时器T1    中断
5. 串行口中断         最低
```

图 5-3　第二个优先级结构

在中断执行过程中，高中断优先级可以中断低中断优先级的中断过程。但是若在中断服务程序中，关掉所有中断（CLR EA）或关掉部分中断时除外。

当 CPU 同时接收到两个不同优先级的中断请求时，先响应高优先级的中断，如果 CPU 同时接收到的是几个同一优先级的中断请求，则由内部的硬件查询序列确定它们的优先服务次序，即在同一优先级内有一个由内部查询序列确定的第二个优先级结构。其排列如图 5-3 所示。

5.3.4　外部中断触发方式

$\overline{INT0}$ 、 $\overline{INT1}$ 的中断触发方式有两种：电平触发方式，低电平有效；跳变触发方式，电平发生由高到低的跳变时触发。这两种触发方式可由设置 TCON 寄存器中的 IT1（TCON.2）、 IT0（TCON.0）中断申请触发方式控制位来选择：设置 IT1、IT0＝0，选择电平触发方式；设置 IT1、IT0＝1，选择跳变触发方式，即当 $\overline{INT0}$ 、 $\overline{INT1}$ 引脚检测到前一个机器周期为高电平、后一个机器周期为低电平时，置位 IE0、IE1 且向 CPU 申请中断。

由于 CPU 每个机器周期采样 $\overline{INT0}$ 、 $\overline{INT1}$ 引脚信号一次，为确保中断请求被采样到，外部中断源送 $\overline{INT0}$ 、 $\overline{INT1}$ 引脚的中断请求信号应至少保持一个机器周期。如果是跳变触发方式，外部中断源送 $\overline{INT0}$ 、 $\overline{INT1}$ 引脚的中断请求信号高、低电平应至少各保持一个机器周期，才能确保 CPU 采集到电平的跳变；如果是电平触发方式，则外部中断源送 $\overline{INT0}$ 、 $\overline{INT1}$ 引脚请求中断的低电平有效信号，应一直保持到 CPU 响应中断。

5.3.5　中断请求的撤除

CPU 响应中断请求，转向中断服务程序执行，在其执行中断返回指令（RETI）之前，中断请求信号必须撤除，否则将会再一次引起中断而出错。

中断请求撤除的方式有三种。

1. 由单片微机内部硬件自动复位

对于定时器/计数器 T0、T1 的溢出中断和采用跳变触发方式的外部中断请求，在 CPU 响应中断后，由内部硬件自动清除中断标志 TF0 和 TF1、IE0 和 IE1，而自动撤除中断请求（硬件置位，硬件清除）。

2. 应用软件清除相应标志

对于串行接收/发送中断请求，在 CPU 响应中断后，必须在中断服务程序中应用软件清除 RI、TI 这些中断标志，才能撤除中断（硬件置位，软件清除）。

3. 采用外加硬件结合软件清除中断请求

对于采用电平触发方式的外部中断请求，中断标志的撤销是自动的，但中断请求信号的低电平可能继续存在，在以后机器周期采样时又会把已清 0 的 IE0、IE1 标志重新置 1，再次申请中断。为保证在 CPU 响应中断后、执行返回指令前，撤除中断请求，必须考虑另外的措施，保证在中断响应后把中断请求信号从低电平强制改变为高电平。可在系统中加入如图 5-4 所示电路。

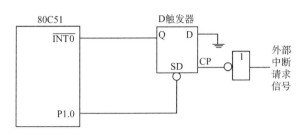

图 5-4 电平方式外部中断请求的撤销电路图

从图 5-4 中可看到，用 D 触发器锁存外部中断请求低电平，并通过触发器输出端 Q 送 $\overline{INT0}$ 或 $\overline{INT1}$，所以 D 触发器对外部中断请求没有影响。但在中断响应后，为了撤销低电平引起的中断请求，可利用 D 触发器的直接置位端 SD 来实现。采用 80C51 的一根 I/O 口线来控制 SD 端。只要在 SD 端输入一个负脉冲即可使 D 触发器置 "1"，从而撤销了低电平的中断请求信号。（硬件置位，硬、软件结合清除。）

所需负脉冲可以通过在中断服务程序中增加以下两条指令得到。

```
ANL    P1, #0FEH        ; Q 置 1（SD 为直接置位端，低电平有效）
ORL    P1, #01H         ; SD 无效
```

使 P1.0 输出一个负脉冲，其持续时间为两个机器周期，足以使 D 触发器置位，撤除低电平中断请求。第二条指令是必要的，否则 D 触发器的 Q 端始终输出 "1"，无法再接受外部中断请求。

5.4 中断的响应过程和响应时间

5.4.1 中断的响应过程

从中断请求发生直到被响应去执行中断服务程序，这是一个很复杂的过程。而整个过程均在 CPU 的控制下有规律地进行。中断响应过程的时序图如图 5-5 所示。

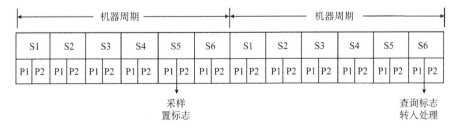

图 5-5 中断响应过程的时序图

1. 中断采样

中断采样是针对外部中断请求信号进行的,而内部中断请求都发生在芯片内部,可以直接置位 TCON 或 SCON 中的中断请求标志。在每个机器周期的 S5P2(第五状态的第二节拍)期间,各中断标志采样相应的中断源,并置入相应标志。

2. 中断查询

若查询到某中断标志为 1,则按优先级的高低进行处理,即响应中断。

80C51 的中断请求都汇集在 TCON 和 SCON 两个特殊功能寄存器中。而 CPU 则在下一机器周期的 S6 期间按优先级的顺序查询各中断标志。先查询高级中断,再查询低级中断。同级中断按内部中断优先级序列查询。如果查询到有中断标志位为 1,则表明有中断请求发生,接着从相邻的下一个机器周期的 S1 状态开始进行中断响应。

由于中断请求是随机发生的,CPU 无法预先得知,因此,中断查询要在指令执行的每个机器周期中不停地重复执行。

3. 中断响应

响应中断后,由硬件自动生成长调用指令 LCALL,其格式为 LCALL　 addr16,而 addr16 就是各中断源的中断矢量地址(参见表 5-1)。首先将当前程序计数器 PC 的内容压入堆栈进行保护,先压入低位地址,后压入高位地址,同时堆栈指示器 SP 加 2。

将对应中断源的中断矢量地址装入程序计数器 PC,使程序转向该中断矢量地址,去执行中断服务程序。由于各中断矢量区仅 8 字节,一般情况下难以安排下一个完整的中断服务程序,因此,通常是在中断矢量区中安排一条无条件转移指令,使程序执行转向在其他地址中存放的中断服务程序。

中断服务程序由中断矢量地址开始执行,直至遇到 RETI 指令。执行中断返回指令 RETI,一是撤销中断申请,弹出断点地址进入 PC,先弹出高位地址,后弹出低位地址,同时堆栈指示器 SP 减 2,恢复原程序的断点地址执行;二是恢复中断触发器原先状态。

中断响应是有条件的,在接受中断申请时,如遇下列情况之一时,硬件生成的长调用指令 LCALL 将被封锁。

1)CPU 正在执行同级或高一级的中断服务程序中。因为当一个中断被响应时,其对应的中断优先级触发器被置 1,封锁了同级和低级中断。

2)查询中断请求的机器周期不是执行当前指令的最后一个周期。目的在于使当前指令执行完毕后,才能进行中断响应,以确保当前指令的完整执行。

3)当前正在执行 RETI 指令或执行对 IE、IP 的读/写操作指令。80C51 中断系统的特性规定,在执行完这些指令之后,必须再继续执行一条指令,然后才能响应中断。

可以看出,中断的执行过程与调用子程序有许多相似点,比如:

1)都是中断当前正在执行的程序,转去执行子程序或中断服务程序。

2)都是由硬件自动地把断点地址压入堆栈,然后通过软件完成现场保护。

3)执行完子程序或中断服务程序后,都要通过软件完成现场恢复,并通过执行返回指令,重新返回到断点处,继续往下执行程序。

4)两者都可以实现嵌套,如中断嵌套和子程序嵌套。

但是中断的执行与调用子程序也有一些大的差别,比如:

1)中断请求信号可以由外部设备发出,是随机的,如故障产生的中断请求、按键中断等；子程序调用却是由软件编排好的。

2）中断响应后由固定的矢量地址转入中断服务程序，而子程序地址由软件设定。

3）中断响应是受控的，其响应时间会受一些因素影响；子程序响应时间是固定的。

5.4.2　中断响应时间

当单片微机应用于实时控制系统时，往往非常在意中断的响应时间，如出现故障后，CPU 在多长时间里能够响应和处理。

一般来说，在单级中断系统中，中断的响应时间最短为 3 个机器周期，最长为 8 个机器周期。

当中断请求标志位查询占 1 个机器周期，而这个机器周期又恰好是指令的最后一个机器周期，在这个机器周期结束后，CPU 即响应中断，产生硬件长调用 LCALL 指令，执行这条长调用指令需要 2 个机器周期，这样，中断响应时间为 3 个机器周期。

中断响应时间最长为 8 个机器周期。如果 CPU 正在执行的是 RETI 指令或访问 IP、IE 指令，则等待时间不会多于 2 个机器周期，而中断系统规定把这几条指令执行完必须再继续执行一条指令后才能响应中断，如这条指令恰好是 4 个机器周期长的指令（如乘法指令 MUL 或除法指令 DIV），再加上执行长调用指令 LCALL 所需 2 个机器周期，总共需要 8 个机器周期。

如果中断请求被前面所列三个条件之一所阻止，不能产生硬件长调用 LCALL 指令，那么所需的响应时间就更长些。如果正在处理同级或优先级更高的中断，那么中断响应的时间还需取决于处理中的中断服务程序的执行时间。

5.5　外部中断源的扩展

在 80C51 系列单片微机中，一般只有两个外部中断请求输入端 $\overline{INT0}$、$\overline{INT1}$。当某个系统需要多个外部中断源时，可以通过增加 OC 门结合软件来扩展；当定时器/计数器在系统中有空余时，也可以通过对计数器计数长度的巧妙设置，使定时器/计数器的外部输入脚 (T0 或 T1) 成为外部中断请求输入端（详见第 6 章 6.4.2 节）。

采用 OC 门经线或后实现外部中断源的扩展，引入芯片本身的外部中断请求输入端（$\overline{INT0}$、$\overline{INT1}$）就可很方便地扩展多个外部中断源。图 5-6 就是占用一个 80C51 的 $\overline{INT0}$（或 $\overline{INT1}$）扩展 4 个外部中断源的电路。

4 个扩展外部中断源中有一个或几个出现高电平，反相器输出为 0，引起 $\overline{INT0}$ 低电平触发中断，所以这些中断源都是电平触发方式。当满足外部中断请求条件时，CPU 响应中断，转入 0003H 单元开始执行中断服务程序。在中断服务程序中，由软件设定的顺序查询外中断哪一位是高电平，然后进入该中断处理程序。查询的顺序就是外部扩展中断源的中断优先级顺序。

外部中断源查询流程图如图 5-7 所示。

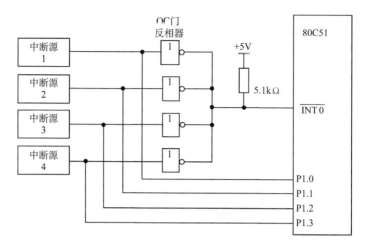

图 5-6　外部中断源的扩展电路图

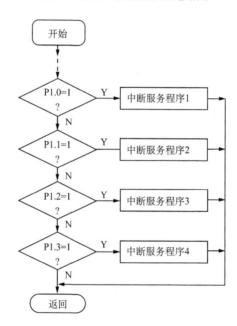

图 5-7　外部中断源查询流程图

$\overline{\text{INT0}}$ 的中断服务程序如下：

```
PINT0: PUSH    PSW              ; 保护现场
       PUSH    ACC
       JB      P1.0, LOOP1      ; 转向中断服务程序 1
       JB      P1.1, LOOP2      ; 转向中断服务程序 2
       JB      P1.2, LOOP3      ; 转向中断服务程序 3
       JB      P1.3, LOOP4      ; 转向中断服务程序 4
INTEND: POP    ACC              ; 恢复现场
       POP     PSW
       RETI
```

```
LOOP1: …                              ; 中断服务程序 1
       AJMP        INTEND
LOOP2: …                              ; 中断服务程序 2
       AJMP        INTEND
LOOP3: …                              ; 中断服务程序 3
       AJMP        INTEND
LOOP4: …                              ; 中断服务程序 4
       AJMP        INTEND
```

从程序中可以看出，这里定义的扩展外中断源 1 的优先级最高，扩展外中断源 4 的优先级最低，所以查询的顺序从 P1.0 开始。

5.6   80C51 的单步操作

80C51 单片微机的中断系统中，允许用户单步运行程序，这样用户可以很方便地进行程序调试。一般是设置一个单步键(STEP)用以产生脉冲，由该脉冲来控制程序的执行，达到按一次 STEP 键就执行一条指令，通过检查结果来检查每条指令执行的正确与否。

80C51 单片微机中断结构有一个重要特性，即执行中断返回指令 RETI 后，必须至少执行一条其他指令，才能响应新的中断。典型方法是使用外部中断，并将其设为电平触发方式。

硬件上，把按键产生的脉冲连到 $\overline{INT0}$ (P3.2)引脚，作为外部中断 0 的中断请求信号，并把电路设计为不按键时为低电平，按一次键产生一个正脉冲。

软件上，需编制外部中断 0 的中断服务程序，在中断服务程序的末尾为

```
JNB   P3.2, $              ; INT0=0 则等待
JB    P3.2, $              ; INT0=1 则等待
RETI                       ; 中断返回
```

在没有按键时，$\overline{INT0}$=0 中断请求有效，响应中断后执行中断服务程序，在执行到 JNB P3.2, $指令时等待。当按下单步键后产生一个正脉冲，执行中断返回，再执行一条指令后，由于 $\overline{INT0}$ 已为低电平，所以单片微机再次响应中断，并进入中断服务程序等待。从而实现了按一次键执行一条指令的功能。

5.7   中断服务程序设计

综上所述，在 80C51 单片微机中，共有 5 个中断源，由 4 个特殊功能寄存器 TCON、SCON、IE 和 IP 进行管理和控制。

中断控制实质上就是对这几个特殊功能寄存器进行管理和控制。只要这些寄存器的相应位按照人们的要求进行了状态预置，CPU 就会按照人们的意图对中断源进行管理和控制。在 80C51 单片微机中，需要用软件对以下 5 个内容进行设置。

1)中断服务程序入口地址的设定。

2）某一中断源中断请求的允许与禁止。

3）对于外部中断请求，还需进行触发方式的设定。

4）各中断源优先级别的设定。

5）CPU 开中断与关中断。

中断程序一般包含中断控制程序和中断服务程序两部分。

中断控制程序即中断初始化程序，一般不独立编写，而是包含在主程序中，根据上述的 5 点通过编写几条指令来实现。

例：试编写设置外部中断 INT0 和串行接口中断为高优先级，外部中断 $\overline{INT1}$ 为低优先级。屏蔽定时器/计数器 T0 和 T1 中断请求的初始化程序段。

根据题目要求，只要能将中断请求优先级寄存器 IP 的第 0、4 位置 1，其余位置 0；将中断请求允许寄存器的第 0、2、4、7 位置 1，其余位置 0 就可以了。

编程如下：

```
        ORG     0000H
        SJMP    MAIN
        ORG     0003H
        LJMP    INT0INT         ; 设外部中断 INT0 中断矢量
        ORG     0013H
        LJMP    INT1INT         ; 设外部中断 INT1 中断矢量
        ORG     0023H
        LJMP    SIOINT          ; 设串行口中断矢量
        ORG     0030H
MAIN:           …
        MOV     IP, #00010001B  ; 设外部中断 INT0 和串行口中断为高优先级
        MOV     IE. #10010101B  ; 允许 INT0、INT1、串行口中断，开 CPU 中断
```

中断服务程序是一种为中断源的特定事态要求服务的独立程序段，以中断返回指令 RETI 结束，中断服务完后返回到原来被中断的地方（即断点），继续执行原来的程序。在程序存储器中设置有五个固定的单元作为中断矢量，即 0003H、000BH、0013H、001BH 及 0023H 单元。

但是由于每个中断矢量区长度仅 8 字节，因此，一般将中断服务程序存放在程序存储器的其他部位，而在中断矢量中安排一条无条件转移指令。这样，当 CPU 响应中断请求后，转入中断矢量执行无条件转移指令，再转向实际的中断服务子程序的入口。

中断响应很突出的一点是它的随机性。下面针对中断服务程序在编写中的几个问题进行说明。

（1）保护断点和现场、恢复断点和现场

中断服务程序和子程序一样，在调用和返回时，也有一个保护断点和现场、恢复断点和现场的问题。

在中断响应过程中，断点的保护主要由硬件电路自动实现。它将断点压入堆栈，再将中断服务程序的入口地址送入程序计数器 PC，使程序转向中断服务程序，即为中断源的请

求服务。

所谓现场是指中断发生时单片微机中存储单元、寄存器、特殊功能寄存器中的数据或标志位等。因此，在编写中断服务程序时必须考虑保护现场的问题。在 80C51 单片微机中，现场一般包括累加器 A、工作寄存器 R0～R7 以及程序状态字 PSW 等。保护的方法与子程序相同，可以有以下几种。

1)通过堆栈操作指令 PUSH　direct。

2)通过工作寄存器区的切换。

3)通过单片微机内部存储器单元暂存。

现场保护一定要位于中断服务程序的前面。

在结束中断服务程序返回断点处之前要恢复现场，与保护现场的方法相对应。而恢复断点也是由硬件电路自动实现的，中断服务程序的最后一条指令必须是 RETI 指令。

(2)对中断的控制

80C51 单片微机具有多级中断功能(即多重中断嵌套)，为了不至于在保护现场或恢复现场时，由于 CPU 响应其他中断请求，而使现场破坏。一般规定，在保护和恢复现场时，CPU 不响应外界的中断请求，即关中断。因此，在编写程序时，应在保护现场和恢复现场之前，关闭 CPU 中断；在保护现场和恢复现场之后，再根据需要使 CPU 开中断。

对于重要中断，不允许被其他中断所嵌套。除了设置中断优先级外，还可以采用关中断的方法，彻底屏蔽其他中断请求，待中断处理完之后再打开中断系统。

思考与练习

简答题

1. 什么是中断？在单片微机中中断能实现哪些功能？

2. 单片微机的中断系统主要应解决哪几个问题？

3. 说明中断流程。

4. 什么是中断优先级？中断优先级处理的原则是什么？

5. 说明外部中断请求的查询和响应过程。

6. 外部中断请求有哪两种触发方式？对跳变触发和电平触发信号有什么要求？如何选择和设置？

7. 80C51 单片微机共有哪些中断源？对其中断请求如何进行控制？

8. 80C51 单片微机在什么情况下可响应中断？

9. 如何分析中断响应时间？这对实时控制系统有何意义？

10. 中断请求的撤销有哪些方法？为什么？

11. 如何扩展外部中断源？

12. 80C51 的中断与子程序调用的异同点，请各举两点加以说明。

第 6 章

80C51 单片微机的定时器/计数器原理及应用

摘要：定时器/计数器是应用系统中常用的器件，要掌握其原理及根据应用要求编制初始化程序和应用程序。

6.1 概　述

在单片微机应用系统中，常常会需要定时或计数，如在数据采集系统中，需要定时进行采样；对外部发生的事件需要计数等。通常采用以下三种方法来实现。

(1) 硬件法

定时功能完全由硬件电路完成，不占用 CPU 时间。但当要求改变定时时间时，只能通过改变电路中的元件参数来实现，很不灵活。

(2) 软件法

软件定时是执行一段循环程序来进行时间延时，优点是无额外的硬件开销，时间比较精确。但牺牲了 CPU 的时间，所以软件延时时间不宜长，而在实时控制等对响应时间敏感的场合也不能使用。

(3) 可编程定时器/计数器

可编程定时器/计数器综合了软件法和硬件法的各自优点，其最大特点是可以通过软件编程来实现定时时间的改变，通过中断或查询方法来完成定时功能或计数功能，这样占用 CPU 的时间非常少。其工作方式灵活、编程简单，使用它对减轻 CPU 的负担和简化外围电路都有很大好处。

目前已有专门的可编程定时器/计数器芯片可供选用，如 Intel 8253。还有一些日历时钟芯片，如 Philips 公司的 PCF8583 等。

由于定时器/计数器在日常应用中使用很广泛，目前单片微机中往往已经配备了定时器/计数器(timer/counter)。

80C51 芯片内包含有两个 16 位的定时器/计数器：定时器/计数器 T0 和定时器/计数器 T1，在 80C51 系列的部分产品(如 Philips 公司的 80C552)中，还包含一个用作看门狗的 8 位定时器 T3。

定时器/计数器的核心是一个加 1 计数器，其基本功能是计数加 1。

若是对单片微机的 T0、T1 引脚上输入的一个 1 到 0 的跳变进行计数增 1，即是计数功能。

若是对单片微机内部的机器周期进行计数，从而得到定时，这就是定时功能。

定时功能和计数功能的设定和控制都是通过软件来实现的。

80C51 的定时器/计数器除了可用作定时器或计数器之外，还可用作串行接口的波特率发生器，在空余情况下还可用于外部中断的扩展。

6.2　定时器/计数器 T0、T1

定时器/计数器 T0、T1 的内部结构框图如图 6-1 所示。

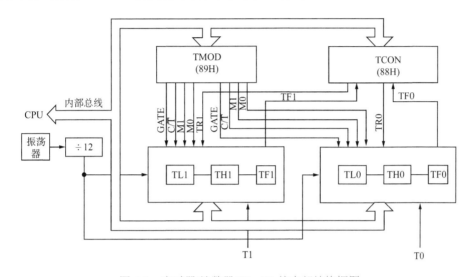

图 6-1　定时器/计数器 T0、T1 的内部结构框图

从图 6-1 中可以看出，定时器/计数器 T0、T1 由以下几部分组成。

1）计数器 TH0、TL0 和 TH1、TL1。

2）特殊功能寄存器 TMOD、TCON。

3）时钟分频器。

4）输入引脚 T0、T1。

6.2.1　与定时器/计数器 T0、T1 有关的特殊功能寄存器

1. 定时器/计数器 T0、T1 的方式寄存器——TMOD

方式寄存器 TMOD 是一个逐位定义的 8 位寄存器，只能字节寻址，字节地址为 89H。

TMOD 的格式如下：

D7	D6	D5	D4	D3	D2	D1	D0
GATE	C/$\overline{T}$	M1	M0	GATE	C/$\overline{T}$	M1	M0
		T1				T0	

其中低 4 位用来定义定时器/计数器 T0，高 4 位用来定义定时器/计数器 T1。各位的意义如下。

（1）GATE：门控位

GATE=1 时，由外部中断引脚 $\overline{INT0}$、$\overline{INT1}$ 和 TR0、TR1 共同来启动定时器。当 $\overline{INT0}$ 引脚为高电平时，TR0 置位，则启动定时器 T0；当 $\overline{INT1}$ 引脚为高电平时，TR1 置位，则启动定时器 T1。

GATE=0 时，仅由 TR0 和 TR1 置位来启动定时器 T0 和 T1。

（2）C/$\overline{T}$：功能选择位

C/$\overline{T}$=1 时，选择计数功能；C/$\overline{T}$=0 时，选择定时功能。

T0、T1 的计数、定时功能是通过 TMOD 中的 C/位来选择的。

1）定时器，设置 C/$\overline{T}$=0。

计数输入信号是内部时钟脉冲，每个机器周期使计数器的值增 1。每个机器周期等于 12 个振荡周期，故计数速率为振荡周期的 1/12。当采用 12MHz 的晶体时，计数速率为 1MHz。定时器的定时时间，与系统的振荡频率 f_{osc}、计数器的长度和初始值等有关。

2）计数器，设置 C/$\overline{T}$=1。

这时，通过引脚 T0（P3.4）和 T1（P3.5）对外部信号进行计数。在每个机器周期的 S5P2 期间，CPU 采样引脚的输入电平。若前一机器周期采样值为 1，下一机器周期采样值为 0，则计数器增 1，此后的机器周期 S3P1 期间，新的计数值装入计数器。所以检测一个 1 到 0 的跳变需要两个机器周期，故计数脉冲频率不能高于振荡脉冲频率的 1/24。

（3）M1、M0：工作方式选择位

由于有 M1 和 M0 两位，可以选择 4 种工作方式，如表 6-1 所示。

表 6-1　定时器/计数器的工作方式

M1　　M0	工作方式	计数器配置
0　　　0	方式 0	13 位计数器
0　　　1	方式 1	16 位计数器
1　　　0	方式 2	自动重装载的 8 位计数器
1　　　1	方式 3	T0 分为两个 8 位计数器，T1 停止计数

2. 定时器/计数器 T0、T1 的控制寄存器——TCON

控制寄存器 TCON 是一个逐位定义的 8 位寄存器，既可字节寻址也可位寻址，字节地址为 88H，位寻址的地址为 88H~8FH。其格式如下：

位地址	8FH	8EH	8DH	8CH	8BH	8AH	89H	88H
位功能	TF1	TR1	TF0	TR0	IE1	IT1	IE0	IT0

其中各位的意义如下：

- **TF1(TCON.7)**：定时器/计数器 T1 的溢出标志。

定时器/计数器 T1 溢出时，该位由内部硬件置位。若中断开放，即响应中断，进入中断服务程序后，由硬件自动清 0；若中断停止，可用于判跳，用软件清 0。

- **TR1(TCON.6)**：定时器/计数器 T1 的运行控制位。

用软件控制，置 1 时，启动 T1；清 0 时，停止 T1。

- **TF0(TCON.5)：**定时器/计数器 T0 的溢出标志。

定时器/计数器 T0 溢出时，该位由内部硬件置位。若中断开放，即响应中断，进入中断服务程序后，由硬件自动清 0；若中断禁止，可用于判跳，用软件清 0。

- **TR0(TCON. 4)：**定时器/计数器 T0 的运行控制位。

用软件控制，置 1 时，启动 T0；清 0 时，停止 T0。

- **IE1(TCON. 3)：**外部中断 1 下降沿触发标志位。
- **IE0(TCON. 1)：**外部中断 0 下降沿触发标志位。
- **IT1(TCON. 2)：**外部中断 1 触发类型选择位。
- **IT0(TCON. 0)：**外部中断 0 触发类型选择位。

TCON 的低 4 位与中断有关，已在第 5 章详细讨论过。

复位后，TCON 的所有位均清 0，定时器/计数器 T0 和 T1 的中断均被关断。

3. 定时器/计数器 T0、T1 的数据寄存器

由 TH1（地址为 8DH）、TL1（地址为 8BH）和 TH0（地址为 8CH）、TL0（地址为 8AH）寄存器所组成。这些寄存器不经过缓冲，直接显示当前的计数值。所有这 4 个寄存器都是读/写寄存器，它们都只能字节寻址，任何时候都可对它们进行读/写操作。

复位后，所有这 4 个寄存器全部清零。

4. 定时器/计数器中断

与定时器/计数器中断有关的内容概述如下。

(1)中断允许寄存器 IE

- **EA：**中断允许总控制位。
- **ET0、ET1：**定时器/计数器 T0、T1 的中断允许控制位。
  某位＝0，则禁止对应定时器/计数器的中断。
  某位＝1，则允许对应定时器/计数器的中断。

(2)中断矢量

定时器 T0：000BH。

定时器 T1：001BH。

(3)中断优先级寄存器 IP

PT0、PT1：定时器/计数器 T0、T1 中断优先级控制位。
  某位＝0，则相应的定时器/计数器的中断为低优先级。
  某位＝1，则相应的定时器/计数器的中断为高优先级。

6.2.2　定时器/计数器 T0、T1 工作方式

根据对 TMOD 寄存器中 M1 和 M0 的设定，定时器/计数器 T0 可选择 4 种不同的工作方式，而定时器/计数器 T1 只具有 3 种工作方式（即方式 0、方式 1 和方式 2）。

1. 方式 0　13 位定时器/计数器

当 TMOD 中的 M1＝0、M0＝0 时，选定方式 0 工作。方式 0 时，定时器/计数器 T0、T1 的逻辑结构图如图 6-2 所示。这种方式下，计数寄存器由 13 位组成，即 THx 高 8 位（作计数器）和 TLx 的低 5 位（32 分频的定标器）构成。TLx 的高 3 位未用。

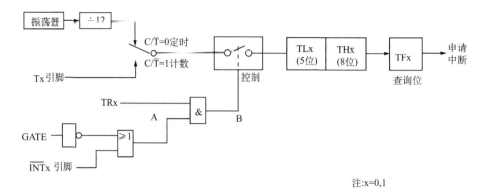

注:x=0,1

图 6-2　方式 0 时，定时器/计数器 T0、T1 的逻辑结构图

计数时，TLx 的低 5 位溢出后向 THx 进位，THx 溢出后将 TFx 置位，并向 CPU 申请中断。

从图 6-2 中可看到：

- C/$\overline{T}$ 位的电平为 0 或 1，用来设定是作定时器或计数器。
- 门控位 GATE 可用作对 $\overline{INT}$x 引脚上的高电平时间进行计量。由图 6-2 可看出，当 GATE=0 时，A 点为高电平，定时器/计数器的启动/停止由 TRx 决定。TRx=1，定时器/计数器启动；TRx=0，定时器/计数器停止。

当 GATE=1 时，A 点的电位由 $\overline{INT}$x 决定，因而 B 点的电位就由 TRx 和 $\overline{INT}$x 决定，即定时器/计数器的启动/停止由 TRx 和 $\overline{INT}$x 两个条件决定。

- 计数溢出时，TFx 置位。如果中断允许，CPU 响应中断并转入中断服务程序，由内部硬件清 TFx。TFx 也可以由程序查询和清零。

　2. 方式 1　16 位定时器/计数器

当 TMOD 中的 M1=0、M0=1 时，选定方式 1 工作。方式 1 时，定时器/计数器 T0、T1 的逻辑结构图如图 6-3 所示。这种方式下，计数寄存器由 16 位组成，THx 高 8 位和 TLx 的低 8 位。

与方式 0 的差别仅在于计数器的长度现在为 16 位，其余完全一样。

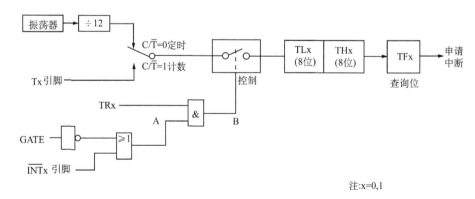

注:x=0,1

图 6-3　方式 1 时，定时器/计数器 T0、T1 的逻辑结构图

计数时，TLx 溢出后向 THx 进位，THx 溢出后将 TFx 置位，如果中断允许，CPU 响应中断并转入中断服务程序，由内部硬件清 TFx。TFx 也可以由程序查询和清零。

3. 方式 2　定时常数自动重装载的 8 位定时器/计数器

当 TMOD 中的 M1＝1、M0＝0 时，选定方式 2 工作。这种方式是将 16 位计数寄存器分为两个 8 位寄存器，组成一个可重载的 8 位计数寄存器。方式 2 时定时器/计数器 T0、T1 的逻辑结构图如图 6-4 所示。

在方式 2 中，TLx 作为 8 位计数寄存器，THx 作为 8 位计数常数寄存器。

当 TLx 计数溢出时，一方面将 TFx 置位，并向 CPU 申请中断；另一方面将 THx 的内容重新装入 TLx 中，继续计数。重新装入不影响 THx 的内容，所以可以多次连续再装入。

方式 2 对定时控制特别有用，它可实现每隔预定时间发出控制信号。

方式 2 适合于作为串行口波特率发生器使用。

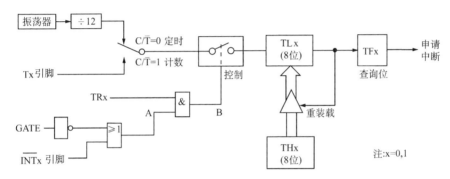

图 6-4　方式 2 时定时器/计数器 T0、T1 的逻辑结构图

4. 方式 3

当 TMOD 中的 M1＝1、M0＝1 时，定时器/计数器 0 选定方式 3 工作，而定时器/计数器 1 则停止计数。这种方式是将定时器/计数器 T0 分为一个 8 位定时器/计数器和一个 8 位定时器，TL0 用于 8 位定时器/计数器，TH0 用于 8 位定时器。方式 3 时定时器/计数器 T0、T1 逻辑结构图分别如图 6-5、图 6-6 所示。

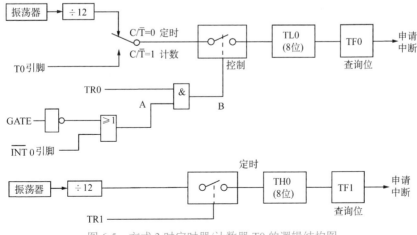

图 6-5　方式 3 时定时器/计数器 T0 的逻辑结构图

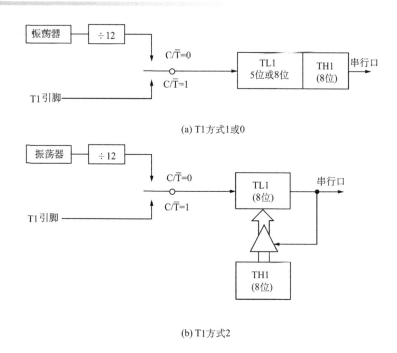

(a) T1方式1或0

(b) T1方式2

图 6-6　方式 3 时定时器/计数器 T1 的逻辑结构图

（1）工作方式 3 下的定时器/计数器 T0

方式 3 时，定时器/计数器 T0 的逻辑结构图如图 6-5 所示。其工作与方式 0 时相同，只是此时的计数器为 8 位计数器 TL0，它占用了 T0 的 GATE、$\overline{INT0}$、启动/停止控制位 TR0、T0 引脚（P3.4）以及计数溢出标志位 TF0 和 T0 的中断矢量（地址为 000BH）等。TH0 所构成的定时器只能作为定时器用，因为此时的外部引脚 T0 已为定时器/计数器 TL0 所占用。这时它占用了定时器/计数器 T1 的启动/停止控制位 TR1、计数溢出标志位 TF1 及 T1 中断矢量（地址为 001BH）。

（2）工作方式 3 下的定时器/计数器 T1

方式 3 时，定时器/计数器 T1 的逻辑结构图如图 6-6 所示，定时器/计数器 T1 只可选方式 0、1 或 2。由于此时计数溢出标志位 TF1 及 T1 中断矢量（地址为 001BH）已被 TH0 所占用，所以 T1 仅能作为波特率发生器或其他不用中断的地方。作串行口波特率发生器时，T1 的计数输出直接去串行口，只需设置好工作方式，串行口波特率发生器自动开始运行，如要停止工作，只需向 T1 送一个设为工作方式 3 的控制字即可。

一般只在定时器/计数器 T1 用作波特率发生器时，定时器/计数器 T0 才选工作方式 3，这样可以增加一个定时器。

6.3　监视定时器（看门狗）T3

监视定时器 T3 有时俗称看门狗（watchdog），它的作用是强迫单片微机进入复位状态，使之从硬件或软件故障中解脱出来。在实际应用中，由于现场的各种干扰或者程序设计错误，可能使单片微机的程序进入了"死循环"或"非程序区"（如表格数据区）之后，在一个设定的时间(监视时间间隔，视应用场合要求而定)内，假如用户程序没有重装监视定时器 T3，监视电路将产生一个系统复位信号，强迫单片微机退出"死循环"或"非程序区"重新进行"冷启动"或"热启动"。

在 Philips 80C552 单片微机中，监视定时器 T3 由一个 11 位的分频器和 8 位定时器 T3 组成，如图 6-7 所示。

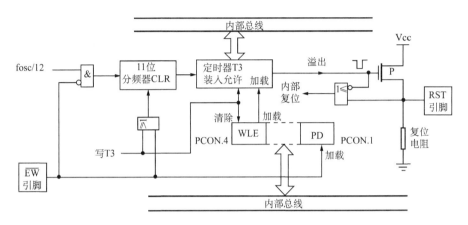

图 6-7　监视定时器 T3 逻辑结构图

预分频器输入为晶振 1/12 的信号，晶振为 12MHz 时，输入为 1MHz，而 8 位定时器 T3 每隔时间 t 加 1：

$$t = 12 \times 2048 / f_{osc}$$

当晶振为 12MHz 时，t 为 2.048ms。

若 8 位定时器溢出，则产生一个尖脉冲，它将复位 8×C552，同时在 RST 引脚上也将产生 1 个正的复位尖脉冲。

T3 由外部引脚 $\overline{EW}$ 和电源控制及波特率选择寄存器中的 PCON.4(WLE)和 PCON.1(PD)控制。寄存器 PCON 的地址为 87H，只能字节寻址。其格式如下：

D7	D6	D5	D4	D3	D2	D1	D0
SMOD	—	—	WLF	GF1	GF0	PD	IDL

• $\overline{EW}$：看门狗定时器允许，低电平有效。

$\overline{EW}$ =0 时，允许看门狗定时器，禁止掉电方式；$\overline{EW}$ =1 时．禁止看门狗定时器，允许掉电方式。

• WLE：看门狗定时器允许重装标志。

若 WLE 置位，定时器 T3 只能被软件装入，装入后 WLE 自动清除。

定时器 T3 的重装和溢出，产生复位的时间间隔，由装入 T3 的值决定，对于 8×C552，其监视间隔可编程为 2.048ms～2.048×255ms。

定时器 T3 的工作过程：在 T3 溢出时，复位 8×C552，并产生复位脉冲输出至复位引脚 RST。为防止系统复位，必须在定时器 T3 溢出前，通过软件对其进行重装。如果发生软件或硬件故障，将使软件对定时器 T3 重装失败，从而 T3 溢出导致复位信号的产生。用这样的方法可以在软件失控时，恢复程序的正常运行。

首先要确定系统能在不正常状态下维持多久，这段时间就设定为监视定时器的最大间隔时间。因为 T3 是加 1 计数器，T3 中装入 0，则监视时间间隔最长，装入值为 FFH 时，监视时间间隔最短。

在软件调试时，可以把 $\overline{EW}$ 接高电平以禁止看门狗工作，软件调试结束后再把 $\overline{EW}$ 接至低电平，通过人为制造故障，观察看门狗工作是否正常。

下面一段程序显示了如何控制看门狗工作。

例：watchdog 使用的一段程序如下：

```
T3              EQU       0FFH        ; 定时器 T3 的地址
PCON            EQU       87H         ; 电源控制寄存器 PCON 的地址
WATCH_INTV      EQU       156         ; 看门狗的时间间隔(2.048×100ms)
```

在用户程序中对看门狗需要重新装入的地方，插入下面一条调用指令：

```
LCALL           WATCHDOG
```

看门狗的服务子程序：

```
WATCHDOG: ORL    PCON,#10H           ; 允许定时器 T3 重装
          MOV    T3,#WATCH_INTV      ; 装载定时器 T3
          RET
```

6.4　定时器/计数器应用编程

6.4.1　定时器应用

1. 定时器/计数器溢出率的计算

定时器/计数器运行前，在数据寄存器中预先置入的常数，称为定时常数或计数常数 TC。由于计数器是加 1(向上)计数的，故而预先置入的常数均应为补码。

$$t = T_c \times (2^L - TC) = \frac{12}{f_{osc}}(2^L - TC)$$

其中，t 为定时时间；T_c 为机器周期；f_{osc} 为晶体振荡器频率；L 为计数器的长度。

对于 T0 及 T1：

方式 0 时，$L=13$，$2^{13}=8192$

方式 1 时，$L=16$，$2^{16}=65536$

方式 2 时，$L=8$，$2^8=256$

TC：定时器/计数器初值，即定时常数或计数常数。

定时时间的倒数即为溢出率，即

$$溢出率 = \frac{1}{t} = \frac{f_{osc}}{12}\frac{1}{(2^L - TC)}$$

根据要求的定时时间 t、设定的定时器工作方式(确定 L) 及晶体振荡频率 f_{osc}，可计算出 TC 值(十进制数)，再将其转换成二进制数 TCB，然后再分别送入 THi、TLi(对于 T0，$i=0$；对于 T1，$i=1$)。

对于定时器/计数器 T0、T1：

方式 0 时，TCB=TCH＋TCL，TCH：高 8 位，TCL：低 5 位

    MOV   THi, #TCH   ; 送高 8 位

    MOV   TLi, #TCL   ; 送低 5 位(高 3 位为 0)

方式 1 时，TCB=TCH＋TCL，TCH：高 8 位，TCL：低 8 位

    MOV   THi, #TCH   ; 送高 8 位

    MOV   TLi, #TCL   ; 送低 8 位

方式 2 时，TCB：8 位重装载

    MOV   THi, #TCB   ; 送高 8 位

    MOV   TLi, #TCB   ; 送低 8 位

2. 定时器应用举例

例：要求在 **P1.0 引脚上产生周期为 2 ms 的方波输出**。

已知晶体振荡器的频率为 f_{osc}=6MHz。可使用 T0 作定时器，设为方式 0，设定 1ms 的定时，每隔 1ms 使 P1.0 引脚上的电平变反。

解：(1)定时常数计算

振荡器的频率 f_{osc}＝6MHz，机器周期为 2μs，方式 0 计数器长度 L＝13$(2^{13}$＝8192)，定时时间 t＝1ms＝0.001s。

定时常数

$$TC=2^{L}-\frac{f_{osc}\times t}{12}=8192-\frac{6\times 10^{6}\times 10^{-3}}{12}=8192-500=7692$$

TC 为 7692＝1E0CH,转换成二进制数 TCB＝0 0 0 $\underbrace{1111\quad 0000}_{TCH}\quad \underbrace{01100B}_{TCL}$，取低 13 位，

其中高 8 位 TCH＝F0H，低 5 位为 TCL＝0CH。

计数长度为 1E0CH＝7692，定时为(8192–7692)×2μs＝0.001s。

TMOD 的设定(即控制字)如下：

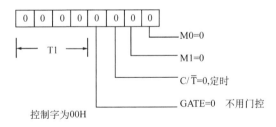

控制字为00H

(2)编程

    ORG   0000H

    AJMP   MAIN

    ORG   000BH   ; T0 中断矢量

    AJMP   INQP

```
        ORG         0030II
MAIN: MOV         TMOD, #00H        ; 写控制字, 设 T0 为定时器、方式 0
        MOV         TH0, #0F0H        ; 写定时常数(定时 1ms)
        MOV         TL0, #0CH
        SETB        TR0               ; 启动 T0
        SETB        ET0               ; 允许 T0 中断
        SETB        EA                ; 开放 CPU 中断
        AJMP        $                 ; 定时中断等待

        ORG         2000 H            ;T0 中断服务程序
INQP: MOV         TH0, #0F0H        ; 重写定时常数
        MOV         TL0, #0CH
        CPL         P1.0              ;P1.0 变反输出
        RETI                          ; 中断返回
```

例: 使用定时器/计数器 T1 的方式 1, 设定 1ms 的定时。在 P1.0 引脚上产生周期为 2 ms 的方波输出。晶体振荡器的频率为 $f_{osc} = 6$ MHz。

解: (1) 定时常数计算

振荡器的频率 $f_{osc} = 6$MHz$= 6 \times 10^6$Hz, 方式 1 计数器长度 $L = 16$, $2^L = 2^{16} = 65536$, 定时时间 $t = 1$ms$= 0.001$s。

定时常数

$$TC = 2^L - \frac{f_{osc} \times t}{12} = 65536 - \frac{6 \times 10^6 \times 10^{-3}}{12} = 65536 - 500 = 65036$$

定时常数 TC 转换成二进制数 TCB $= 1 1 1 1 1 1 1 0 \quad 0 0 0 0 1 1 0 0B=$F E 0 CH。

所以 TCH$=$FEH(高 8 位), TCL$=$0CH(低 8 位)。

TMOD 的设定(即控制字)如下:

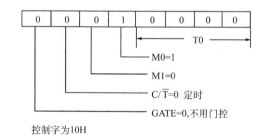

控制字为10H

(2)编程

```
        ORG         0000H
        AJMP        MAIN

        ORG         001BH             ;T1 中断矢量
        AJMP        INQP
```

```
        ORG      100H                  ; 主程序入口
MAIN: MOV      TMOD, #10H            ; 写控制字, T1 为定时器、方式 1
        MOV      TH1, #0FEH           ; 写定时常数, 定时 1ms
        MOV      TL1, #0CH
        SETB     TR1                   ; 启动 T1
        SETB     ET1                   ; 允许 T1 中断
        SETB     EA                    ; 开放 CPU 中断
        AJMP     $                     ; 定时中断等待

        ORG      2000H                 ;T1 中断服务程序
INQP: MOV      TH1, #0FEH           ; 重写定时常数
        MOV      TL1, #0CH
        CPL      P1.0                  ; P1.0 变反输出
        RETI                           ; 中断返回
```

例: 欲用 80C51 产生两个方波, 一个方波周期为 200μs, 另一个方波周期为 400μs, 该 80C51 同时使用串行口, 用定时器/计数器作为波特率发生器。

解: (1) 这时 T0 采用方式 3 工作, 其中, TL0 产生 100μs 定时, 由 P1.0 输出方波 1; TH0 产生 200μs 定时, 由 P1.1 输出方波 2; 定时器/计数器 T1 设置为方式 2, 作波特率发生器用。为波特率设置的方便, 采用晶振频率为 f_{osc}=9.216MHz。

定时常数计算如下。

定时时间 100μs, 定时常数为

$$TL0 = 2^8 - \frac{9.216 \times 10^6 \times 100 \times 10^{-6}}{12} = 256 - 76.8 = 179.2 = B3H$$

定时时间为 200μs, 定时常数为

$$TH0 = 2^8 - \frac{9.216 \times 10^6 \times 200 \times 10^{-6}}{12} = 256 - 153.6 = 102.4 = 66H$$

TH1 的波特率(详细计算见串行口部分)。设波特率为 2400, 则定时常数为 TC2＝F6H。

(2) 编程

```
        ORG      0000H
        AJMP     MAIN

        ORG      000BH                 ; TL0 的中断入口
        AJMP     ITL0

        ORG      001BH                 ; TH0 的中断入口
        AJMP     ITH0
```

```
        ORG      0100H
MAIN:  MOV      SP, #60H          ; 设栈指针
        MOV      TMOD, #23H        ; 设 T0 为方式 3, 设 T1 为方式 2
        MOV      TL0, #0B3H        ; 设 TL0 初值(100μs 定时)
        MOV      TH0, #66H         ; 设 TH0 初值(200μs 定时)
        MOV      TL1, #0F6H        ; 设 TL1 初值(波特率为 2400)
        MOV      TH1, #0F6H        ; 设 TH1 初值
        SETB     TR0               ; 启动 TL0
        SETB     TR1               ; 启动 TH0
        SETB     ET0               ; 允许 TL0 中断
        SETB     ET1               ; 允许 TH0 中断
        SETB     EA                ; CPU 中断开放
        AJMP     $                 ; 定时中断等待

        ORG      0200H
ITL0:  MOV      TL0, #0B3H        ; 重装定时常数
        CPL      P1. 0             ; 输出方波 1(200μs)
        RETI
ITH0:  MOV      TH0, #66H         ; 重装定时常数
        CPL      P1. 1             ; 输出方波 2(400μs)
        RETI
```

6.4.2　计数器应用

当 TMOD 寄存器中 C/$\overline{\text{T}}$ 位设置为 1 时,定时器/计数器作为计数器使用,可对来自单片微机引脚 T0 或 T1 上的负跳变脉冲进行计数,计数溢出时可申请中断,也可查询溢出标志位 TFx。

1. 作计数器

例:假如一个用户系统已使用了两个外部中断源,即 $\overline{\text{INT0}}$ 和 $\overline{\text{INT1}}$,用户系统要求从 **P1.0** 引脚上输出一个 **5kHz** 的方波,并要求采用定时器/计数器作为串行口的波特率发生器,另外还需要再增加一个外部中断源。

(1) 分析:为了不增加其他硬件开销,可以把定时器/计数器 T0 设置为方式 3,这时可把单片微机的引脚 T0 作为外部中断源,TL0 设置为计数器,但计数器的定时常数设为 FFH,这样当 T0 引脚上出现从 1 至 0 的负跳变时,TL0 计数溢出,申请中断,相当于一个边沿触发的外部中断源。而在 T0 方式 3 下,TH0 只能做 8 位定时器,用来产生 5kHz 方波的定时。当 T0 设置为方式 3 之后,T1 就作为串行口的波特率发生器,设为方式 2。

由 P1.0 引脚上输出 5kHz 频率的方波,而方波周期为 200μs,则要求定时时间为 100μs,若采用 12MHz 的晶体振荡器,则机器周期为 1μs。

计算时间常数:　$(2^8 - \text{TC}) \times 1\mu s = 100\mu s$

$$\text{TC} = 256 - 100 = 156$$

（2）编程

```
        ORG         0000H
        SJMP        MAIN

        ORG         000BH
        AJMP        TL0INT              ; TL0 中断入口

        ORG         001BH
        AJMP        TH0INT              ; TH0 中断入口

        ORG         0030H
MAIN:   MOV         TMOD, #27H          ; 设 T0 为方式 3, TL0 为计数器方式, TH0 为
                                        ; 定时器方式, T1 作波特率发生器, 为方式 2
        MOV         TH0, #156           ; TH0 定时常数
        MOV         TL0, #0FFH          ; TL0 计数常数
        MOV         TL1, #BAUD          ; BAUD 根据波特率算出的时间常数
        MOV         TH1, #BAUD
        MOV         TCON, #55H          ; 置 TR0 和 TR1 为 1, 启动 TL0 和 TH0
        SETB        ET0                 ; 允许 TL0 中断
        SETB        ET1                 ; 允许 TH0 中断
        SETB        EA                  ; CPU 中断允许
        SJMP        $                   ; 中断等待

        ORG         0100H
TL0INT: MOV         TH0, #0FFH          ; 重置计数长度
        (中断处理)
        RETI
TH0INT: MOV         TH0, #156           ; 重置定时常数
        CPL         P1.0                ; P1.0 引脚输出 5kHz 方波
        RETI
```

2. 通过片内定时器/计数器来实现外部中断源的扩展

可以利用定时器/计数器 T0 或 T1 的外部事件输入引脚 T0、T1 作为边沿触发的外部中断源。这时应设置定时器/计数器为计数器方式，而计数常数为满刻度值。外部输入的脉冲在负跳变时有效，计数器加 1，由于计数常数已设为满刻度值，所以计数器加 1 后即溢出，向 CPU 申请中断。

如果以定时器/计数器 T0、T1 的计数脉冲输入作为外部中断请求输入，定时器/计数器 T0、T1 的中断矢量用作第 3、第 4 个扩展的外部中断矢量，定时器/计数器 T0、T1 的中断服务程序入口地址作为第 3、第 4 个扩展的外部中断服务入口地址，即实现了外部中断的扩展。

例：把外部中断请求信号 2 连到 T1 引脚上，定时器/计数器 T1 设为方式 2，即 8 位自动重装载方式，时间常数设为满刻度值 FFH。外部中断的服务程序入口地址存放在定时器/计数器 T1 的中断矢量中。其初始化程序段如下：

```
        ORG         0000H
        AJMP        MAIN

        ORG         001BH        ;T1 中断矢量作为外部中断 2 的中断矢量使用
        LJMP        INT2

        ORG         0030H
MAIN:   MOV         TMOD, #60H   ;设 T1 为计数器方式 2
        MOV         TL1, #0FFH   ;置 T1 计数常数
        MOV         TH1, #0FFH
        SETB        EA           ;开中断
        SETB        TR1          ;启动计数
        ...
INT2:   ...                      ;外部中断 2 服务程序
        RETI
        END
```

6.4.3 门控位 GATE 应用

门控位 GATE 可用作对 $\overline{INT}x$ 引脚上的高电平持续时间进行计量。当 GATE 位设为 1，并设定时器/计数器启动位 TRx 为 1，这时定时器/计数器定时完全取决于 $\overline{INT}x$ 引脚电平，仅当 $\overline{INT}x$ 引脚电平为 1 时，定时器才工作，换另一角度看，定时器实际记录的时间就是相应 $\overline{INT}x$ 引脚上高电平的持续时间。通过反相器，则可测得相应 $\overline{INT}x$ 引脚上低电平的持续时间。两个时间的和即为 $\overline{INT}x$ 引脚上输入波形的周期，其倒数即为 $\overline{INT}x$ 引脚上输入波形的频率。还可算出占空比等参数。

例：波形脉冲宽度测试原理图如图 6-8 所示，利用定时器/计数器测波形的一个周期长度。

图 6-8 波形脉冲宽度测试原理图

利用门控信号 GATE 启动定时器的方法，如图 6-8 所示，定时器/计数器 T1 为定时器时，当 TR1 且 INT1 为高电平时，才启动定时器。

编程的方法有两种，即查询法和中断法。

(1)查询法

```
        ORG         0000H
START:  MOV         TMOD, #90H          ; 设置 T1 为定时器, 方式 1, GATE 位置 1
        MOV         TL1, #00H           ; 置为最大定时值
        MOV         TH1, #00H
LP1: JB             P3.3, LP1           ; P3.3 为高电平, 等待
        SETB        TR1                 ; 当 P3.3 为低电平时, 置 TR1 位为 1
LP2: JNB            P3.3, LP2           ; 当 P3.3 为低电平时, 再等待
LP3: JB             P3.3, LP3           ; 当 P3.3 为高电平时, T1 开始定时计数
        CLR         TR1                 ; 当 P3.3 为低电平时, 高电平脉宽定时计数结束
        SJMP        $
```

当 f_{osc}＝12MHz 时, 机器周期为 1μs, 本方案最大被测脉冲宽度为 65536μs (65.536ms)。由于靠软件进行启动和停止计数, 存在一定的测量误差。

若被测波形除了接至 P3.3, 另外同时通过一个反相器接至 P3.2 ($\overline{INT0}$) 则通过编程同时可以测得波形的高电平宽度和低电平宽度。

(2) 中断法

对于脉冲宽度大于 65.536ms 的脉冲, 可以采用对定时溢出次数进行计数的方法。这样, 脉宽为 (定时溢出时间×溢出次数)＋定时时间。利用定时器/计数器测脉冲周期的方法参见图 6-9。

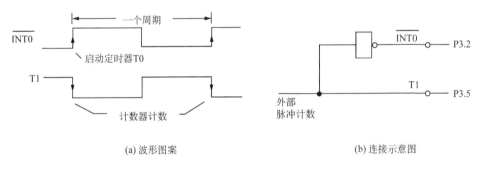

| (a) 波形图案 | (b) 连接示意图 |

图 6-9　利用定时器/计数器测脉冲周期原理图

设定晶体振荡器为 6 MHz, 机器周期 T_c 为 2μs, 定时器/计数器 T0 为方式 1, 定时溢出时间为 100ms。

$$2^{16} - x = \frac{100 \times 10^{-3}}{2 \times 10^{-6}} = 50 \times 10^3$$

$$x = 2^{16} - 50 \times 10^3 = 15536 = 3CB0H$$

则 T0 定时时间常数为: (TH0)＝3CH, (TL0)＝B0H。

因为外部脉冲同时接至定时器/计数器 T1 的输入引脚 T1, 所以 T1 脚上对下降沿计数两次, 即为外部脉冲的一个周期时间。现设定时器/计数器 T1 为计数器, 计数值为 2。当计数值为 1 时, 启动定时器 T0, 当计数值为 2 时, 中断计数器 T1, 并停止定时器 T0 的定时。T1 中断优先级设为高于定时器 T0。

计数初值为 FFFEH: (TH1)＝FFH, (TL0)＝FEH。

编程

```
            ORG     0000H
            SJMP    MAIN

            ORG     000BH               ; 定时器 T0 中断入口
            AJMP    TIMEO

            ORG     001BH               ; 定时器 T1 中断入口
            AJMP    TIMEI

            ORG     0030H
MAIN: MOV   R0, #0                      ; 清除 T0 定时中断次数计数器
      MOV   TMOD, #59H                  ; 设 T0 为定时器、方式 1, 门控位 GATE＝1;
                                        ; 设 T1 为计数器、方式 1
      MOV   TH0, #3CH                   ; T0 定时器初值
      MOV   TL0, #0B0H
      MOV   TH1, #0FFH                  ; T1 计数器初值
      MOV   TL1, #0FEH
      SETB  TR0                         ; 启动 T0 定时器
      SETB  TR1                         ; 启动 T1 计数器
      MOV   IP, #08H                    ; T1 中断优先级高于 T0
      SETB  ET1                         ; 允许 T1 中断
      SETB  ET0                         ; 允许 T0 中断
      SETB  EA                          ; CPU 开中断
      SETB  20H                         ; 设 20H 为 T1 计数中断标志
LOOP: SETB  F0                          ; 设用户标志 F0 为 T0 定时中断标志
      JB    F0, $                       ; T0 定时未溢出, 等待
      JB    20H, LOOP                   ; 判 T1 计数溢出, 若未溢出则循环, 否则结束
      SJMP  $

            ORG     0100H
TIMEO: MOV  TL0, #0B0H                  ; 重置 T0 定时器初值
       MOV  TH0, # 3CH
       INC  R0                          ; T0 定时溢出计数器加 1
       CPL  F0                          ; T0 定时中断标志变反
       RETI

            ORG     0200H
TIMEI: CLR  F0                          ; 清除 T0 定时中断标志
```

```
        CLR     20H                 ; 清除 T1 计数中断标志
        CLR     ET0                 ; 禁止 T0、T1 中断
        CLR     ET1
        CLR     EA                  ; 关中断
        RETI
```

因此，可测的最大周期长度为 256×100ms＝25.6s。若周期大于 25.6s，则不用 R0 作计数器，改用 16 位计数器即可。

6.4.4　运行中读定时器/计数器

80C51 可以随时读写计数寄存器 TLx 和 THx（x 为 0 或 1）用于实时显示计数值等。但在读取时应注意由于分时读取 TLx 和 THx 而带来特殊性。假如先读 TLx，再读取 THx，由于这时定时器/计数器还在运行，在读 THx 之前刚好发生 TLx 溢出向 THx 进位的情况，这样读得的 TLx 值就不正确了，同样，先读 THx 后读 TLx 时也可能产生这种错误。

一种解决办法是：先读 THx，后读 TLx，再重读 THx，若两次读得的 THx 值是一样的，则可以确定读入的数据是正确的；若两次读得的 THx 值不一致，则必须重读。

例：飞读。

```
RDTIME: MOV   A, TH0               ; 读 TH0
        MOV   R0, TL0              ; 读 TL0 并存入 R0
        CJNE  A, TH0, RDTIME       ; 再读 TH0, 与上次读入的 TH0 比较,
                                   ; 若不等, 重读
        MOV   R1,A                 ; 存 TH0 在 R1 中
        RET
```

思考与练习

填空题

1. 80C51 单片微机内部有定时器/计数器_____个，它们具有_____和_____功能，分别对_____和_____进行计数。

简答题

2. 80C51 单片微机内部设有几个定时器/计数器？简述各种工作方式的功能特点。

3. 定时器/计数器作定时用时，定时时间与哪些因素有关？定时器/计数器作计数用时，外界计数频率最高为多少？

4. 用 80C51 的定时器/计数器如何测量脉冲的周期、频率和占空比？若时钟频率为 6MHz，求允许测量的最大脉冲宽度是多少？

5. 使用一个定时器，如何通过软硬件结合的方法实现较长时间的定时？

6. 如何在运行中对定时器/计数器进行"飞读"？

7. 如何计算计数和定时状态时的定时常数？请以方式 0 举例说明。

8. 门控位 GATE 可使用于什么场合？请举例加以说明。

9. 监视定时器 T3 功能是什么？它与定时器/计数器 T0、T1 有哪些区别？

10. 如何实现通过定时器/计数器的计数功能达到扩大外部中断源的目的？请举例加以说明。

编程题

11. 请编程实现 80C51 单片微机产生频率为 100kHz 等宽矩形波，假定单片微机的晶振频率为 12MHz。加上必要的伪指令，并对源程序加以注释。

12. 在 80C51 单片微机系统中，已知时钟频率为 6 MHz，选用定时器 T0 方式 3，请编程使 P1.0 和 P1.1 引脚上分别输出周期为 2ms 和 400μs 的方波。加上必要的伪指令，并对源程序加以注释。

13. 用定时器/计数器 T0 以定时方法在 P3.1 引脚上输出周期为 400μs、占空比为 9∶1 的矩形脉冲，以定时工作方式 2 编程实现。加上必要的伪指令，并对源程序加以注释。80C51 晶振频率为 6MHz。

14. 请编程实现以定时器/计数器 T1 对外部事件计数。每计数 1000 个脉冲后，定时器/计数器 T1 转为定时工作方式，定时 10ms 后，又转为计数方式，如此循环不止。80C51 晶振频率为 6MHz。加上必要的伪指令，并对源程序加以注释。

15. 以中断方法设计单片微机的秒、分脉冲发生器。要求 P1.0 每秒钟产生一个机器周期脉宽的正脉冲，P1.1 每分钟产生一个机器周期脉宽的正脉冲。加上必要的伪指令，并对源程序加以注释。

第 **7** 章

------- 80C51 单片微机的串行口原理及应用 ---

摘要：通信日显重要，串行口是通信的基础。要掌握串行口原理及各种方式的应用编程。

通常把计算机与外界的数据传送称为通信，随着 80C51 单片微机应用范围的不断拓宽，单台仪器仪表或控制器往往会带有不止一个的单片微机，而多个智能仪器仪表或控制器在单片微机应用系统中又常常会构成一个分布式采集、控制系统，上层由 PC 进行集中管理等。单片微机的通信功能也随之得到发展。

7.1   串行数据通信概述

1. 并行传送方式与串行传送方式

计算机的数据传送共有两种方式：并行数据传送和串行数据传送。

（1）并行传送方式

在数据传输时，如果一个数据编码字符的所有各位都同时发送、并排传输，又同时被接收，则将这种传送方式称为并行传送方式。并行传送方式要求物理信道为并行内总线或者并行外总线。

并行数据传送方式的特点是传送速度快、效率高。但由于需要的传送数据线多，因而传输成本高。并行数据传输的距离通常小于 30m。而在计算机内部的数据传送都是并行传送的。

（2）串行传送方式

在数据传输时，如果一个数据编码字符的所有各位不是同时发送的，而是按一定顺序，一位接着一位在信道中被发送和接收，则将这种传送方式称为串行传送方式。串行传送方式的物理信道为串行总线。

串行数据传送方式的特点是成本低，但速度慢。

计算机与外界的数据传送大多是串行的，其传送距离可以从几米到几千公里。

2. 单工方式、半双工方式、全双工方式

按照信号传输的方向和同时性，一般把传送方式分为单工方式、半双工方式和全双工方式 3 种。

（1）单工方式

信号(不包括联络信号) 在信道中只能沿一个方向传送,而不能沿相反方向传送的工作方式称为单工方式。

(2)半双工方式

通信的双方均具有发送和接收信息的能力,信道也具有双向传输性能,但是,通信的任何一方都不能同时既发送信息又接收信息,即在指定的时刻,只能沿某一个方向传送信息。这样的传送方式称为半双工方式。半双工方式大多采用双线制。

(3)全双工方式

若信号在通信双方之间沿两个方向同时传送,任何一方在同一时刻既能发送又能接收信息,这样的方式称为全双工方式。

3. 异步传输和同步传输

在数据通信中,要保证发送的信号在接收端能被正确地接收,必须采用同步技术。常用的同步技术有两种方式,一种称为异步传输也称起止同步方式,另一种称为同步传输也称同步字符同步方式。

(1)异步传输

异步传输以字符为单位进行数据传输,每个字符都用起始位、停止位包装起来,在字符间允许有长短不一的间隙。

在单片微机中使用的串行通信都是异步方式。所以本章只介绍单片微机的异步通信。

(2)同步传输

同步传输用来对数据块进行传输,一个数据块中包含着许多连续的字符,在字符之间没有空闲。同步传输可以方便地实现某一通信协议要求的帧格式。

4. 波特率(baud rate)

串行通信的传送速率用于说明数据传送的快慢,"波特率"表示每秒钟传输离散信号事件的个数,或每秒信号电平的变化次数,单位为 baud(波特)。"比特率"是指每秒传送二进制数据的位数,单位为比特/秒,记作 bits/s 或 b/s 或 bps。

在二进制的情况下,波特率与比特率数值相等。

串行通信常用的标准波特率在 RS-232C 标准中已有规定,如波特率为 600、1200、2400、4800、9600、19200 等。应根据数据量的大小、线路的质量好坏等因素综合考虑后,选择合适的波特率。

假若数据传送速率为 120 字符/秒,而每一个字符帧已规定为 10 个数据位,则传输速率为 120×10＝1200bit/s,即波特率为 1200,每一位数据传送的时间为波特率的倒数:

$$T=1\div1200=0.833ms$$

7.2　80C51 串行口结构及控制

7.2.1　80C51 串行口结构

串行数据通信主要有两个技术问题,一个是数据传送,另一个是数据转换。数据传送主要解决传送中的标准、数据帧格式及工作方式等。数据转换要解决把数据进行串、并行的转换,这种转换通常由通用异步接收、发送器(UART)电路来完成。数据发送端,要把并行数据转换为串行数据，而在数据接收端，要把串行数据转换为并行数据。80C51 单片微机中已集成有 UART，有的型号在内部还集成了两个 UART。而在其他一些型号中又增加了新的串行口，如 8XC552 中就增加了具有 I²C 总线功能的串行口。

80C51 中的串行口是一个全双工的异步串行通信接口，它可作 UART(通用异步接收和发送器)用，也可作同步移位寄存器用。

所谓全双工的异步串行通信接口，是指该接口可以同时进行接收和发送数据。因为口内的接收缓冲器和发送缓冲器在物理上是隔离的，即是完全独立的。可以通过访问特殊功能寄存器 SBUF，来访问接收缓冲器和发送缓冲器。接收缓冲器具有双缓冲的功能，即它在接收第一个数据字节后，能接收第二个数据字节。但是在接收完第二个字节后，若第一个数据字节还未取走，那么该数据字节将丢失。

80C51 串行口基本结构图如图 7-1 所示。

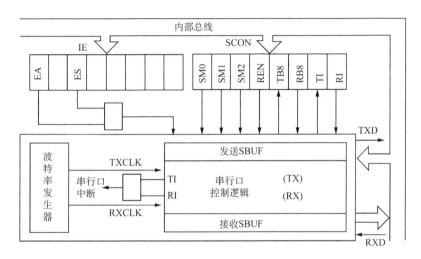

图 7-1　80C51 串行口基本结构图

1. 波特率发生器

主要由定时器/计数器 T1 及内部的一些控制开关和分频器所组成。这些在第 6 章已进行了介绍。它提供串行口的时钟信号为 TXCLOCK(发送时钟)和 RXCLOCK(接收时钟)。相应的控制波特率发生器的特殊功能寄存器有 TMOD、TCON、PCON、TL1、TH1 等。波特率的计算在后面进行介绍。

2. 串行口内部

串行口内部包含有以下几个部分。

(1) 串行数据缓冲寄存器 SBUF

有接收缓冲器 SBUF 和发送缓冲器 SBUF，以便 80C51 能以全双工方式进行通信。它们在物理上是隔离的，但是占用同一个地址(99H)。串行发送时，从片内总线向发送缓冲器 SBUF 写入数据；串行接收时，从接收缓冲器 SBUF 中读出数据。

(2) 串行口控制寄存器 SCON

(3) 串行数据输入/输出引脚

在此接收方式下，串行数据从 RXD(P3.0)引脚输入，串行口内部在接收缓冲器之前还有移位寄存器，从而构成了串行接收的双缓冲结构，可以避免在数据接收过程中出现帧重叠错误，即在下一帧数据来时，前一帧数据还没有读走。

在发送方式下，串行数据通过 TXD(P3.1)引脚输出。

(4)串行口控制逻辑

- 接受来自波特率发生器的时钟信号——TXCLOCK(发送时钟)和 RXCLOCK(接收时钟)。
- 控制内部的输入移位寄存器将外部的串行数据转换为并行数据。
- 控制内部的输出移位寄存器将内部的并行数据转换为串行数据。
- 控制串行中断(RI 和 TI)。

7.2.2 80C51 串行口控制

1. 串行口状态控制寄存器 SCON

串行口状态控制寄存器 SCON 用来控制串行通信的方式选择、接收，指示串行口的中断状态。寄存器 SCON 既可字节寻址也可位寻址，字节地址为 98H，位地址为 98H～9FH。其格式如下：

位地址	9FH	9EH	9DH	9CH	9BH	9AH	99H	98H
位功能	SM0	SM1	SM2	REN	TB8	RB8	TI	RI

各位的意义如下。

(1)SM0(SCON.7)，SM1(SCON.6)：串行口工作方式选择位

串行口工作方式选择表见表 7-1。

表 7-1 串行口工作方式选择表

SM0	SM1	工作方式	特 点	波 特 率
0	0	方式 0	8 位同步移位寄存器	$f_{osc}/12$
0	1	方式 1	10 位 UART	可变
1	0	方式 2	11 位 UART	$f_{osc}/64$ 或 $f_{osc}/32$
1	1	方式 3	11 位 UART	可变

(2)SM2(SCON.5)：允许方式 2、方式 3 中的多处理机通信位

方式 0 时，SM2＝0。

方式 1 时，若 SM2＝1，只有接收到有效的停止位，接收中断 RI 才置 1。

方式 2 和方式 3 时，若 SM2＝1，则只有当接收到的第 9 位数据(RB8)为 1 时，才将接收到的前 8 位数据送入缓冲器 SBUF 中，并把 RI 置 1、同时向 CPU 申请中断；如果接收到的第 9 位数据(RB8)为 0，RI 置 0，将接收到的前 8 位数据丢弃。这种功能可用于多处理机通信中。

而当 SM2＝0 时，不论接收到的第 9 位数据是 0 或 1，都将前 8 位数据装入 SBUF 中，并申请中断。

（3）**REN**（SCON.4）：允许串行接收位

REN＝1 时，允许串行接收；REN＝0 时，禁止串行接收。

用软件置位/清除。

（4）**TB8**（SCON.3）：方式 2 和方式 3 中要发送的第 9 位数据

在通信协议中，常规定 TB8 作为奇偶校验位。而在 80C51 多机通信中，TB8＝0 用来表示数据帧，TB8＝1 表示地址帧。

用软件置位/清除。

（5）**RB8**（SCON.2）：方式 2 和方式 3 中接收到的第 9 位数据

方式 1 中接收到的是停止位。方式 0 中不使用这一位。

（6）**TI**（SCON.1）：发送中断标志位

方式 0 中，在发送第 8 位末尾置位；在其他方式时，在发送停止位开始时设置。

由硬件置位，用软件清除。

（7）**RI**（SCON.0）：接收中断标志位

方式 0 中，在接收第 8 位末尾置位；在其他方式时，在接收停止位中间设置。

由硬件置位，用软件清除。

系统复位后，SCON 中所有位都被清除。

2. 电源控制及波特率选择寄存器 PCON

电源控制及波特率选择寄存器 PCON 仅有几位有定义，其中最高位 SMOD 与串行口控制有关，其他位与低功耗工作方式及看门狗 T3 有关。寄存器 PCON 的地址为 87H，只能字节寻址。其格式如下：

D7	D6	D5	D4	D3	D2	D1	D0
SMOD	—	—	WLF	GF1	GF0	PD	IDL

SMOD（PCON.7）：串行通信波特率系数控制位。

当 SMOD＝1 时，使波特率加倍。复位后，SMOD＝0。

3. 串行数据寄存器 SBUF

串行数据寄存器 SBUF 包含在物理上是隔离的两个 8 位寄存器：发送数据寄存器和接收数据寄存器，但是它们共用一个地址 99H。其格式如下：

D7	D6	D5	D4	D3	D2	D1	D0
SD7	SD6	SD5	SD4	SD3	SD2	SD1	SD0

读 SBUF（MOV　A,SBUF），则访问接收数据寄存器；写 SBUF（MOV　SBUF,A），则访问发送数据寄存器。

7.3　串行口工作方式

在串行口控制寄存器 SCON 中，SM0 和 SM1 位决定串行口的工作方式。80C51 串行口共有四种工作方式。

7.3.1　串行口方式 0——同步移位寄存器方式

当 SM0＝0、SM1＝0 时，串行口选择方式 0。这种工作方式实质上是一种同步移位寄存器方式，半双工通信。

- 数据传输波特率固定为 $(1/12)f_{osc}$。
- 由 RXD(P3.0) 引脚输入或输出数据。
- 由 TXD(P3.1) 引脚输出同步移位时钟。
- 接收/发送的是 **8** 位数据，传输时低位在前。

串行口方式 0 的数据帧格式如下：

…	D0	D1	D2	D3	D4	D5	D6	D7	…

方式 0 时的工作原理图如图 7-2 所示。

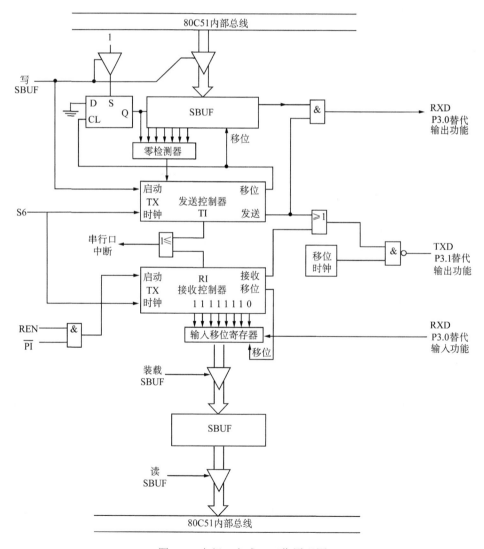

图 7-2　串行口方式 0 工作原理图

工作过程如下。

（1）发送

当执行任何一条写 SBUF 的指令（MOV　SBUF，A）时，就启动串行数据的发送。

在执行写入 SBUF 的指令时，选通内部 D 触发器置 1，构成发送移位寄存器的第 9 位，并使发送控制器开始发送。在这期间，内部定时保证写入 SBUF 与激活发送之间有一个完整的机器周期。当发送脉冲有效之后，移位寄存器的内容由 RXD（P3.0）引脚串行移位输出；移位脉冲由 TXD（P3.1）引脚输出。

在发送有效的期间，每个机器周期，发送移位寄存器右移一位，在其左边补 0。当数据最高位移到移位寄存器的输出位时，原写入第 9 位的 1 正好移到最高位的左边一位，由此向左的所有位均为 0，零检测器通知发送控制器要进行最后一次移位，并撤销发送有效，同时使发送中断标志 T1 置位。至此，完成了一帧数据发送的全过程。若 CPU 响应中断，则执行从 0023H 开始的串行口发送中断服务程序。

（2）接收

当满足 REN＝1（允许接收）且接收中断标志 RI 位清除时，就会启动一次接收过程。

在下一机器周期的 S6P2 时刻，接收控制器将"1111 1110"写入接收移位寄存器，并在下一时钟周期 S1P1 使接收控制器的接收有效，打开"与非门"，同时由 TXD（P3.1）引脚输出移位脉冲。在移位脉冲控制下，接收移位寄存器的内容每一个机器周期左移一位，同时由 RXD（P3.0）引脚接收一位输入信号。

每当接收移位寄存器左移一位，原写入的"1111 1110"也左移一位。当最右边的 0 移到最左边时，标志着接收控制器要进行最后一次移位。在最后一次移位即将结束时，接收移位寄存器的内容送入接收数据缓冲寄存器 SBUF，然后在启动接收的第 10 个机器周期的 S1P1 时，清除接收信号，置位 SCON 中的 RI，发出中断申请。完成一帧数据的接收过程。若 CPU 响应中断，则执行从 0023H 开始的串行口接收中断服务程序。

7.3.2　串行口方式 1——8 位 UART

当 SM0＝0、SM1＝1 时，串行口选择方式 1。

数据传输波特率由定时器/计数器 T1 的溢出决定，可用程序设定。

- 由 TXD（P3.1）引脚发送数据。
- 由 RXD（P3.0）引脚接收数据。
- 发送或接收一帧信息为 10 位：1 位起始位（0）、8 位数据位（低位在前）和 1 位停止位（1）。串行口方式 1 的数据帧格式如图 7-3 所示。

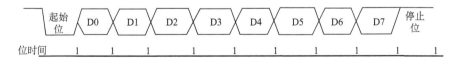

图 7-3　串行口方式 1 的数据帧格式

工作过程如下。

（1）发送

方式 1 时，发送的工作原理图如图 7-4 所示。

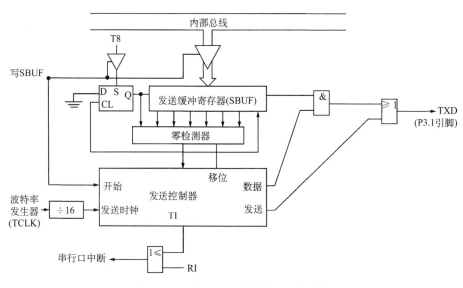

图 7-4 串行口方式 1 发送工作原理图

当执行任何一条写 SBUF 的指令时，就启动串行数据的发送。在执行写入 SBUF 的指令时，也将 1 写入发送移位寄存器的第 9 位（由 SBUF 和 1 个独立的 D 触发器构成），并通知发送控制器有发送请求。实际上发送过程开始于 16 分频计数器下次满度翻转（由全 1 变全 0）后的那个机器周期的开始。每位的发送过程与 16 分频计数器同步，而不是与"写 SBUF"同步。

开始发送后的一个位周期，发送信号有效，开始将起始位送 TXD（P3.1）引脚。一位时间后，数据信号有效。发送移位寄存器将数据由低位到高位顺序输出至 TXD（P3.1）引脚。一位时间后，第一个移位脉冲出现将最低数据位从右边移出，同时 0 从左边挤入。当最高数据位移至发送移位寄存器的出端时，先前装入的第 9 位的 1，正好在最高数据位的左边，而它的左边全部为 0。这种状态被零检测器检测到，在第 10 个位周期（16 分频计数器回 0 时），发送控制器进行最后一次移位，清除发送信号，同时使 SCON 寄存器中 TI 置位。至此，完成了一帧数据发送的全过程。若 CPU 响应中断，则执行从 0023H 开始的串行口发送中断服务程序。

（2）接收

方式 1 时，接收的工作原理图如图 7-5 所示。

当 REN＝1 且清除 RI 后，若在 RXD（P3.0）引脚上检测到一个 1 到 0 的跳变，立即启动一次接收。同时，复位 16 分频计数器，使输入位的边沿与时钟对齐，并将 1FFH（即 9 个 1）写入接收移位寄存器。接收控制器以波特率的 16 倍的速率继续对 RXD（P3.0）引脚进行检测，计数器的 16 个状态把每一位的时间分为 16 份，对每一位时间的第 7、8、9 个计数状态，位检测器对 RXD 端的值采样，这三个状态理论上对应于每一位的中央值。若发送端与接收端的波特率有差异，就会发生偏移，只要这种差异在允许范围内，就不至于发生错位或漏码。在上述三个状态下，取得三个采样值，其中至少有两个值是一致的，即采用 3 取 2 的多数表决法，当两次或两次以上的采样值相同时，采样值予以接受，可抑制噪声。

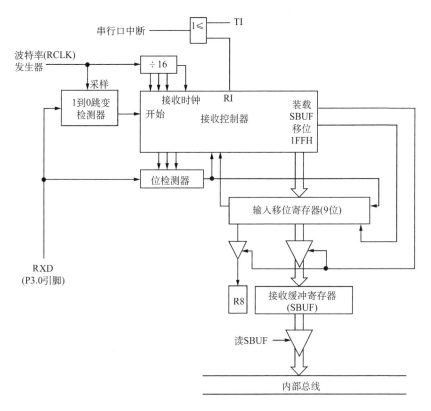

图 7-5　串行口方式 1 接收工作原理图

如果在第 1 个时钟周期中接收到的不是 0（起始位），说明它不是一帧数据的起始位，则复位接收电路，继续检测 RXD（P3.0）引脚上 1 到 0 的跳变。如果接收到的是起始位，就将其移入接收移位寄存器，然后接收该帧的其他位。接收到的位从右边移入，原来写入的 1，从左边移出，当起始位移到最左边时，接收控制器将控制进行最后一次移位，把接收到的 9 位数据送入接收数据缓冲器 SBUF 和 RB8，而且置位 RI。

在进行最后一次移位时，能将数据送入接收数据缓冲器 SBUF 和 RB8，而且置位 RI 的条件是：

· RI＝0，即上一帧数据接收完成时发出的中断请求已被响应，SBUF 中数据已被取走。

· SM2＝0 或接收到的停止位＝1。

若以上两个条件中有一个不满足，将不可恢复地丢失接收到的这一帧信息；如果满足上述两个条件，则数据位装入 SBUF，停止位装入 RB8 且置位 RI。

接收这一帧之后，不论上述两个条件是否满足，即不管接收到的信息是否丢失，串行口将继续检测 RXD（P3.0）引脚上 1 到 0 的跳变，准备接收新的信息。

7.3.3　串行口方式 2 和方式 3——9 位 UART

当 SM0＝1、SM1＝0 时，串行口选择方式 2；当 SM1＝1、SM0＝1 时，串行口选择方式 3。

- 由 TXD(P3.1)引脚发送数据。
- 由 RXD(P3.0)引脚接收数据。
- 发送或接收一帧信息为 11 位：1 位起始位(0)、8 位数据位(低位在前)、1 位可编程位和 1 位停止位(1)。发送时可编程位 TB8 可设置为 1 或 0，接收时可编程位进入 SCON 寄存器的 RB8 位。
- 方式 2 和方式 3 的不同在于它们波特率产生方式不同。方式 2 的波特率是固定的，为振荡器频率的 1/32 或 1/64。方式 3 的波特率则由定时器/计数器 T1 和 T2 的溢出决定，可用程序设定。

串行口方式 2 的数据帧格式如图 7-6 所示。

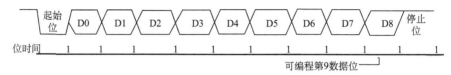

图 7-6　串行口方式 2 的数据帧格式

串行口方式 2 的工作原理图如图 7-7 所示。

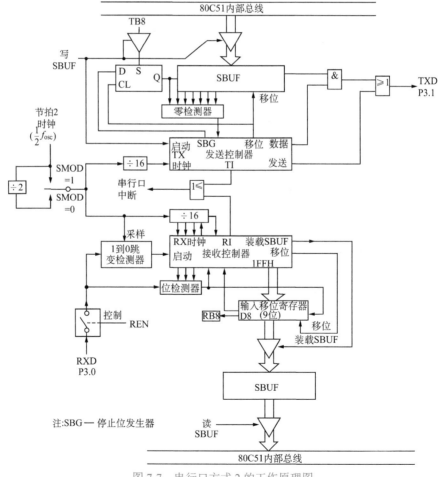

图 7-7　串行口方式 2 的工作原理图

(1) 发送

当执行任何一条写 SBUF 的指令时，就启动串行数据的发送。在执行写入 SBUF 的指令时，也将 1 写入发送移位寄存器的第 9 位，并通知发送控制器有发送请求。实际上发送过程开始于 16 分频计数器下次满度翻转（由全 1 变全 0）后的那个机器周期的开始。所以每一位的发送过程与 16 分频计数器同步，而不是与"写 SBUF"同步。

开始发送后的一个位周期，发送信号有效，开始将起始位送 TXD(P3.1) 引脚。一位时间后，数据信号有效。发送移位寄存器将数据由低位到高位顺序输出至 TXD(P3.1) 引脚。一位时间后，第一个移位脉冲出现将最低数据位从右边移出，同时 0 从左边挤入。当最高数据位移至发送移位寄存器的输出端时，先前装入的第 9 位的 1，正好在最高数据位的左边，而它的右边全部为 0。在第 10 个位周期间（16 分频计数器回 0 时），发送控制器进行最后一次移位，清除发送信号，同时使 TI 置位。

(2) 接收

当 REN＝1 且清除 RI 后，若在 RXD(P3.0) 引脚上检测到一个 1 到 0 的跳变，立即启动一次接收。同时，复位 16 分频计数器，使输入位的边沿与时钟对齐，并将 1FFH（即 9 个 1）写入接收移位寄存器。接收控制器以波特率的 16 倍的速率继续对 RXD(P3.0) 引脚进行检测，对每一位时间的第 7、8、9 个计数状态的采样值用多数表决法，当两次或两次以上的采样值相同时，采样值予以接受。

如果在第 1 个时钟周期中接收到的不是 0（起始位），就复位接收电路，继续检测 RXD(P3.0) 引脚上 1 到 0 的跳变。如果接收到的是起始位，就将其移入接收移位寄存器，然后接该帧的其他位。接收到的位从右边移入，原来写入的 1，从左边移出，当起始位移到最左边时，接收控制器将控制进行最后一次移位，把接收到的 9 位数据送入接收数据缓冲器 SBUF 和 RB8，而且置位 RI。

在进行最后一次移位时，能将数据送入接收数据缓冲器 SBUF 和 RB8，而且置位 RI 的条件是：

- RI＝0。
- SM2＝0 或接收到的停止位＝1。

若以上两个条件中有一个不满足，将不可恢复地丢失接收到的这一帧信息。如果满足上述两个条件，则数据位装入 SBUF，停止位装入 RB8 且置位 RI。

接收这一帧之后，不论上述两个条件是否满足即不管接收到的信息是否丢失，串行口将继续检测 RXD(P3.0) 引脚上 1 到 0 的跳变，准备接收新的信息。

7.4　串行口应用

7.4.1　串行口的波特率发生器及波特率计算

串行口的波特率发生器如图 7-8 所示。

波特率的设定如下。

- 方式 0 时的波特率由振荡器的频率（f_{osc}）所确定：波特率为 $f_{osc}/12$。
- 方式 2 时的波特率由振荡器的频率（f_{osc}）和 SMOD 位（PCON.7）所确定：

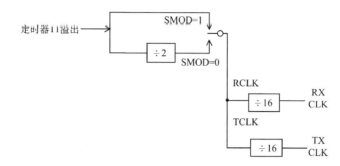

图 7-8　串行口的波特率发生器

$$波特率 = \frac{f_{osc}}{32} \times \frac{2^{SMOD}}{2}$$

当 SMOD=1 时，波特率=f_{osc}/32；当 SMOD=0 时，波特率=f_{osc}/64。

- 方式 1 和方式 3 时的波特率由定时器 T1 的溢出率和 SMOD（PCON.7）所确定。

用定时器 T1 产生的波特率是可变的，可选择的波特率范围比较大，因此，串行口的方式 1 和方式 3 是最常用的工作方式。

用定时器 T1（C/$\overline{T}$ =0）产生波特率时，

$$波特率 = \frac{2^{SMOD}}{32} \times 定时器 T1 的溢出率$$

定时器 T1 的溢出率与它的工作方式有关。

1）定时器 T1 工作于方式 0：此时定时器 T1 相当于一个 13 位的计数器。

$$溢出率 = \frac{f_{osc}}{12} \times \frac{1}{(2^{13} - TC)}$$

式中，TC 为 13 位计数器初值。

2）定时器 T1 工作于方式 1：此时定时器 T1 相当于一个 16 位的计数器。

$$溢出率 = \frac{f_{osc}}{12} \times \frac{1}{(2^{16} - TC)}$$

式中，TC 为 16 位计数器初值。

3）定时器 T1 工作于方式 2：此时定时器 T1 工作于一个 8 位可重装的方式，用 TL1 计数，用 TH1 装初值。

方式 2 是一种自动重装方式，无须在中断服务程序中送数，没有由于中断引起的误差，也应禁止定时器 T1 中断。

这种方式用于波特率设定最为有用。

$$溢出率 = \frac{f_{osc}}{12} \times \frac{1}{2^8 - TH1}$$

7.4.2　方式 0 的编程及应用

80C51 的串行口方式 0 是同步移位寄存器方式。应用方式 0 可以扩展并行 I/O 口，如在键盘、显示器接口中，外扩串行输入、并行输出的移位寄存器（如 74LS164），每扩展一片移位寄存器可扩展一个 8 位并行输出口，可以用来连接一个 LED 显示器作静态显示或用作键盘中的 8 根列线使用。

例：使用 **74LS164** 的并行输出端接 8 只发光二极管，利用它的串入并出功能，把发光二极管从左向右依次点亮(对应输出脚为 **1**，即高电平)，并不断循环。通过串行口的发光二极管扩展连接图如图 7-9 所示。

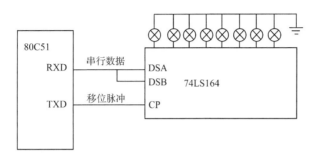

图 7-9　通过串行口的发光二极管扩展连接图

例.通过串行口的发光二极管扩展

```
        MOV      SCON,#00H    ; 设串行口为方式 0，同步移位寄存器方式
        CLR      ES           ; 禁止串行口中断
        MOV      A,#80H       ; 先显示最左边发光二极管
LED:    MOV      SBUF,A       ; 串行输出
        JNB      TI,$         ; 输出等待
        CLR      TI
        ACALL    DELAY        ; 轮显间隔
        RR       A            ; 发光右移
        AJMP     LED          ; 循环
DELAY:  …                     ; 延时子程序(略)
        RET
```

7.4.3　方式 1 的编程及应用

例：试编写双机通信程序。甲、乙双机均为串行口方式 **1**，并以定时器 T1 的方式 **2** 为波特率发生器，波特率为 **2400**。

波特率的计算：这里使用 6MHz 晶振，以定时器 T1 的方式 2 制定波特率。此时定时器 T1 相当于一个 8 位的计数器。

计算定时器 T1 的计数初值：

$$波特率 = \frac{2^{SMOD}}{32} \times \frac{f_{osc}}{12} \times \frac{1}{2^8 - TH1}$$

$$TH1 = 2^8 - (2^{SMOD} \times f_{osc}) \div (波特率 \times 32 \times 12)$$

$$= 256 - (2^0 \times 6 \times 10^6) \div (2400 \times 32 \times 12)$$

$$= 256 - 6.5 = 249.5 = FAH$$

(1)甲机发送

将以片内数据存储器的 78H 及 77H 的内容为首地址、以 76H 及 75H 的内谷减 1 为末地址的数据块内容,通过串行口传至乙机。

例:(78H)=20H　　　;首地址高位

(77H)=00H

(76H)=20H　　　;末地址高位

(75H)=20H

要求程序将片外数据存储器的 2000H~201FH 中的内容输出到串行口。对数据块首、末地址的传送以查询方式进行,而数据的传送以中断方式进行。

```
        ORG     0000H
        SJMP    TRANS
        ORG     0023H           ; 串行口中断入口
        AJMP    SINT
        ORG     0030H
TRANS:  MOV     TMOD, #20H      ; 置定时器/计数器 T1 为定时器方式 2
        MOV     TL1, #0FAH      ; 置 T1 定时常数(串行口波特率为 2400)
        MOV     TH1, #0FAH
        SETB    EA              ; 允许中断
        CLR     ES              ; 关串行口中断
        MOV     PCON, #00H      ; 波特率不倍增
        CLR     TI              ; 禁止发送中断
        MOV     SCON, #40H      ; 置串行口方式 1
        MOV     SBUF, 78H       ; 输出首地址
WAIT1:  JNB     TI, WAIT1       ; 查询等待发送结束
        CLR     TI
        MOV     SBUF, 77H
WAIT2:  JNB     TI, WAIT2       ; 查询等待发送结束
        CLR     TI
        MOV     SBUF, 76H       ; 输出末地址
WAIT3:  JNB     TI, WAIT3
        CLR     TI
        MOV     SBUF, 75H
WAIT4:  JNB     TI, WAIT4
        CLR     TI
        SETB    ES              ; 允许串行口中断
        MOV     DPH, 78H        ; 输出数据块中第一个数据
        MOV     DPL, 77H
        MOVX    A, @DPTR
        CLR     TI
        MOV     SBUF, A
```

```
        SJMP        $                   ; 中断等待
        ORG         0200H               ; 串行口中断服务程序
SINT:   PUSH        DPL                 ; 保护现场
        PUSH        DPH
        PUSH        A
        INC         77H                 ; 地址加 1
        MOV         A, 77H
        JNZ         JP1
        INC         78H
JP1:    MOV         A, 78H
        CJNE        A, 76H, END1        ; 判断数据传送是否结束, 未结束则转 END1
        MOV         A, 77H
        CJNE        A, 75H, END1
        CLR         ES                  ; 结束, 关串行口中断
ESCOM:  POP         A                   ; 恢复现场
        POP         DPH
        POP         DPL
        RETI
END1:   MOV         DPH, 78H            ; 数据输出未结束, 则继续发送
        MOV         DPL, 77H
        MOVX        A, @DPTR
        CLR         TI
        MOV         SBUF, A
        RETI
```

(2) 乙机接收

乙机通过 RXD 引脚接收甲机发来的数据, 接收波特率与甲机一样。接收的第 1、2 字节是数据块的首地址, 第 3、4 字节是数据块的末地址减 1, 第 5 字节开始是数据, 接收到的数据依次存入数据块首地址开始的存储器中。

```
        ORG         0000H
        SJMP        RECEIVE             ; 乙机接收
        ORG         0023H
        AJMP        RSINT               ; 串行口中断入口
        ORG         0030H
RECEIVE: MOV        TMOD, #20H          ; 设定时器/计数器 T1 为定时器方式 2
        MOV         TL1, #0FAH          ; 置 T1 定时常数(串行口波特率为 2400)
        MOV         TH1, #0FAH
        SETB        EA                  ; 允许中断
        SETB        ES                  ; 允许串行口中断
        CLR         TI                  ; 禁止发送中断
```

```
        MOV      SCON, #50H        ; 置串行口方式 1、接收
        CLR      20H               ; 置地址标志(20H)＝0, 为地址; (20H)＝1, 为数据
        MOV      70H, #78H
        SJMP     $                 ; 中断等待
        ORG      0200H
RSINT:  PUSH     DPL               ; 保护现场
        PUSH     DPH
        PUSH     ACC
        MOV      A, R0
        PUSH     ACC
        JB       20H, DATA         ; 判别接收的是地址还是数据, 是数据, 转移
        MOV      R0, 70H           ; 是地址, 分别送入 78H～75H 中
        MOV      A, SBUF
        MOV      @R0, A
        DEC      70H
        CLR      RI
        MOV      A, #74H
        CJNE     A, 70H, RETURN    ; 是地址, 转结束
        SETB     20H               ; 地址已接收完, 置接收数据标志
RETURN: POP      ACC               ; 恢复现场
        MOV      R0, A
        POP      ACC
        POP      DPH
        POP      DPL
        RETI
DATA:   MOV      DPH, 78H          ; 接收数据
        MOV      DPL, 77H
        MOV      A, SBUF
        MOVX     @DPTR, A          ; 将数据送入片外数据存储器
        CLR      RI
        INC      77H               ; 地址加 1
        MOV      A, 77H
        JNZ      DATA1
        INC      78H
DATA1:  MOV      A, 76H
        CJNE     A, 78H, RETURN
        MOV      A, 75H
        CJNE     A, 77H, RETURN
        CLR      ES                ; 结束, 关串行口中断
```

```
        AJMP          RETURN
```
例：通过串行口发送带奇校验位的数据块。

ASCII 码由 7 位组成，因此，其最高位可作为奇校验位用。数据块通过串行口发送和接收，采用 8 位异步通信，波特率为 1200，已知 $f_{osc}=11.0592\text{MHz}$。

从内部数据存储器单元 20H～3FH 中取出 ASCII 码加上奇校验位之后发出。设串行口为方式 1，定时器/计数器 T1 为方式 2，作为串行口的波特率发生器。

$$波特率=\frac{2^{SMOD}}{32}\times\frac{f_{osc}}{12\times(2^8-TH1)}=1200$$

因为 SMOD＝0，所以 TH1＝232＝E8H。

```
        ORG           0000H
        MOV           TMOD, #23H          ; 设定时器/计数器 T1 为方式 2, T0 为方式 3
        MOV           TL1, #0E8H          ; 置 T1 定时常数（串行口波特率为 1200）
        MOV           TH1, #0E8H
        MOV           SCON, #01000000B    ; 设串行口为方式 1
        MOV           R0, #20H            ; 设发送数据区首址
        MOV           R7, #32             ; 发送 32 个 ASCII 码数据
LOOP:   MOV           A, @R0              ; 取 ASCII 码数据
        ACALL         SP-OUT              ; 调用串行口发送子程序
        INC           R0                  ; 未发送完, 则继续
        DJNZ          R7, LOOP
        …
```
串行口发送子程序：
```
SP-OUT: MOV           C, P                ; 设奇校验位
        CPL           C
        MOV           ACC.7, C
        MOV           SBUF, A             ; 带校验位发送
        JNB           TI, $               ; 发送等待
        CLR           TI
        RET
```
例：通过串行口接收带奇校验位的数据块。

把接收到的 32 字节数据存放到内部数据存储器单元 20H～3FH 中，波特率仍为 1200，若奇校验出错，将进位标志 C 置 1。

```
        ORG           0000H
        MOV           TMOD, #23H          ; 设定时器 T1 为方式 2, T0 为方式 3
        MOV           TL1, #0E8H          ; 设串行口波特率为 1200
        MOV           TH1, #0E8H
        MOV           R0, #20H            ; 接收缓冲区首址
        MOV           R7, #32             ; 接收字节计数器
```

```
LOOP: ACALL    SP-IN              ; 调用带奇校验的串行口接收子程序
      JC       ERROR              ; 校验错，转出错处理
      MOV      @R0, A             ; 存入
      INC      R0
      DJNZ     R7, LOOP           ; 未接收完，则继续
      …
ERROR: …                         ; 校验错，处理
SP-IN: MOV     SCON, #01010000B   ; 设串行口为方式 1，启动接收
      JNB      RI, $
      CLR      RI
      MOV      A, SBUF            ; 接收一个字节
      MOV      C, P               ; 检查奇校验位，若出错，C=1
      CPL      C
      ANL      A, #7FH            ; 去掉校验位后的 ASCII 码数据
      RET
```

7.4.4   方式 2 和方式 3 的编程及应用

方式 2 接收/发送的一帧信息是 11 位：第 0 位是起始位(0)；第 $1 \sim 8$ 位是数据位；第 9 位是程控位，可由用户置 TB8 决定；第 10 位是停止位。

方式 2 的波特率为

$$波特率＝振荡器频率/n$$

其中，当 SMOD＝0 时，$n=64$；当 SMOD＝1 时，$n=32$。

由于方式 2 和方式 3 基本一样，仅波特率设置不同，所以具体使用方法见方式 3 的编程。

例：试编写串行接口以工作方式 2 发送数据的中断服务程序。

串行接口发送数据时由 TXD 端输出；工作方式 2 发送的一帧信息为 11 位：1 位起始位，8 位数据位，1 位可编程位(可用作奇偶校验位或数据/地址标志位)和 1 位停止位。在串行数据传送时，设工作寄存器区 2 的 R0 作为发送数据区的地址指示器。因此，在编写中断服务程序时，除了保护和恢复现场外，还涉及寄存器工作区的切换、奇校验位的传送、发送数据区地址指示器的加 1 以及清除 SCON 寄存器中的发送中断请求 TI 位。奇校验位的发送是在将发送数据写入发送缓冲器 SBUF 之前，先将奇标志写入 SCON 的 TB8 位。另外，假设中断响应之前，CPU 选择用 0 组工作寄存器。其程序设计如下：

```
      ORG      0023H
      AJMP     SPINT
SPINT: CLR     EA                 ; 关 CPU 中断
      PUSH     PSW                ; 保护现场
      PUSH     ACC
      SETB     EA                 ; 开 CPU 中断
```

SETB	PSW.4	; 切换寄存器工作组为 2 组
CLR	TI	; 清除发送中断请求标志
MOV	A, @R0	; 取数据, 置奇偶标志位
MOV	C, P	; 奇偶标志位 P 送 TB8
MOV	TB8, C	
MOV	SBUF, A	; 数据写入发送缓冲器, 启动发送
INC	R0	; 数据地址指针加 1
CLR	EA	; 关 CPU 中断
POP	ACC	; 恢复现场
POP	PSW	
SETB	EA	; 开 CPU 中断
CLR	PSW.4	; 切换寄存器工作组
RETI		; 中断返回

例: 方式 3 和方式 1 的不同在于接收/发送的信息位数不同, 而与方式 2 的不同仅在于波特率设置不同。

这里以双机通信为例。串行口以方式 3 进行接收和发送, 以 T1 为波特率发生器, 选择定时器方式 2。

程序首先发送数据存放地址, 而地址的高位存放在 78H 中, 地址的低位存放在 77H 中; 然后发送 00H, 01H, 02H, …, FEH, 共发送 255 个数据以后结束。

甲机的发送程序:

	ORG	0023H	
	CLR	TI	
	RETI		
TRANSFER:	MOV	TMOD, #20H	; 置定时器 T1 为定时方式 2
	MOV	TL1, # 0F0H	; 设串行口波特率
	MOV	TH1, # 0F0H	
	SETB	EA	; 允许 CPU 中断
	CLR	ES	; 禁止串行口中断
	CLR	ET1	; 禁止定时器 T1 中断
	MOV	SCON, #0E0H	; 置串行口方式 3
	SETB	TB8	; 表示发送的是地址
	MOV	SBUF, 78H	; 发送地址
	JNB	TI, $	
	CLR	TI	
	MOV	SBUF, 77H	
	JNB	TI, $	
	CLR	TI	
	MOV	IE, #90H	; 允许串行口中断
	CLR	SM2	; 以后发送的是数据

```
        MOV       A, #00H          ; 发送数据
LOOP: MOV          SBUF, A
        JNB       TI, $
        CLR       TI
        INC       A
        CJNE      A, #0FFH, LOOP   ; 判是否结束
        CLR       ES               ; 禁止串行口中断
        CLR       EA               ; 关中断
HERE: AJMP     HERE
```

乙机接收程序：把接收到的头两个字节作为存放数据的首地址，再将接收到的 255 个字节的数据存放入相应的单元中。

```
        ORG       0023H
        AJMP      SINT             ; 串行口中断入口
RECEIVE: MOV      TL1, # 0F0H      ; 设串行口波特率
        MOV       TH1, #0F0H
        MOV       TMOD, # 20H      ; 置定时方式 2
        SETB      ES               ; 允许串行口中断
        CLR       ET1              ; 禁止定时器 T1 中断
        SETB      EA               ; 开 CPU 中断
        MOV       SCON, #0F0H      ; 置串行口方式 3 接收
        MOV       R0, #0FEH        ; 数据个数
RWAIT: AJMP      RWAIT


        ORG       1000H
SINT: MOV        C, SM2
        JNC       PD＋2            ; 输入是数据, 转移
        INC       R0
        NOP
        MOV       A, R0
        JZ        PD
        MOV       DPH, SBUF        ; 输入的是高位地址
        AJMP      PD＋1
PD: MOV          DPL, SBUF        ; 输入的是低位地址
        CLR       SM2              ; 下一次输入是数据
PD+1: CLR       RI
        RETI
PD＋2: MOV       A, SBUF          ; 是数据
        MOVX      @DPTR, A
        INC       DPTR
```

```
        CLR         RI
        CJNE        A, #0FEH, RETURN      ; 判是否结束
        CLR         ES                    ; 结束, 关中断
RETURN: RETI
```

一般说来, 用定时器方式 2 来制定波特率是比较理想的, 它不需要用中断服务程序来置数, 并且算出的波特率也比较准确。在使用的波特率不太低的情况下, 宜用定时器 1 的方式 2 来制定波特率。

思考与练习

填空题

1. 80C51 单片微机串行口共有____种工作方式, 它们的波特率分别为____, ____, ____, ____。

2. 对于串行口的方式 1, 当波特率为 9600bit/s 时, 每分钟可以传送____字节。

简答题

3. 什么是比特率、波特率、溢出率? 如何计算和设置 80C51 串行通信的波特率?

4. 为什么定时器 T1 用作串行口波特率发生器时, 常采用方式 2? 若已知系统时钟频率、通信波特率, 如何计算其初始值?

5. 某异步通信接口, 其帧格式由 1 个起始位、7 个数据位、1 个奇偶校验位和 1 位停止位组成, 当该口每分钟传送 1800 个字符时, 计算其传送波特率。

6. 在 80C51 的应用系统中时钟频率为 6 MHz, 现需利用定时器 T1 产生波特率为 1200 波特。请计算初值, 实际得到的波特率的误差是多少?

7. 简述串行通信接口芯片 UART 的主要功能。

8. 假定异步串行通信的字符格式为 1 个起始位、8 个数据位、2 个停止位以及 1 位奇校验位, 请画出传送 ASCII 字符 "A" 的格式。

9. 80C51 单片微机串行口共有哪几种工作方式? 各有什么特点和功能?

10. 串行通信有哪几种数据通信形式? 试举例说明。

11. 串行通信的总线标准是什么? 有哪些内容?

12. 若 80C51 串行口采用方式 2, 波特率为 9600bit/s, 发送 8 位数据为 10011001, 采用奇校验, 请画出串行口 TXD 引脚上波形图并简述。

编程题

13. 以 80C51 串行口按工作方式 1 进行串行数据通信。假定波特率为 1200, 以中断方式传送数据, 请编写全双工通信程序。

14. 以 80C51 串行口按工作方式 3 进行串行数据通信。假定波特率为 1200, 第 9 数据位作奇校验位, 以中断方式传送数据, 请编写通信程序。

第 8 章

单片微机的系统扩展原理与接口技术

摘要：本章是本书的重点内容，需掌握系统扩展(并行和串行)原理及方法，掌握存储器、I/O 及模拟转换接口基本扩展方法(并行和串行)和应用编程，掌握人-机对话(键盘与显示器)基本原理和应用编程，了解可靠性及低功耗概念。

8.1 系统扩展原理

一个实际的单片微机应用系统往往具有多个功能接口，如传感器接口可以把非电量的检测信号转换成单片微机能够接收的模拟信号或直接转换为数字信号；输出控制接口能把单片微机输出的数字信号转换为模拟信号或数字控制信号；人-机对话接口能通过键盘等直接干预单片微机应用系统的工作或把单片微机应用系统的工作情况通过数码管或 LCD 液晶显示器来显示；而单片微机应用系统之间有时需要通信，往往需要通信接口，等等。单片微机最小应用系统常常不能满足要求，因此，系统扩展是单片微机应用系统中往往不可缺少的。

系统扩展是指单片微机内部各功能部件不能满足应用系统要求时，在片外连接相应的外围芯片以满足应用系统要求。80C51 系列单片微机有很强的外部扩展能力，扩展电路及扩展方法较典型、规范。80C51 系列单片微机的系统扩展主要有程序存储器的扩展、数据存储器的扩展、I/O 口的扩展、中断系统扩展以及其他特殊功能接口的扩展等。

对于单片微机系统扩展的方法有并行扩展法和串行扩展法两种。并行扩展法是指利用单片微机本身具备的三组总线(AB、DB、CB)进行的系统扩展，早些年构成单片微机应用系统的扩展方法基本上都是并行的三总线扩展。近几年，由于集成电路设计、工艺和结构的发展，串行扩展法得到了很快发展，它利用 SPI 三线总线和 I²C 双线总线等进行串行系统扩展。有的单片微机应用系统可能同时采用并行扩展法和串行扩展法。

使用串行扩展法具有显著的优点。一般来说，串行接口器件体积小，所占用电路板的空间为并行接口器件的 10%，明显地减小了电路板空间和成本；串行接口器件与单片微机接口时需用的 I/O 口线很少(仅需 3、4 根)，减少了控制器的资源开销，简化了连接，进而提高了可靠性。

在进行单片微机应用系统扩展时，应对系统扩展能力、扩展总线结构及扩展应用特点等有所分析和了解，这样才能顺利地完成系统扩展任务。

8.1.1　外部并行扩展原理

单片微机是通过芯片的引脚进行系统扩展的。

为了满足系统扩展要求，80C51 系列带总线的单片微机芯片引脚可以构成图 8-1 所示的三总线结构。即地址总线（AB）、数据总线（DB）和控制总线（CB）。

（1）地址总线**(AB)**

地址总线由单片微机 P0 口提供低 8 位地址 A0～A7，P2 口提供高 8 位地址 A8～A15。P0 口是地址总线低 8 位和 8 位数据总线复用口，只能分时用作地址线。故 P0 口输出的低 8 位地址 A0～A7 必须用锁存器锁存。

锁存器的锁存控制信号来自单片微机 ALE 引脚输出的控制信号。在 ALE 的下降沿将 P0 口输出的地址 A0～A7 锁存。P2 口具有输出锁存功能，故

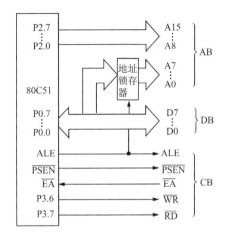

图 8-1　80C51 系列单片微机的三总线结构

不需外加锁存器。P0、P2 口在系统扩展中用作地址线后便不能作为一般 I/O 口使用。

由于地址总线宽度为 16 位，故可寻址范围为 64KB。

（2）数据总线**(DB)**

数据总线由 P0 口提供，用 D0～D7 表示。P0 口为三态双向口，是应用系统中使用最为频繁的通道。单片微机与外部交换的所有数据、指令、信息，除少数可直接通过 P1 口外，全部通过 P0 口传送。

数据总线是并连到多个连接的外围芯片的数据线上，而在同一时间里只能够有一个是有效的数据传送通道。哪个芯片的数据通道有效，则由地址线控制各个芯片的片选线来选择。

（3）控制总线**(CB)**

控制总线包括片外系统扩展用控制线和片外信号对单片微机的控制线。

系统扩展用控制线有 ALE、$\overline{\text{PSEN}}$、$\overline{\text{EA}}$、$\overline{\text{RD}}$、$\overline{\text{WR}}$。

• ALE：输出 P0 口上地址与数据隔离信号，用于锁存 P0 口输出的低 8 位地址的控制线。通常，ALE 信号的下降沿控制锁存器来锁存地址数据，通常选择下降沿选通的锁存器作低 8 位地址锁存器。

• $\overline{\text{PSEN}}$：输出，用于读片外程序存储器中的数据。"读"取片外程序存储器中数据（指令）时，不能用 $\overline{\text{RD}}$ 信号，而只能用 $\overline{\text{PSEN}}$ 信号。

• $\overline{\text{EA}}$：输入，用于选择片内或片外程序存储器。当 $\overline{\text{EA}}$＝0 时，只访问外部程序存储器，即使片内有程序存储器也不会去访问。因此，在扩展并只使用片外程序存储器时，必须使 $\overline{\text{EA}}$ 接地。当 $\overline{\text{EA}}$＝1 时，先访问内部程序存储器，内部程序存储器全部访问完之后，再访问外部程序存储器。

• $\overline{\text{RD}}$、$\overline{\text{WR}}$：输出，用于片外数据存储器或 I/O 端口的读、写控制。当执行片外数

据存储器操作指令 MOVX 时，自动生成 $\overline{RD}$、$\overline{WR}$ 控制信号。

作为低 8 位地址锁存用的地址锁存器，从时序上看，应该是在 ALE 的下降沿或者在低电平时锁存 P0 口输出的低 8 位地址。一般使用最多的锁存器有 8D 锁存器 74LS273 和锁存缓冲器 74LS373。常用地址锁存器如图 8-2 所示。

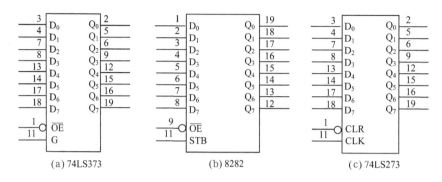

(a) 74LS373　　　(b) 8282　　　(c) 74LS273

图 8-2　地址锁存器

8D 锁存器 74LS273 的 CLK 端是上升沿锁存，为了与 ALE 信号下降沿出现地址信号相一致，必须将 ALE 信号反相，即需增加一个反相器才行。8D 透明锁存器 74LS373 的锁存允许信号 G 是电平锁存。当 G 从高电平转为低电平时，将其输入端的数据锁存在输出端，因而芯片的 G 端可以与 ALE 信号直接相连。当 ALE 为高电平时，8D 锁存器 74LS373 的输入和输出是透明的。当 ALE 出现下降沿后，8D 锁存器 74LS373 的输出即为 A0～A7，这时 P0 口上出现的是数据，实现了地址低 8 位和 8 位数据线的分离。

具有同样并行总线的外部芯片(如存储器、I/O 或模拟转换接口)都通过这三组总线与单片微机进行同名端连接。如数据总线 D0～D7 与存储器、I/O 或模拟转换接口的 8 根数据线相连，而地址线根据扩展芯片的容量(如 8KB 还是 32KB)而选择相连，控制线则根据扩展不同芯片的性质(程序存储器还是数据存储器或 I/O)而选择相连。80C51 并行扩展系统示意图如图 8-3 所示。

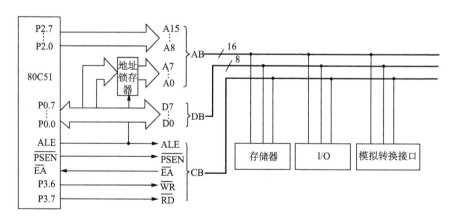

图 8-3　80C51 并行扩展系统示意图

1. 并行扩展方式的编址技术

芯片内部的存储器单元都已经编址，对于扩展的存储器和 I/O 端口存在一个编址的问题。一个单片微机应用系统中可有多个扩展芯片，而每一个扩展芯片又有很多的存储单元或端口，所以在单片微机应用系统中，为了能唯一选择片外某一存储单元或 I/O 端口，需要进行二次选择。一是必须先找到该存储单元或 I/O 端口所在的芯片，一般称为"片选"，二是通过对芯片本身所具有的地址线进行译码，然后确定唯一的存储单元或 I/O 端口，称为"字选"。

"片选"保证每次读或写时，只选中某一片存储器芯片或 I/O 接口芯片。常用的方法有4 种：线选法、地址译码法、可编程器件 PAL/GAL 或 I/O 口线法。

（1）线选法

一般是利用单片微机的最高几位空余的地址线中一根（如 P2.7）作为某一片存储器芯片或 I/O 接口芯片的"片选"控制线。线选法常用于应用系统中扩展芯片较少的场合。

（2）译码法

当应用系统中扩展芯片较多时，单片微机空余的高位地址线不够用。这时常用译码器对空余的高位地址线进行译码，而译码器的输出作为"片选"控制线。常用的译码器有 3/8 译码器 74LS138、双 2/4 译码器 74LS139、4/16 译码器 74LS154 等。3/8 译码器 74LS138 的引脚如图 8-4 所示。

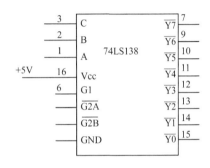

图 8-4　74LS138 3/8 译码器

- G1、$\overline{\text{G2A}}$、$\overline{\text{G2B}}$：使能端。当 G1=1，$\overline{\text{G2A}}=\overline{\text{G2B}}=0$ 时，芯片使能。

- C、B、A：译码器输入，高电平有效。

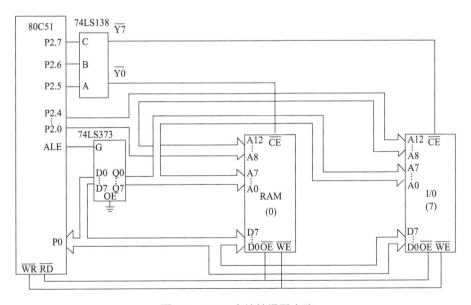

图 8-5　64KB 全地址译码电路

- $\overline{Y}$：译码器输出，低电平有效。正常情况下，只有　根引脚输出是低电平，其余引脚输出都是高电平。这样，当译码器输出作为单片微机应用系统中外扩芯片的片选控制线时，保证每次读或写时只选中一个芯片。

部分地址线参加译码时，称为部分地址译码，这时芯片的地址会有重叠。16 根地址线全部参加译码的，称为全地址译码。图 8-5 示意的是通过 3/8 译码器 74LS138 获得 64KB 地址的译码电路。

图 8-5 中 3/8 译码器 74LS138 已经使能，其输出由 C、B、A 的状态决定，作为各个扩展芯片的片选控制信号，加上扩展芯片本身所具有的地址线作为字选控制线，共同决定每一个存储单元或 I/O 端口的地址，全地址译码的地址是唯一的。

由图 8-5 分析，可以得到各扩展芯片的最大可能地址范围如下：

片选			字选													
P2.7 P2.6 P2.5			P2.4 P2.3 P2.2 P2.1 P2.0													
A15	A14	A13	A12	A11	A10	A9	A8	A7	A6	A5	A4	A3	A2	A1	A0	
$\overline{Y}0$ 0	0	0	0	0	0	0	0	0	0	0	0	0	0	0	0	0000H
			...				...				...				...	
1	1	1	1	1	1	1	1	1	1	1	1	1	1	1	1	1FFFH

每个芯片的字选线从 A12～A0 共 13 根，可能的最大容量为 2^{13}=8KB。实际容量一般由字选线确定，如 I/O 的线选线往往只有几根，其地址往往也只有几个。

RAM(0)由 $\overline{Y}$ 0 选中，地址为 0000H～1FFFH。(A15=0，A14=0，A13=0)

芯片(1)由 $\overline{Y}$ 1 选中，地址为 2000H～3FFFH。(A15=0，A14=0，A13=1)

芯片(2)由 $\overline{Y}$ 2 选中，地址为 4000H～5FFFH。(A15=0，A14=1，A13=0)

芯片(3)由 $\overline{Y}$ 3 选中，地址为 6000H～7FFFH。(A15=0，A14=1，A13=1)

芯片(4)由 $\overline{Y}$ 4 选中，地址为 8000H～9FFFH。(A15=1，A14=0，A13=0)

芯片(5)由 $\overline{Y}$ 5 选中，地址为 A000H～BFFFH。(A15=1，A14=0，A13=1)

芯片(6)由 $\overline{Y}$ 6 选中，地址为 C000H～DFFFH。(A15=1，A14=1，A13=0)

I/O(7)由 $\overline{Y}$ 7 选中，地址为 E000H～FFFFH。(A15=1，A14=1，A13=1)

(3)可编程阵列逻辑器件(programmable array logic，PAL)和通用阵列逻辑(generic array logic，GAL)(加密性好)

有的应用系统为了硬件电路加密，采用 PAL 或 GAL 来进行地址译码和分配(如有的单片微机仿真器)，你能看到的是 PAL 或 GAL 的输入线和输出线，而无法掌握内部逻辑关系。

(4)输入/输出线作为译码线

可以利用空余的 I/O 口线(如 P1.0)，或应用系统扩展的 I/O 口线作为芯片的片选线，当该 I/O 口线输出低电平时，即选中了该芯片。

2.80C51 系列单片微机的系统并行扩展能力

80C51 地址总线宽度为 16 位，所以在片外可扩展的存储器最大容量为 64KB，地址为 0000H～FFFFH。片外数据存储器与程序存储器的操作使用不同的指令和控制信号，允许两者的地址重复，故片外可扩展的数据存储器与程序存储器最大容量分别为 64 KB。

片外数据存储器与片内数据存储器的操作指令不同（片外数据存储器只能用 MOVX 指令），允许两者地址重复，亦即外部扩展数据存储器地址可从 0000H 开始。

I/O 口扩展与片外数据存储器统一编址，不再另外提供地址线。因此，在应用系统大量配置外围设备以及扩展较多 I/O 口时，会占用大量的片外数据存储器地址。

片外程序存储器与片内程序存储器采用相同的操作指令，片内与片外程序存储器的选择由引脚 $\overline{EA}$ 的接地或接高电平来决定。

8.1.2　外部串行扩展原理

单片微机的外部串行总线常用的包括：SPI（serial peripheral interface）三线总线和 I^{2}C 两线制总线两种。

1. SPI 三线总线结构

SPI 三线总线结构是一个同步外围接口，允许 MCU 与各种外围设备以串行方式进行通信。一个完整的 SPI 系统有如下的特性。

- 全双工、三线同步传送；
- 主、从机工作方式；
- 可程控的主机位传送频率、时钟极性和相位；
- 发送完成中断标志；
- 写冲突保护标志。

在大多数场合，使用一个 MCU 作为主机，控制数据向一个或多个从机（外围器件）的传送。一般 SPI 系统使用 4 个 I/O 引脚。

（1）串行数据线(MISO、MOSI)

主机输入/从机输出数据线（MISO）和主机输出/从机输入数据线（MOSI），用于串行数据的发送和接收。数据发送时，先传送 MSB（高位），后传送 LSB（低位）。

在 SPI 设置为主机方式时，MISO 线是主机数据输入线，MOSI 是主机数据输出线；在 SPI 设置为从机方式时，MISO 线是从机数据输出线，MOSI 是从机数据输入线。

（2）串行时钟线(SCLK)

串行时钟线（SCLK）用于同步从 MISO 和 MOSI 引脚输入和输出数据的传送。在 SPI 设置为主机方式时 SCLK 为输出；在 SPI 设置为从机方式时，SCLK 为输入。

在 SPI 设置为主机方式时，主机启动一次传送时，自动在 SCLK 脚产生 8 个时钟周期。主机和从机 SPI 器件中，在 SCLK 信号的一个跳变时进行数据移位，数据稳定后的另一个跳变时进行采样。

对于一个完整的 SPI 系统，串行数据和串行时钟之间有 4 种极性和相位关系，如图 8-6 所示，以适应不同的外围器件特性。主机和从机器件之间的传送定时关系必须相同。

（3）从机选择($\overline{SS}$)

在从机方式时，$\overline{SS}$ 脚是输入端，用于使能 SPI 从机进行数据传送；在主机方式时，$\overline{SS}$ 一般由外部置为高电平。

通过 SPI 可以扩展各种 I/O 功能，包括 A/D、D/A、实时时钟、RAM、E^{2}PROM 及并行输入/输出接口等。在把 SPI 与一片或几片串行扩展芯片相连时，只需把 SPI 的 SCLK、MOSI

及 MISO 三根线同名端相连即可。对于有些 I/O 扩展芯片，它们有 $\overline{\text{CS}}$ 端。这时，这些片选输入端一般有同步串行通信的功能。无效时，为复位芯片的串行接口；有效时，初始化串行传送。有些芯片的 $\overline{\text{CS}}$ 端，将其上从低到高的跳变当作把移位数据打入并行寄存器或操作启动的脉冲信号。因此，对于这些芯片，应该用一根 I/O 口线来控制它们的片选端 $\overline{\text{CS}}$。

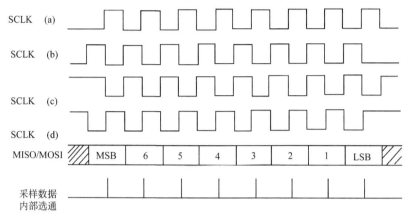

图 8-6　SPI 系统时钟的极性和相位关系

在 80C51 系列中，串行口的方式 0，即同步移位寄存器方式，它提供了简化的 SPI 同步串行通信功能。在 80C51 系列中，SPI 只有两个引脚：RXD(P3.0)—MOSI/MISO；TXD(P3.1)—SCLK。

其特点如下。

1)串行时钟(SCLK)极性和相位之间的关系是固定的。串行传送速率也是固定的，不能编程改变。

2)串行数据输入、输出线是同一根线，用软件来设置数据传输方向。

3)串行数据线上传送数据位的顺序为先 LSB，后 MSB。

在某些应用系统中，由于 80C51 的串行通信口已经被占用，则可以用通用 I/O 口来模拟 SPI 串行接口，用软件来模拟仿真 SPI 操作，包括串行时钟的发生、串行数据的输入/输出等。

2. I^2C(intel ic bus)公用双总线结构

使用两根信号线(SDA 和 SCL)串行的方法进行信息传送，并允许若干兼容器件共享的双线总线，称为 I^2C 总线。I^2C 总线系统的示意图如图 8-7 所示。

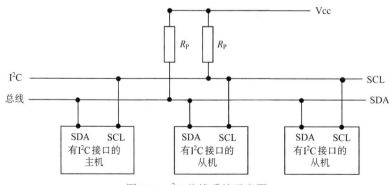

图 8-7　I^2C 总线系统示意图

- **SDA**：称为串行数据线，用于传输双向的数据。
- **SCL**：称为串行时钟线，用于传输时钟信号，在传输时用来同步串行数据线上的数据。

I^2C 总线上的器件 SDA 和 SCL 引脚都是开漏结构，都需通过电阻与电源连接。I^2C 总线系统中的所有器件的 SDA 引脚、SCL 引脚也都同名端连接在一起。

挂接在 I^2C 总线上的器件，根据其功能可分为两种：主控器件和从控器件。

主控器件：控制总线存取，产生串行时钟(SCL)信号，并产生启动传送及结束传送的器件，总线必须由一个主控器件控制。主控器件一般称主器件。

从控器件：在总线上被主控器件寻址的器件，它们根据主控器件的命令来接收和发送数据。从控器件一般称从器件。

在由若干器件所组成的 I^2C 总线系统中，可能存在多个主器件。因此，I^2C 总线系统是一个允许多主的系统。对于系统中的某一器件来说，有 4 种可能的工作方式：主发送方式、主接收方式、从发送方式和从接收方式。

对于单主系统，存在一个主器件(如单片微机)，而从控器件有串行数据存储器(如AT24C01)、串行 I/O(如 PCF8574)或串行模拟转换接口等。

据此定义以下总线条件。

(1)总线不忙

串行时钟线(SCL)和串行数据线(SDA)保持高电平。

(2)开始数据传送

在串行时钟线(SCL)保持高电平的情况下，串行数据线(SDA)上发生一个由高电平到低电平的变化作为起始信号(START)，启动 I^2C 总线。

I^2C 总线所有命令必须在起始信号以后进行。

(3)停止数据传送

在串行时钟线(SCL)保持高电平的情况下，串行数据线(SDA)上发生一个由低电平到高电平的变化，称为停止信号(STOP)。这时将停止 I^2C 总线上的数据传送。

(4)数据有效性

在开始信号以后，串行时钟线(SCL)保持高电平的周期期间，当串行数据线(SDA)稳定时，串行数据线的状态表示数据线是有效的。需要一个时钟脉冲。

每次数据传送在起始信号(START)下启动，在停止信号(STOP)下结束。

在 I^2C 总线上数据传送方式有两种，主发送到从接收和从发送到主接收。它们由起始信号(START)后的第一个字节的最低位(即方向位 R/W)决定。

I^2C 总线主要功能如下。

1)在主控器件和从控器件之间双向传送数据。

2)无中央主控器件的多主总线。

3)多主传送时，不发生错误。

4)可以使用不同的位速率。

5)串行时钟作为交接信号。

在有 I^2C 总线的单片微机（如飞利浦 80C552)中，可以直接用 I^2C 总线来进行系统的串行扩展；对于 80C51 系列单片微机，大多数没有 I^2C 总线接口功能，而是采用软件模拟双向数据传送协议的方法，来实现系统的串行扩展。

在单片微机应用系统中，单主结构占绝大多数。在单主系统中，I^2C 总线的数据传送状态要简单得多，不存在总线竞争与同步问题，只有作为主器件的单片微机对 I^2C 总线器件的读/写操作，这就简化了模拟软件的设计工作。实际上，已有 I^2C 总线的软件包可调用。

SPI 和 I^2C 总线使用时各有所长。

二线产品用于要求 I^2C 总线、抗噪声性能、微控制器的 I/O 口线受限制的场合，或要求一条指令将多个字节存入写缓冲器的场合。

三线总线 SPI 规程适用于高时钟频率要求，或×16 位数据宽度的应用场合。

两种串行通信总线都采用单电源(2～5.5V) 供电，都具有低电流、低功耗、价格低廉等特点。两种串行通信总线的性能差异见表 8-1。

表 8-1　两种串行通信总线的性能差异表

三线总线(SPI)	二线总线(I^2C)
要求四端(除电源和地) 工作	要求二端(除电源和地) 工作
×8 位和×16 位数据宽度	×8 位数据宽度
软件写保护	硬件写保护
时钟和信号用边沿触发	时钟和信号用电平触发，具有高抗噪声输入浪涌滤波器
时钟频率可达 2MHz	时钟包含 100kHz 和 200kHz 两种模式
规程较简单	规程较复杂

8.2　程序存储器的扩展

8.2.1　程序存储器扩展时的总线功能和操作时序

$\overline{EA}$ 为片外程序存储器读选择信号。正常运行时，该引脚不能浮空。

根据 $\overline{EA}$ 连接电平的不同，单片微机有两种取指过程。

1) 当 $\overline{EA}=1$ 时，80C51 单片微机所有片内程序存储器有效。

当程序计数器(PC)运行于片内程序存储器的寻址范围内(对 80C51/87C51/89C51 为 0000H～0FFFH，共 4KB；对 80C52/87C52/89C52 为 0000H～1FFFH，共 8KB)时，P0 口、P2 口及 $\overline{PSEN}$ 线没有信号输出；当程序计数器(PC)的值超出上述范围后，P0 口、P2 口及 $\overline{PSEN}$ 线才有信号输出。

80C51 单片微机访问片外程序存储器时，使用如下的信号。

- P0 口：分时输出程序存储器的低 8 位地址和 8 位数据。
- ALE 线：输出，在 ALE 的下降沿时，P0 口上出现稳定的程序存储器的低 8 位地址，用 ALE 信号锁存这低 8 位地址。
- P2 口：在整个取指周期中，输出稳定的程序存储器的高 8 位地址。
- $\overline{PSEN}$ 线：输出，低电平有效。在 ALE 的下降沿之后，$\overline{PSEN}$ 由高变为低，此时片外程序存储器的内容(指令字)送到 P0 口,而后在 $\overline{PSEN}$ 的上升沿将指令字送入指令寄存器。

因而，$\overline{PSEN}$ 信号作为片外程序存储器的"读"选通信号。

2）当 $\overline{EA}$ =0 时，80C51 单片微机所有片内程序存储器无效，只能访问片外程序存储器。伴随着单片微机复位，P0 口、P2 口及 $\overline{PSEN}$ 线均有信号输出。

单片微机片外程序存储器取指操作时序如图 8-8 所示。

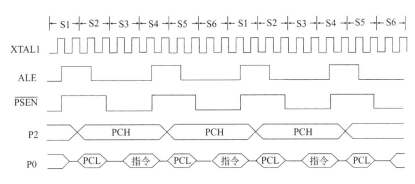

图 8-8　片外程序存储器取指操作时序图

8.2.2　片外程序存储器的扩展

由于 EPROM、E^2PROM 集成技术的提高，可以使 80C51 系列单片微机的片内程序存储器容量越来越大，如 89C58/87C58 的片内程序存储器的容量高达 32 KB，甚至为 64 KB。而且带片内程序存储器的单片微机的价格也大大降低。因此，程序存储器的扩展已不是必需的了。这里，仅作为一种技术来加以介绍。

片外程序存储器可以选 EPROM、E^2PROM。随着集成电路的发展，单片 EPROM 的容量越来越大，如 2764 的容量为 8KB、27128 的容量为 16KB、27256 的容量为 32KB，27512 的容量为 64KB。通常只需要扩展一片或两片 EPROM 芯片就足够了，从而简化了扩展电路的结构。常用 EPROM 芯片的引脚如图 8-9 所示。

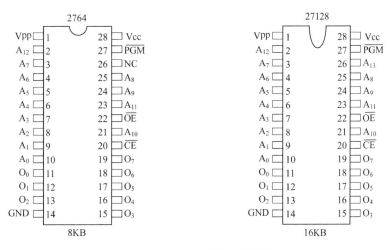

图 8-9　EPROM 芯片引脚图

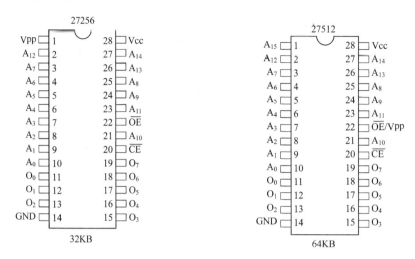

图 8-9(续)

例：扩展 16KB 片外程序存储器。

如图 8-10 所示。在电路中 $\overline{EA}$ 是接高电平的。对 80C31 单片微机，只能应用片外的 16KB 程序存储器，对于 80C51/87C51/89C51 等单片微机，可用 4KB 片内程序存储器，接着可用外扩的 16KB 程序存储器。由于 27128A 是 16KB 容量的 EPROM，所以用到了 14 根地址线 A0～A13。由于系统中只扩展了一片程序存储器，所以 27128A 的片选端可直接接地，一直有效。

因为 $\overline{EA}=1$，所以程序存储器地址先选择片内 4KB，即 0000H～0FFFH。当 PC 值超出片内程序存储器容量时，自动转向片外，所以 27C128 的可使用地址为 1000H～3FFFH，共 12KB。

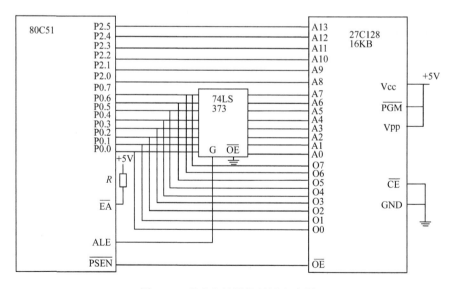

图 8-10　程序存储器的扩展电路图

8.3　数据存储器的扩展

80C51 单片微机内部有 128B 数据存储器，单片微机对内部数据存储器具有丰富的操作指令。但在实时数据采集和处理时，片内的 128B 数据存储器是远远不够的，这时需要外扩数据存储器。在单片微机应用系统中扩展外部数据存储器的器件主要有两类：一类是易失性存储器；另一类是非易失性存储器。易失性存储器根据工作原理不同分为两种：静态读写存储器(static RAM，SRAM)，SRAM 是基于触发器原理；动态读写存储器(dynamic RAM，DRAM)，DRAM 是基于分布电容存储原理。非易失性存储器常用的有可电擦除可编程只读存储器(E²PROM)、铁电介质读写存储器(FRAM)和快擦写可编程只读存储器(简称闪存)Flash Memory 等。各种存储器性能比较见表 8-2。外部数据存储器的扩展可采用并行扩展方式，也可采用串行扩展方式。

表 8-2　各种存储器性能的比较表

存储器	固有不挥发性	高密度	低功耗	晶体管单元	在线可重写
Flash	√	√	√	√	√
SRAM					√
DRAM		√	√		√
E²PROM	√		√		√
OTP/EPROM	√	√	√	√	
掩模 ROM	√	√	√	√	

8.3.1　并行数据存储器的扩展

1. 片外并行数据存储器扩展时的总线功能和读、写操作时序

80C51 单片微机，对片外数据存储器读、写操作的指令有以下四条：

MOVX　　A,@Ri　　　　　;片外数据存储器→(A)，读($\overline{RD}$)操作

MOVX　　@Ri, A　　　　;(A)→片外数据存储器，写($\overline{WR}$)操作

这组指令由于@Ri 只能提供 8 位地址，因此，仅能扩展 256 字节的片外数据存储器。

MOVX　　A,@DPTR　　　;片外数据存储器→(A)，读($\overline{RD}$)操作

MOVX　　@DPTR, A　　　;(A)→片外数据存储器，写($\overline{WR}$)操作

这组指令由于@DPTR 能提供 16 位地址，因此，可以扩展 64KB 的片外数据存储器。这四条指令都是单片微机双机器周期指令。

"MOVX　A,@DPTR"和"MOVX　@DPTR, A"的操作时序如图 8-11 所示。

从图中可以看出，执行该组指令时，机器周期 1 为取指周期，在取指周期的 S5 状态，当 ALE 为下降沿时，在 P0 总线上出现的是数据存储器的低 8 位地址，即 DPL；在 P2 口上出现的是数据存储器的高 8 位地址，即 DPH。

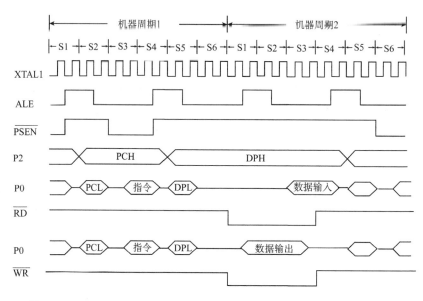

图 8-11　"MOVX　A,@DPTR" 和 "MOVX　@DPTR,A" 的操作时序

在取指操作之后，直至机器周期 2 的 S3 状态之前，$\overline{PSEN}$ 一直维持高电平。而在机器周期 2 的 S1 与 S2 状态之间的 ALE 不再出现。

执行 "MOVX　A,@DPTR" 时，从机器周期 2 开始到 S3 状态，$\overline{RD}$ 出现低电平。此时允许将片外数据存储器的数据送上 P0 口，在 $\overline{RD}$ 的上升沿将数据读入累加器 A。数据为输入。

执行 "MOVX　@DPTR, A" 时，从机器周期 2 开始到 S3 状态，$\overline{WR}$ 出现低电平。此时 P0 口上将送出累加器 A 的数据，在 $\overline{WR}$ 的上升沿将数据写入片外数据存储器中。数据为输出。

总之，此时 P0 口为地址、数据复用总线；P2 口在机器周期 1 的 S4 状态之后出现锁存的高 8 位地址（DPH）；用控制线来调动数据总线上的数据传输方向：而 $\overline{RD}$ 有效时数据为输入，$\overline{WR}$ 有效时数据为输出。

"MOVX　A,@Ri" 和 "MOVX　@Ri, A" 的操作时序与执行 "MOVX　A,@DPTR" 和 "MOVX　@DPTR,A"，有明显的不同。在取指周期的 S5 状态时，ALE 的下降沿，P0 总线上出现的是数据存储器的低 8 位地址，即 Ri；在机器周期 1 的 S4 状态之后，直至机器周期 2 的 S5 状态之前，P2 口上出现的不是数据寄存器的高 8 位地址，而是 P2 口特殊功能寄存器的内容，即此时 P2 口为 I/O 口。

2. 片外并行数据存储器的扩展

在 80C51 的扩展系统中，片外数据存储器一般由随机存取存储器 RAM 组成，最大可扩展 64KB。一般采用静态 RAM，如 6264（8KB）和 628128（128KB）等。采用 8D 锁存器 74LS373 作地址锁存器。图 8-12 所示的是用两片 6264 扩展 16KB 片外并行数据存储器的电路。

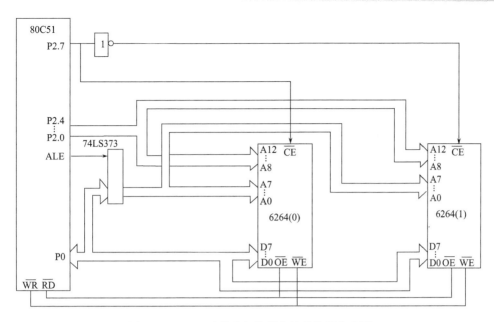

图 8-12　16KB 片外并行数据存储器扩展电路图

在图 8-12 中，采用线选法寻址。用一根口线 P2.7 来寻址：当 P2.7=0 时，访问 6264（0），地址范围为 6000H～7FFFH；当 P2.7=1 时，经过反相器输出访问 6264（1），地址范围为 E000H～FFFFH。

注：A14、A13 未参加译码，可为"1"或"0"，这里都取为"1"。

8.3.2　串行数据存储器的扩展

E^2PROM 是可用电气方法在线擦除和可编程的只读存储器，是近年来推出的新产品。其主要特点是能在计算机系统中进行在线修改，并能在断电的情况下保持修改结果。写入的数据在常温下至少可以保存十年，一般其擦除/写入周期寿命为 1 万次，近期推出的 E^2PROM 芯片擦除/写入周期寿命为 10 万次，有的产品的擦除/写入周期寿命为 100 万次。因此，自从 E^2PROM 问世以来，在智能化仪器仪表、控制装置、开发系统中得到了广泛应用。

1. I^2C 串行 E^2PROM 的扩展

AT24C01/02/04/08/16 是电可擦除的串行 128/256/512/1024/2048B 程控只读存储器，具有两线串行接口，双向数据传输握手，硬件数据写保护，8B 页写方式和独立定时的写周期（最大 10 ms）等特点，可在 1.8～5.5 V 宽电源范围内可靠工作，可保证 100 000 次擦/写周期和 10 年内数据不会丢失。

AT24C01/02/04/08/16 可提供双列直插塑料封装和小型平面封装两种形式。AT24C×× 系列器件可与 XC24×× 及 BL24C×× 系列器件兼容。

（1）内部结构与引脚图

AT24C01/02/04/08/16 的内部结构与引脚图如图 8-13 所示。

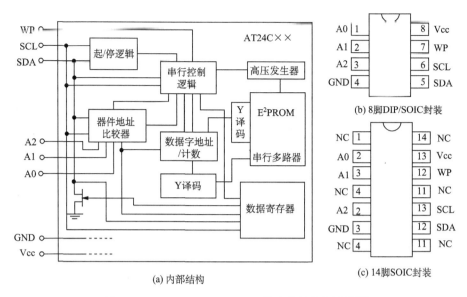

(a) 内部结构

(b) 8脚DIP/SOIC封装

(c) 14脚SOIC封装

图 8-13   AT24C01/02/04/08/16 的内部结构与引脚图

(2) 引脚说明

1) 串行时钟(SCL)。

SCL 引脚用于把所有数据同步输入到 E^2PROM 器件，或把数据从 E^2PROM 器件串行同步读出。在写方式中，当 SCL 引脚是高电平时，数据必须保持稳定，并在 SCL 的下降沿把数据同时输出。

2) 串行数据 (SDA)。

SDA 引脚是一个双向端口，用于把数据输入到器件，或从器件输出数据，仅在 SCL 引脚为低电平时，数据才能改变。此引脚是漏极开路输出，可以和任意多个漏极开路或集极开路引脚以"线或"方式连接在一起。

3) 器件地址 (A2、A1、A0)。

A2、A1、A0 引脚是器件的地址输入端，用于器件的选择。在一个单总线上，最多可挂 8 片 AT24C×× 器件（对于 AT24C01A/02），可以通过 A2、A1、A0 的硬件连接来区分。但是对于 AT24C04(512B)，器件未连接 A0，对于 AT24C08(1024B)，器件未连接 A0、A1。而对于 AT24C16(20 48B)，器件未连接 A0、A1 及 A2，在一个单总线上，只能挂 1 片。在同一个应用系统中，该系列芯片扩展的最大容量为 2KB。

4) 写保护(WP)。

AT24C×× 有一个写保护端子，该端子提供硬件数据保护。当 WP 引脚接地时，允许正常的读写；当 WP 引脚接 Vcc 时，存储器被保护，禁止对存储器的任何写操作。不管 WP 引脚的状态如何，器件可以被读出。当 WP 引脚不连接时，此端则被拉为低电平。

(3) AT24C01/02/04/08/16

支持双向数据传输握手规约，这种规约允许通过一个简单的两线系统总线在各种设备之间进行通信操作。

控制线路传输设备称为主设备，受控制的设备称为从设备。在任何情况下 AT24C01/02/04/08/16 总是从设备。对于 AT24C01A/02 该总线最多可挂 8 个，器件的物理地址 A0～A2 必须按编码接到 Vcc 或 GND 上。跟随在启动条件后，主设备必须发出 "设备寻址字节"，用于选择一个接在系统总线上的从设备，其中包括设备类别标志、设备地址、读或写操作标志等。然后，接收器把数据线 SDA 接到"低"，作为应答的确认信号（ACK）。确认信号（ACK）用于指示成功的数据传输。发送设备在发送 8 位数据后就释放数据总线，SDA 变高。在发送数据时，每个时钟周期的下降沿传输一位数据。在第 9 个时钟周期，接收器把数据线拉到 "低"，以此向发送器确认 8 位数据已被收到。总线操作时序如图 8-14 所示。注意：写周期时间 T_W 是从一写序列的有效启动信号开始到内部的擦/写周期结束之间的时间，一般 $T_W > 10$ ms。

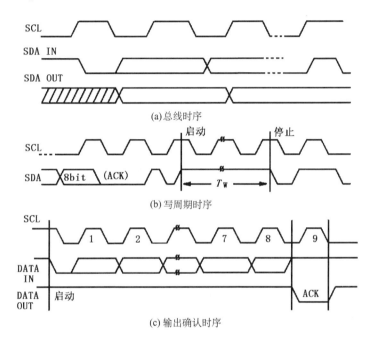

图 8-14　总线操作时序图

1）起始信号。在 SCL 为高时， SDA 从高到低的变化则为一个起始信号，它必须发生在任何命令以前，起始和停止时序如图 8-15 所示。

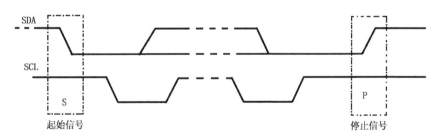

图 8-15　起始和停止时序图

2）停止信号。在 SCL 为高时，SDA 一个低到高的变化则是一个停止信号，在一个读序列以后，停止命令将把 E^2PROM 置于低功耗方式，起始和停止时序如图 8-15 所示。

3) 确认(输出回答)。所有的地址和数据都是以 8bit 的形式串行发送到 E^2PROM 或从 E^2PROM 中送出。在第 9 个时钟周期，E^2PROM 送出一个"0"以确认它所接收的每一个字节（见图 8-14(c)）。

4) 器件寻址 (器件地址)。在起始信号后器件要求一个 8 位的器件地址，对 AT24C01/02/04/08/16 系列的 E^2PROM，地址前 4 位是器件编号地址"1010"序列，这点是共同的。地址后 3 位 A2、A1、A0 是引脚地址，必须与它们对应的硬件连线的输入信号相对应。器件地址的第 0 位是读/写操作选择位，此位为 1，则启动读操作；若此位为 0，则启动写操作。完成器件地址的比较后，器件输出一个"0"(ACK)，如果比较失败，芯片将转入备用状态。AT24C01/02/04/08/16 器件的寻址(器件地址)格式见表 8-3。

表 8-3　AT24C01/02/04/08/16 器件的寻址(器件地址)格式表

器件型号	寻址范围	格式							
AT24C01	128	1	0	1	0	A2	A1	A0	R/$\overline{W}$
AT24C02	256	1	0	1	0	A2	A1	A0	R/$\overline{W}$
AT24C04	512	1	0	1	0	A2	A1	P0	R/$\overline{W}$
AT24C08	1024	1	0	1	0	A2	P1	P0	R/$\overline{W}$
AT24C16	2048	1	0	1	0	P2	P1	P0	R/$\overline{W}$

注：P0、P1、P2 表示页寻址，R/$\overline{W}$ =1 时，是读操作；R/$\overline{W}$ =0 时，是写操作。

5) 写操作。AT24C01/02/04/08/16 写操作示意图如图 8-16 所示。

① 字节写。字节写操作序列如图 8-16(a)所示。此时，E^2PROM 进入一个内部写操作时序周期，把数据写入非易失性存储器。在这个写操作周期中，所有的输入都被禁止，在写操作完成以后 E^2PROM 才会响应。

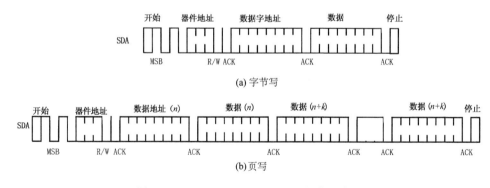

(a) 字节写

(b)页写

图 8-16　AT24C01/02/04/08/16 写操作示意图

② 页写。页写操作序列如图 8-16(b)所示。AT24C01/02/04/08/16 具有执行 8 字节页写的能力，页写的启动和字节写的操作启动是相同的，但是在第一个数据字节被串行输入到 E^2PROM 后，单片微机不送停止信号，而是在 E^2PROM 确认收到第一个数据字节以后，单片微机发送其他 7 个数据字节，E^2PROM 每收到一个数据字节后将响应一个"0"。单片微机必须用一个停止信号终止页写过程。

每收到一个数据以后，数据线字节地址的低 3 位加 1，而高位是不改变的，以保持存储器页位置不变。如果多于 8 个数据字节被送到 E^2PROM，则数据字节地址重复滚动，以前输入的数据将被覆盖。

一旦内部的写操作时序周期被启动，E^2PROM 的输入就被禁止，可以启动确认询问来判断器件内部是否写完。这种询问是发送一个启动信号，接着再发送一个器件地址字节，读/写位代表要求的操作。只有当内部的写周期完成后，E^2PROM 才会送出一个"0"，以允许后续的读或写。

6) 读操作。AT24C01/02/04/08/16 读操作示意图如图 8-17 所示。除了在器件地址字节的读/写选择位上置 1 外，读操作的启动方法和写操作的一样，有三种读操作：当前地址读、随机读和顺序读。

① 当前地址读。AT24C01/02/04/08/16 内部数据字节地址计数器含有上次读或写操作的数据字节的地址加 1 的值。例如，上次读或写操作的地址单元为 n，内部地址计数器将指向 $n+1$ 的地址单元。只要芯片的电源保持着，那么在操作过程中该地址就保持有效。在读操作中，地址滚动是从存储器的最后一个页面的最后一个字节翻转到第一页面的第一个字节。而在写操作中，地址滚动是从当前页面的最后一个字节翻转到同一页面的第一个字节。一旦读/写选择位置 1 的器件，地址被时钟同步输入，且又被 E^2PROM 确认后，则当前地址的数据字被串行同步送出。此时，单片微机不是用输入 0 来响应，而是把确认拉到高电平，接着再产生一个停止信号来终止当前地址读操作。AT24C01/02/04/08/16 的当前地址读时序如图 8-17(a) 所示。

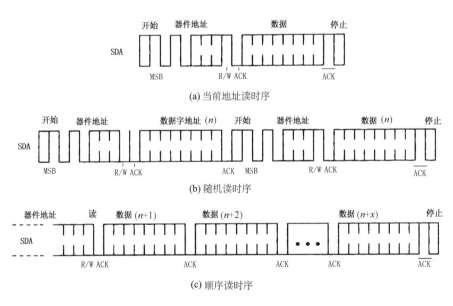

(a) 当前地址读时序

(b) 随机读时序

(c) 顺序读时序

图 8-17　AT24C01/02/04/08/16 读操作示意图

② 随机读。随机读操作允许单片微机随机读取任何一个存储单元，此类读操作包括两个步骤：首先需要一个空字节写序列，单片微机产生一个启动条件,发出读/写选择位置 0 的器件地址和单片微机要读的数据字的地址，这个步骤把所要求的数据字的地址加载到

E^2PROM 内部地址计数器；第二步是单片微机收到 E^2PROM 的数据字地址确认（ACK）信息以后必须发出一个读/写选择位置 1 的器件地址字节，以启动当前地址读操作 E^2PROM 确认器件地址，并且从单片微机要读取的地址中输出 8 位串行数据。此时，单片微机不是用输入"0"来响应，而是把确认拉到高电平，接着产生一个停止信号来结束随机读操作。AT24C01/02/04/08/16 的随机读时序如图 8-17（b）所示。

③ 顺序读。顺序读可以由当前地址读或随机地址读启动。在单片微机收到一个数据字节以后，用一个确认来响应。只要 E^2PROM 收到确认，它就继续执行数据字节地址加1，串行同步输出顺序的数据字节。当地址达到存储器地址界限时，将发生地址重复滚动，然后顺序读仍将进行下去。当单片微机不用 0 来响应，而接着产生一个停止条件时，顺序读操作被终止。AT24C01/02/04/08/16 的顺序读时序如图 8-17（c）所示。

AT24C02 与 80C51 单片微机的连接原理图如图 8-18 所示。

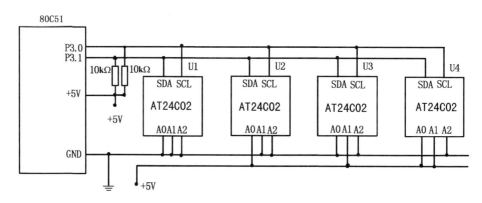

图 8-18　AT24C02 与 80C51 单片微机的连接原理图

U1 的器件地址 1010　000　R/W，读地址为 A1H，写地址为 A0H。
U2 的器件地址 1010　001　R/W，读地址为 A3H，写地址为 A2H。
U3 的器件地址 1010　010　R/W，读地址为 A5H，写地址为 A4H。
U4 的器件地址 1010　011　R/W，读地址为 A7H，写地址为 A6H。

• 主控器的写操作

主控器向被寻址的被控器发送 n 个数据字节，整个传输过程中数据传送方向不变。其数据传送格式如下：

S	SLAW	A	data 1	A	data 2	A	…	data n	A/$\overline{A}$	P

其中，蓝底框为主控器发送，被控器接收；其余为主控器接收，被控器发送（下同）。

A　　　　　　应答信号
$\overline{A}$　　　　　　非应答信号
S　　　　　　起始信号
P　　　　　　停止信号
SLAW　　　　寻址字节（写）
data1～data n　写入被控器的 n 个数据字节

- 主控器的读操作

主控器从被控器中读出 n 个字节的操作，整个传输过程中除寻址字节外，都是被控器发送，主控器接收的过程。数据传送格式如下：

S	SLAR	A	data 1	A	data 2	A	...	data n	$\overline{A}$	P

其中：

A	应答信号
$\overline{A}$	非应答信号
S	起始信号
P	停止信号
SLAR	寻址字节(读)
data1～data n	被主控器读出的 n 个数据字节

主控器发送停止信号前应发送非应答位，向被控器表明读操作结束。

- 主控器的读写操作

在一次数据传输过程中需要改变传送方向的操作，这时，起始信号和寻址字节都会重复一次，但两次读、写方向正好相反。

S	SLAW/R	A	data 1	A	data 2	A	...	data n	A/$\overline{A}$	Sr	SLAR/W	A

DATA1	A	DATA2	A	...	DATAn	A/$\overline{A}$	P

Sr 为重复起始信号。

图中未标注数据字节的传送方向，其方向取决于寻址字节的方向位。

从上述数据传送格式可以看出：

1)无论何种方式起始、停止，寻址字节都由主控器发送，数据字节的传送方向则遵循寻址字节中方向位的规定。

2)寻址字节只表明器件地址及传送方向，器件内部的 n 个数据地址由器件设计者在该器件的 I^2C 总线数据操作格式中，指定第一个数据字节作为器件内的单元地址(SUBADR)数据，并且设置地址自动加减功能，以减少单元地址寻址操作。

3)每个字节传送都必须有应答信号(A 或)相随。

4)I^2C 总线被控器在接收到起始信号后都必须复位它们的总线逻辑，以便对将要开始的被控器地址的传送进行预处理。

对于内部没有I^2C总线的单片微机完全可以按照I^2C总线的原理及时序要求用软件虚拟I^2C总线，采用系统内的两根 I/O 口线虚拟 I^2C 总线的 SDA 和 SCL。目前，虚拟 I^2C 总线的通用软件包已可提供给大家使用，对于非 80C51 单片微机只要改变助记符指令即可。

应用时注意几点。

1)通用软件包为一完整的子程序集合，使用时可预先安放在程序存储器的任何空间，通用软件包与系统硬件无关。

2)注意子程序嵌套所需的堆栈空间。

3）通用软件包中直接与应用程序编写有关的了程序为 WRNBYT 和 RDNBYT。相应的 I²C 总线读写指令为

MOV	SLA, #SLAW	; 寻址被控器件（写）
MOV	NUMBYT, #n	; 规定传送字节数
LCALL	WRNBYT	; 调用发送 n 个字节数据子程序
MOV	SLA, #SLAR	; 寻址被控器件（读）
MOV	NUMBYT, #n	; 规定传送字节数
LCALL	RDNBYT	; 调用接收 n 个字节数据子程序

2. 虚拟 I²C 总线软件包

单片微机应用系统采用 6MHz 晶振。应用 80C51 的 P1.6 和 P1.7 两根 I/O 口线虚拟 I²C 总线，定义如下：

| SCL | EQU | P1.6 |
| SDA | EQU | P1.7 |

（1）启动 I²C 总线

```
STA: SETB   SDA
     SETB   SCL
     NOP
     NOP
     CLR    SDA
     NOP
     NOP
     CLR    SCL
     RET
```

（2）停止 I²C 总线数据传送

```
STOP: CLR   SDA
      SETB  SCL
      NOP
      NOP
      SETB  SDA
      NOP
      NOP
      CLR   SCL
      RET
```

（3）发送应答位

I²C 总线上第 9 个时钟脉冲对应于应答位，相应数据线上"0"为 ACK，"1"为 $\overline{ACK}$。

```
MACK: CLR   SDA
      SETB  SCL
      NOP
      NOP
```

```
        CLR     SCL
        SETB    SDA
        RET
```
(4) 发送非应答位
```
MNACK:  SETB    SDA
        SETB    SCL
        NOP
        NOP
        CLR     SCL
        CLR     SDA
        RET
```
(5) 应答位检查

被控器收到字节后，必须向主控器发应答位。
```
CACK:   SETB    SDA
        SETB    SCL
        CLR     F0
        MOV     A,P1
        JNB     ACC.7,CEND      ; 读 SDA
        SETB    F0
CEND:   CLR     SCL
        NOP
        NOP
        RET
```
(6) 向 SDA 线上发送一个数据字节(数据在 A 中)
```
WRBYT:  MOV     R0, #08H        ; 长度
WLP:    RLC     A               ; 发送数据左移
        JC      WR1
        AJMP    WR0
WLP1:   DJNZ    R0, WLP
        RET
WR1:    SETB    SDA             ; 发送 "1" (SCL=1 时, SDA 保持 "1" )
        SETB    SCL
        NOP
        NOP
CLR:    SCL
        CLR     SDA
        AJMP    WLP1
WR0:    CLR     SDA             ; 发送 "0"
        SETB    SCL
```

```
          NOP
          NOP
          CLR        SCL
          AJMP       WLP1
```

(7) 从 SDA 线上读取一个数据字节

```
RDBYT: MOV    R0, #08H            ;8 位计数器
RLP: SETB     SDA                 ;P1.7 为输入状态
     SETB     SCL                 ; 使 SDA 有效
     MOV      A, P1
     JNB      ACC.7, RD0
     AJMP     RD1
RLP1: DJNZ    R0, RLP
      RET
RD0: CLR      C                   ; 读入 "0", 拼装
     MOV      A, R2
     RLC      A
     MOV      R2, A
     CLR      SCL
     AJMP     RLP1
RD1: SETB     C                   ; 读入 "1", 拼装
     MOV      A, R2
     RLC      A
     MOV      R2, A
     CLR      SCL                 ; 使 SCL 为 0, 继续可以接收
     AJMP     RLP1
```

(8) 模拟 I^2C 总线发送 N 个字节数据(数据格式见前)

```
WRNBYT: PUSH  PSW
        MOV   PSW, #18H           ; 换工作寄存器区
WRNBYT0: MOV  R0, NUMBYT          ; 发送 N 字节
WRNBYT1:      LCALL STA           ; 启动
        MOV   A, SLA              ; 寻址字节 SLA W/R
        LCALL WRBYT               ; 调用写 1 字节子程序
        LCALL CACK                ; 检查应答位
        JB    F0, WRNBYT1         ; 非应答位, 重发
        MOV   R1, #MTD            ; 发送数据缓冲区首址
WRDA: MOV     A, @R1
      LCALL   WRBYT               ; 发送
      LCALL   CACK
      JB      F0, WRNBYT0
```

```
        INC         R1
        DJNZ        R0, WRDA              ; 判 N 字节发送完?
        LCALL       STOP                  ; 停止
        POP         PSW
        RET
```

(9) 模拟 I^2C 总线接收 N 个字节数据

```
RDNBYT: PUSH   PSW
RDNBYT1: MOV   PSW, #18H
        LCALL       STA
        MOV         A, SLA                ; 寻址字节
        LCALL       WRBYT
        LCALL       CACK
        JB          F0, RDNBYT1           ; 非应答位, 重写
RDN: MOV        R1, #MRD                  ; 接收缓冲区首址
RDN1: LCALL     RDBYT                     ; 调用读 1 字节子程序
        MOV         @R1, A
        DJNZ        NUMBYT, ACK           ; N 字节接收完?
        LCALL       MNACK                 ; 接收完, 需发非应答位
        LCALL       STOP
        POP         PSW
        RET
ACK: LCALL      MACK
        INC         R1
        SJMP        RDN1
```

例: 已知 AT24C×× 器件地址为 1010, A2、A1、A0 为引脚地址, 若 A2、A1、A0 全接地, 则寻址地址 SLAW(写)=A0H, 而 SLAR(读)=A1H。读 AT24C02, 将其中 50H~57H 中的数据读出, 并存入片内数据存储器的 60H~67H 中。

```
        ORG         0000H
VAT24R: MOV     MTD, #50H                 ; 发送数据缓冲区
        MOV         SLA, #SLAW            ; 写寻址地址
        MOV         NUMBYT, #1
        LCALL       WRNBYT                ; 调用写子程序
        MOV         SLA, #SLAR            ; 接收缓冲区
        MOV         NUMBYT, #08H          ; 字节数为 8
        LCALL       RDNBYT                ; 调用读 N 字节子程序
        ACALL       RMOV8                 ; 调用数据转移子程序
        SJMP        $
RMOV8: MOV     R0, #MRD                   ; 将 8 个数据从 MRD 转移到 60H~67H
        MOV         R1, #60H
```

```
        MOV        R?, #08H
RMOV: MOV          A, @R0
        MOV        @R1, A
        INC        R0
        INC        R1
        DJNZ       R2, RMOV
        RET
```

8.4　I/O 的扩展及应用

8.4.1　I/O 扩展概述

计算机系统中共有两种数据传送操作。一类是 CPU 和存储器之间的数据读写操作；另一类则是 CPU 和外部设备之间的数据传输。

1. 单片微机需要 I/O 接口电路的原因

由于存储器是半导体电路，与 CPU 具有相同的电路形式，数据信号也是相同的(电平信号)，能相互兼容直接使用，因此存储器与 CPU 之间采用同步定时工作方式。它们之间只要在时序关系上能相互满足就可以正常工作。存储器与 CPU 之间的连接相当简单，除地址线、数据线之外，就是读或写选通信号，实现起来非常方便。

但是 CPU 和外部设备之间的数据传送却十分复杂。其复杂性主要有以下几个方面。

1)高速 CPU 与工作速度快慢差异很大的慢速外部设备的矛盾。

慢速设备如开关、继电器、机械传感器等。数据传送速度为秒级；而磁盘、CRT 显示器等，每秒钟可传送几千位数据。CPU 无法按固定的时序与它们以同步方式协调工作。相互间性能各异，对数据传送的要求也各不相同的，无法按统一格式进行。

2)外部设备的数据信号是多种多样的。

既有电压信号，也有电流信号；既有数字信号，还有模拟信号。

3)外部设备种类繁多。

既有机械式的，又有机电式的，还有电子式的。

4)外设的数据传送有近距离的，也有远距离的。

由于上述原因，CPU 无法与外部设备进行直接的同步数据传送，而必须在 CPU 和外设之间有一个接口电路，通过接口电路对 CPU 与外设之间的数据传送进行协调。因此接口电路就成了数据 I/O 操作的核心内容。

在数据的 I/O 传送中，接口电路主要有如下几项功能。

(1)速度协调

由于速度上的差异，数据的 I/O 传送只能以异步方式进行，即只能在确认外设已为数据传送做好准备的前提下才能进行 I/O 操作。

数据输出都是通过系统的数据总线进行的，但是由于 CPU 的工作，数据在数据总线上时间十分短暂，无法满足慢速输出设备的需要。为此在接口电路中需设置锁存器，以保存输出数据直至为输出设备所接收。因此，数据锁存就成为接口电路的一项重要功能。

（2）三态缓冲

数据输入时，输入设备向 CPU 传送的数据也要通过数据总线，为了维护数据总线上数据传送的有秩序，只允许当前时刻正在进行数据传送的数据源使用数据总线，其他数据源都必须与数据总线处于隔离状态。为此要求接口电路能为三态缓冲功能。

（3）数据转换

CPU 只能输入和输出并行的电压数字信号"0"或"1"，但是有些外部设备所提供的并不是这种信号形式，为此需要使用接口电路进行数据信号的转换。其中包括：模→数转换、数→模转换、串→并转换和并→串转换等。

2. 接口与端口

"接口"一词是从英文 interface 翻译来的，具有界面、相互联系等含义。可能接触过诸如机械接口、电气接口、功能接口等，而本章讲述的接口则特指计算机与外设之间在数据传送方面的联系。其功能主要是通过电路实现的，因此称为接口电路。

在接口电路中应该包含有数据寄存器以保存输入输出数据、状态寄存器以保存外设的状态信息、命令寄存器以保存来自 CPU 的有关数据传送的控制命令。由于在数据的传送中，CPU 需要对这些寄存器的状态口和保存命令的命令口寻址等，通常把接口电路中这些已编址并能进行读或写操作的寄存器称为端口（port），或简称口。因此，一个接口电路就对应着多个端口地址。对它们像存储单元一样进行编址。

一个接口电路中可能包括有多个端口，因此，要知道它们的设置和编址情况。在介绍接口电路时，有关口的情况需要详细列出。

3. 数据隔离技术

计算机的 I/O 操作中，输入输出的数据都要通过系统的数据总线进行传送，为了正确地进行数据的传送，就必须解决数据总线的隔离问题。

单片微机的数据总线上连接着多个数据源设备（输入数据）和多个数据负载设备（输出数据）。但是在任一时刻，只能进行一个源和一个负载数据的传送，当一对源和负载的数据传送在进行时，要求所有其他不参与的设备在电性能上与数据总线隔开。为此，对于输出设备的接口电路，要提供锁存器，当允许接收输出数据时闩锁打开，否则关闭。而对于输入设备的接口电路，要使用三态缓冲电路或集电极开路门。

（1）三态缓冲电路

三态缓冲电路就是具有三态输出的门电路，因此，也称为三态门（TSL）。所谓三态，就是指低电平、高电平和高阻抗三种状态。当三态缓冲器的输出为高或低电平时，就是对数据总线的驱动状态；当三态缓冲器的输出为高阻抗时，就是对总线的隔离状态。在隔离状态下，缓冲器对数据总线不产生影响，犹如缓冲器与总线隔开一般，三态缓冲器的工作状态应是可控制的。

三态缓冲器的控制逻辑如表 8-4 所示。

对三态缓冲电路的主要性能要求如下。

- 速度快，信号延迟时间短。例如，典型三态缓冲器的延迟时间只有 8～13ns。
- 较高的驱动能力。
- 高阻抗时对数据总线不呈现负载，最多只能拉走不大于 0.04mA 的电流。

表 8-4　三态缓冲器的控制逻辑表

三态控制信号	工作状态	数据输入	输出端状态
1	高阻抗	0	高阻抗
		1	高阻抗
0	驱动	0	0
		1	1

（2）集电极开路门

集电极开路门是从基本的与非门电路演变过来的，把集电极回路中的电阻除去，让集电极开路，就得到了集电极开路门电路。可以作为集电极开路的电路有反相器、与非门以及与或非门等。

直接把两个以上的标准逻辑门输出端连在一起是不允许的，因为当其中只要有一个输出为低电平时，就会导致在电源 Vcc 与地之间出现一个贯穿低电平输出管的低阻抗通道，引起很大的电流流过这个管子，必将大大超过器件的额定功耗电流，造成器件损坏。在这种应用中只能使用集电极开路门器件。

集电极开路器件的输出是低电平起作用，如果其中一个为低电平，则总的输出即为低电平。只有当所有连在一起的集电极开路器件的输出端均为高电平时总的输出才是高电平。对于这种逻辑关系有时也称为"线或"。

4. I/O 编址技术

接口电路要对其中的端口进行编址。对端口编址是为 I/O 操作而进行的，因此，也称为 I/O 编址。常用的 I/O 编址共有两种方式，即独立编址方式和统一编址方式。

（1）独立编址方式

I/O 地址空间和存储器地址空间相互独立，但需要专门设置一套 I/O 指令和控制信号，从而增加了系统的开销。

（2）统一编址方式

统一编址就是把系统中的 I/O 和存储器统一进行编址。在这种编址方式中，把接口中的寄存器（端口）与存储器中的存储单元同等对待。为此也把这种编址称为存储器映像（memory mapped）编址。采用这种编址时，计算机只有一个统一的地址空间，该地址空间既供存储器编址使用，又供 I/O 编址使用。

80C51 单片微机使用统一编址方式。因此，在接口电路中的 I/O 编址也采用 16 位地址，和存储单元的地址长度一样。

统一编址方式的优点是不需要专门的 I/O 指令，直接使用存储器指令进行 I/O 操作，I/O 地址范围不受限制。但这种编址方式使存储器地址空间变小，16 位端口地址也嫌太长，会使地址译码变得复杂。

I/O 地址与数据存储器的地址都采用 16 位地址表示，但要注意 I/O 的地址是特定的（如控制寄存器地址与数据寄存器地址含义是完全不一样的），因此，在注释源程序时，各 I/O 的程序注释也是具有特定含义的。

5. I/O 数据传送的控制方式

在计算机中，为了实现数据的输入输出传送，可有四种控制方式。即无条件传送方式、程序查询方式、程序中断方式和直接存储器存取（DMA）方式。在单片微机中主要使用前三种方式。

（1）无条件传送方式

无条件传送也称为同步程序传送。在进行 I/O 操作时，不需要测试外部设备的状态，可以根据需要随时进行数据传送操作。

（2）程序查询方式

查询方式又称为有条件传送方式，即数据的传送是有条件的。在 I/O 操作之前，要先检测外设状态，只有在确认外设已"准备好"的情况下，CPU 才能执行数据输入输出操作。通常把以程序方法对外设状态的检测称为"查询"，所以就把这种有条件的传送方式称为程序查询方式。为了实现查询方式的数据输入输出传送，需要由接口电路提供外设状态，并以软件方法进行状态测试。因此，这是一种软硬件方法结合的数据传送方式。

（3）程序中断方式

当外设为数据传送做好准备之后，就向 CPU 发出中断请求，CPU 响应中断请求之后，暂停正在执行的原程序，而转去为外设的数据输入输出服务。待服务完成之后，程序返回，CPU 再继续执行被中断的原程序。

8.4.2　80C51 单片微机 I/O 口直接应用

80C51 芯片的 4 个 8 位双向口，都具有数据 I/O 操作功能，因此，可进行简单的 I/O 应用。

由于 80C51 采用统一编址方式，因此，没有专门的 I/O 指令。4 个 I/O 口均属于内部的 SFR。以下为有关 I/O 口的指令。

（1）I/O 口的数据传送指令

向口输出数据的指令有：

MOV　　　Px,A

MOV　　　Px,Rn

MOV　　　Px,@Ri

MOV　　　Px,direct

从口输入数据的指令有：

MOV　　　A,Px

MOV　　　Rn,Px

MOV　　　@Ri,Px

MOV　　　direct,Px

（2）I/O 口的位操作指令

由于 I/O 口具有位寻址功能，因此，有关位操作的指令也都适用于它们。其中有：

位传送指令	MOV	Px.y　C
位清 0 指令	CLR	Px.y
位置 1 指令	SETB	Px.y

位取反指令	CPL	Px.y
位为 1 转移指令	JB	Px.y rel
位为 0 转移指令	JNB	Px.y rel
位为 1 转移半清 0 指令	JBC	Px.y rel

这些指令可用于对口的位线进行操作。

(3) I/O 口其他操作指令

由于 I/O 是专用寄存器，因此，凡直接寻址方式的指令，都适用于 I/O 口。其中有：

逻辑与指令	ANL	Px,A
逻辑或指令	ORL	Px,A
逻辑异与指令	XRL	Px,A
加 1 指令	INC	Px
减 1 指令	DEC	Px
减 1 条件转移指令	DJNZ	Px,rel
数值比较转移指令	CJNE	A,Px,rel

使用单片微机本身的 I/O 口，能完成一些简单的数据 I/O 应用。

例：执行指令　　　MOV　　P1,#7FH

执行结果：P1.7 引脚输出为低电平，其余 7 个引脚都输出高电平

8.4.3　80C51 简单 I/O 的扩展及应用

1. 简单输出口的扩展

输出口的主要功能是进行数据保持(锁存)，一般应用锁存器芯片实现。比如，常用 74LS377 芯片，该芯片是一个具有"使能"控制端的 8D 锁存器。一个时钟输入端 CK，一个锁存允许信号 $\overline{G}$，当 $\overline{G}$ =0 时，CK 的上跳变将把 8 位 D 输入端的数据打入 8 位锁存器，这时 Q 输出端将保持 D 端输入的数据。74LS377 与 80C51 的接口电路图如图 8-19 所示。

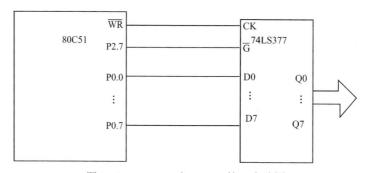

图 8-19　74LS377 与 80C51 接口电路图

图 8-19 中，74LS377 的口地址为 7FFFH(P2.7=0，其余 15 根地址线任意，现都设为 1)。

例：将一个数据字节从 74LS377 输出，则执行下面程序段：

MOV	DPTR, #7FFFH	; 地址指针指向 74LS377
MOV	A, #DATA	; 将输出数据送 A
MOVX	@DPTR, A	; 输出数据(/WR=0)

2. 简单输入口的扩展

对于常态数据的输入，只需采用 8 位三态门控制电路芯片即可。74LS244 与 80C51 接口电路图如图 8-20 所示。利用 74LS244 通过 P0 口扩展 8 位并行输入口，图 8-20 中，三态门由 P2.6 和 $\overline{RD}$ 相或控制，其端口地址为 BFFFH（P2.6=0，其余 15 根地址线可为任意值，现都设为 1）。

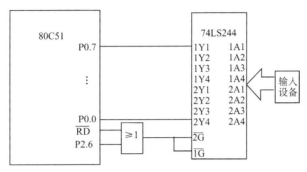

图 8-20　74LS244 与 80C51 接口电路图

例：数据输入

MOV　　　DPTR, #0BFFFH　　　; 指向 74LS244 口地址
MOVX　　A, @DPTR　　　　　; 输入数据(/RD=0)

8.4.4　可编程并行 I/O 接口芯片 8255A 的扩展及应用

用作单片微机可编程 I/O 扩展的接口芯片很多,本节将介绍能实现复杂 I/O 接口扩展的可编程并行接口芯片。这些芯片功能较强,用程序以软件方法实现接口芯片工作方式,因此, 称为可编程接口芯片。

在单片微机 I/O 扩展中常用的并行可编程接口芯片有以下几种。

1) 8255A 可编程通用并行接口芯片。

2) 8155 带 RAM 和定时器、计数器的可编程并行接口芯片。

3) 8279 可编程键盘/显示器接口芯片。

它们都是 Intel 公司的 8080、8086 微型计算机系列外围接口芯片。由于 80C51 单片微机与 8085 系列微机有相同的总线结构,因此,这些芯片都能与 80C51 单片微机直接连接使用。可以十分方便地实现单片微机可编程 I/O 扩展。

1. 8255A 的逻辑结构

8255 是 Intel 公司生产的可编程并行 I/O 接口芯片,有三个 8 位并行 I/O 口。具有三个通道三种工作方式的可编程并行接口芯片(40 引脚)。其各口功能可由软件选择,使用灵活,通用性强。8255 可作为单片微机与多种外设连接时的中间接口电路。

8255A 是一个 40 引脚的双列直插式集成电路芯片,其逻辑结构如图 8-21 所示。

按功能可把 8255A 分为三个逻辑电路部分,即口电路、总线接口电路和控制逻辑电路。

(1) 口电路

8255A 共有三个 8 位口,其中 A 口和 B 口是单纯的数据口,供数据 I/O 使用。而 C 口则既可以作数据口,又可以作控制口使用,用于实现 A 口和 B 口的控制功能。

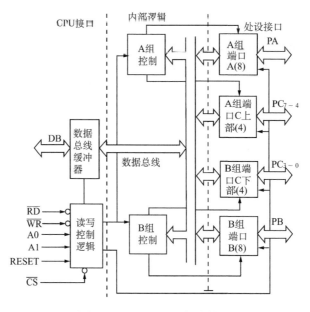

图 8-21　8255A 的逻辑结构图

数据传送中 A 口所需的控制信号由 C 口高位部分(PC7～PC4)提供,因此,把 A 口和 C 口高位部分合在一起称为 A 组;同样理由把 B 口和 C 口低位部分(PC3～PC0)合在一起称为 B 组。

(2)总线接口电路

总线接口电路用于实现 8255A 和单片微机的信号连接。其中包括:

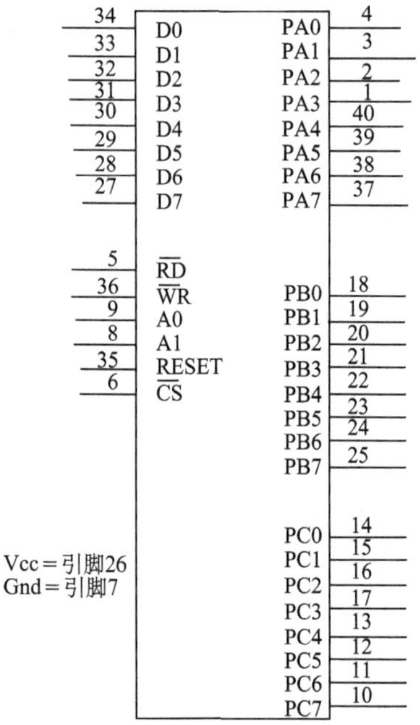

1)数据总线缓冲器。

数据总线缓冲器为 8 位双向三态缓冲器,可直接和 80C51 的数据线相连,与 I/O 操作有关的数据、控制字和状态信息都是通过该缓冲器进行传送的。

2)读写控制逻辑。

与读写有关的控制信号有 $\overline{CS}$ 、$\overline{RD}$ 、$\overline{WR}$ 、A0、A1、RESET 等。

读写控制逻辑用于实现 8255A 的硬件管理,其内容包括芯片的选择、口的寻址以及规定各端口和单片微机之间的数据传送方向。

(3)控制逻辑电路

控制逻辑电路包括 A 组控制和 B 组控制,合在一起构成 8 位控制寄存器。用于存放各口的工作方式控制字。

2. 8255A 引脚及其功能

8255A 的引脚图如图 8-22 所示。

D0～D7:数据总线缓冲器为 8 位双向三态缓冲器,可直接和 80C51 的数据线相连,与 I/O 操作有关的数据、控制字和状态信息都是通过该缓

图 8-22　8255A 的引脚图

冲器进行传送的。

- $\overline{CS}$：片选信号(低电平有效)。
- $\overline{RD}$：读信号(低电平有效)。
- $\overline{WR}$：写信号(低电平有效)。
- A0、A1：端口选择信号。8255A 共有 4 个可寻址的端口(即 A 口、B 口、C 口和控制寄存器)，用两位地址编码即可实现选择。8255A 接口工作状态选择表见表 8-5。
- RESET：复位信号(高电平有效)。复位之后，控制寄存器清除，各端口被置为输入方式。

表 8-5 8255A 接口工作状态选择表

$\overline{CS}$	A1	A0	$\overline{RD}$	$\overline{WR}$	所选端口	操作
0	0	0	0	1	A 口	读端口 A
0	0	1	0	1	B 口	读端口 B
0	1	0	0	1	C 口	读端口 C
0	0	0	1	0	A 口	写端口 A
0	0	1	1	0	B 口	写端口 B
0	1	0	1	0	C 口	写端口 C
0	1	1	1	0	控制寄存器	写控制字
1	×	×	×	×	/	数据总线缓冲器输出高阻抗

3. 8255A 工作方式及 I/O 操作

(1) 8255A 的工作方式

8255A 共有三种工作方式，即方式 0、方式 1、方式 2。

1) 方式 0 基本输入/输出方式。

方式 0 时，可供使用的是两个 8 位口(A 口和 B 口)及两个 4 位口(C 口高 4 位部分和低 4 位部分)。四个口可以是输入和输出的任何组合。

方式 0 适用于无条件数据传送，也可以把 C 口的某一位作为状态位，实现查询方式的数据传送。

2) 方式 1 选通输入/输出方式。

方式 1 时，A 口和 B 口分别用于数据的输入/输出。而 C 口则作为数据传送的联络信号。C 口联络信号定义见表 8-6。由表中可见 A 口和 B 口的联络信号都是三个，因此，在具体应用中，如果 A 或 B 只有一个口按方式 1 使用，则剩下的另外 13 位口线仍然可按方式 0 使用。如果两个口都按方式 1 使用，则还剩下 2 位口线，这 2 位口线仍然可以进行位状态的输入输出。

方式 1 适用于查询或中断方式的数据输入/输出。

3) 方式 2 双向数据传送方式。

只有 A 口才能选择这种工作方式，这时 AC 口联络口既能输入数据又能输出数据。在这种方式下需使用 C 口的 5 根位线作控制线，C 口联络信号定义如表 8-6 所示。方式

2 适用于查询或中断方式的双向数据传送。如果把 A 口置于方式 2 下，则 B 口只能工作于方式 0。

表 8-6　8255A C 口联络信号定义表

C 口位线	方式 1		方式 2	
	输入	输出	输入	输出
PC$_7$		$\overline{OBFA}$		$\overline{OBFA}$
PC$_6$		$\overline{ACKA}$	$\overline{ACKA}$	
PC$_5$	IBFA		IBFA	
PC$_4$	$\overline{STBA}$		$\overline{STBA}$	
PC$_3$	INTRA	INTRA	INTRA	INTRA
PC$_2$	$\overline{STBB}$	$\overline{ACKB}$		
PC$_1$	IBFB	$\overline{OBFB}$		
PC$_0$	INTRB	INTRB		

（2）数据输入操作

用于输入操作的联络信号如下。

• STB（STroBe）：选通脉冲，输入，低电平有效。

当外设送来 STB 信号时，输入数据装入 8255A 的锁存器。

• IBF（Input Buffer Full）：输入缓冲器满信号，输出，高电平有效。

IBF 信号有效，表明数据已装入锁存器，因此它是一个状态信号。

• INTR（INTerrupt Request）：中断请求信号，输出，高电平有效，当 IBF 为高，信号由低变高（后沿）时，中断请求信号有效。向单片微机发出中断请求。

数据输入过程：当外设准备好数据输入后，发出信号，输入的数据送入缓冲器。然后 IBF 信号有效。如使用查询方式，则 IBF 即作为状态信号供查询使用；如使用中断方式，当信号由低变高时，产生 INTR 信号，向单片微机发出中断。单片微机在响应中断后执行中断服务程序时读入数据，并使 INTR 信号变低，同时也使 IBF 信号同时变低。以通知外设准备下一次数据输入。

（3）数据输出操作

用于数据输出操作的联络信号如下。

• ACK（ACKnowledge）：外设响应信号，输入，低电平有效。

当外设取走输出数据，并处理完毕后向单片微机发回的响应信号。

• OBF（Output Buffer Full）：输出缓冲器满信号，输出，低电平有效。

当单片微机把输出数据写入 8255A 锁存器后，该信号有效，并送去启动外设以接收数据。

• INTR：中断请求信号，输出，高电平有效。

数据输出过程：外设接收并处理完一组数据后，发回 ACK 信号。该信号使 OBF 变高，表明输出缓冲器已空。如使用查询方式，则 OBF 可作为状态信号供查询使用；如使用中断方式，则当 ACK 信号结束时，INTR 有效，向单片微机发出中断请求。在中断服务过程中，把下一个输出数据写入 8255A 的输出缓冲器。写入后 OBF 有效，表明输出数据已到，并以此信号启动外设工作，取走并处理 8255A 中的输出数据。

　　4. 8255A 控制字及初始化编程

　　8255A 是可编程接口芯片，共有两种控制字，即 8255A 工作方式控制字和 C 口位置位/复位控制字。

　　(1)工作方式控制字

　　工作方式控制字用于确定各口的工作方式及数据传送方向，8255A 工作方式控制字如图 8-23 所示。

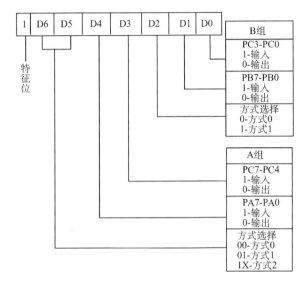

图 8-23　8255A 工作方式控制字

　　对工作方式控制字作如下说明。

　　1)A 口有三种工作方式，而 B 口只有两种工作方式。

　　2)在方式 1 或方式 2 下，对 C 口的定义(输入或输出)不影响作为联络线使用的 C 口各位功能。

　　3)最高位(D7)是特征位，固定为 1，用于表明本字节是方式控制字。

　　(2)C 口位置位/复位控制字

　　在一些应用情况下，C 口用来定义控制信号和状态信号，因此 C 口的每一位都可以进行置位或复位。对 C 口各位的置位或复位是由位置位/复位控制字进行的。8255A C 口的位置位/复位控制字格式如图 8-24 所示。

　　D7 是该控制字的特征位，其状态固定为 0。

　　在使用中，控制字每次只能对 C 口中的一位进行置位或复位。

　　5. 8255A 与 80C51 单片微机的接口及应用

　　8255A 与 80C51 单片微机的接口电路如图 8-25 所示。

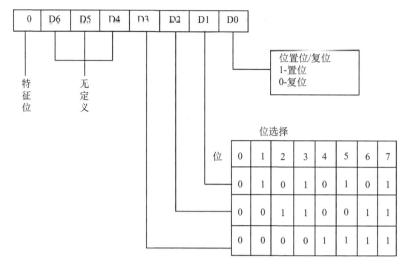

图 8-24　8255A 的 C 口按位置位/复位控制字

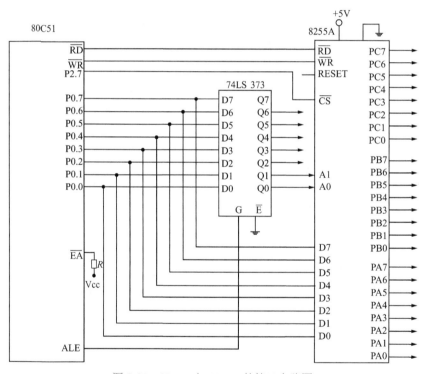

图 8-25　8255A 与 80C51 的接口电路图

由图 8-25 分析:

片选				字选		
P2.7(A15)	A14	A13	…	A1	A0	
0	1	1	…	0	0	PA 地址为 7FFCH(A14~A2 未参加译码,全置为1)
0	1	1	…	0	1	PB 地址为 7FFDH
0	1	1	…	1	0	PC 地址为 7FFEH
0	1	1	…	1	1	控制寄存器地址为 7FFFH

8255A 初始化是向控制字寄存器写入工作方式控制字和 C 口位置位/复位控制字。这两个控制字因特征位（D7）的不同，因此，8255A 能加以区别。两个控制字都写入同一控制字寄存器，但不受先后顺序限制。

例：对 8255A 各口作如下设置：A 口方式 0，B 口方式 0，从 A 口输入，从 B 口、C口输出。按各口的设置要求，工作方式控制字应设置为 10010000，即 90H。初始化程序段为

例.8255 口
设置

```
MOV      A, #90H              ；设 A 口、B 口为方式 0, A 口输入，B 口、C 口输出
MOV      DPTR, #7FFFH
MOVX     @DPTR, A
MOV      DPTR, #7FFCH         ；从 A 口输入
MOVX     A, @DPTR            ；产生读信号 RD
INC      DPTR                ；从 B 口输出
MOVX     @DPTR, A            ；产生写信号 WR
INC      DPTR                ；从 C 口输出
MOVX     @DPTR, A            ；产生写信号 WR
```

例：把 C 口的第 5 位 PC5 置为 1。

```
MOV      DPTR, #7FFFH
MOV      A, #00001011        ；PC5 置位
MOVX     @DPTR, A
```

◆8.4.5　串行 I/O 接口芯片 PCF8574/PCF8574A 的扩展及应用

应用虚拟 I^2C 总线可以用来扩展输入/输出接口，以 PCF8574/PCF8574A 为例进行介绍。PCF8574/PCF8574A 是飞利浦公司生产的一种单片 CMOS 电路，具有 I^2C 总线接口和 8 位准双向口，可直接驱动 LED 发光管；还有中断逻辑线；3 个硬件地址引脚使 I^2C 总线系统最多可挂接 8 片 PCF8574 和 8 片 PCF8574A。

1. PCF8574/PCF8574A 结构框图与引脚功能

PCF8574/PCF8574A 结构框图如图 8-26 所示。

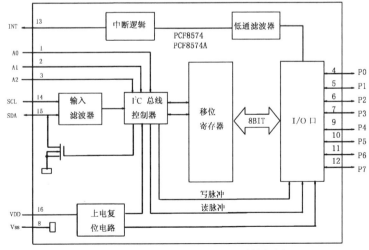

图 8-26　PCF8574/PCF8574A 结构框图

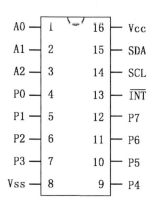

图 8-27　PCF8574/PCF8574A 引脚图

图 8-27 给出了 PCF8574/PCF8574A 的引脚图。其引脚功能如下。

- SDA：串行数据线，双向。
- SCL：串行时钟线，输入。
- P7～P0：8 位准双向输入/输出口。准双向口的每一位可作输入或输出。上电复位时，口的每一位均为高电平。某位在作输入前，应置为高电平。
- A2～A0：地址输入线。
- $\overline{INT}$：中断输出线，低电平有效。

2. PCF8574/PCF8574A 的寻址方式及操作

（1）PCF8574/PCF8574A 的地址

PCF8574 的从地址如下：

D7	D6	D5	D4	D3	D2	D1	D0
0	1	0	0	A2	A1	A0	R/$\overline{W}$

PCF8574A 的从地址如下：

D7	D6	D5	D4	D3	D2	D1	D0
0	1	1	1	A2	A1	A0	R/W

控制字节是跟随在主器件发出的开始条件后面，器件首先接收到的字节。控制字节的前 4 位由 4 位控制码组成，当控制码为 0100 时，表示对 PCF8574 的读和写操作；当控制码为 0111 时，表示对 PCF8574A 的读和写操作。

（2）读操作（输入）

读操作将 PCF8574 口的数据传给控制器（主器件）。对 PCF8574 读操作的时序如图 8-28 所示。

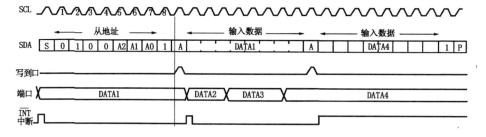

图 8-28　PCF8574 读操作时序图

（3）写操作（输出）

写操作为控制器（主器件）将数据传给 PCF8574 口。对 PCF8574 写操作的时序如图 8-29 所示。

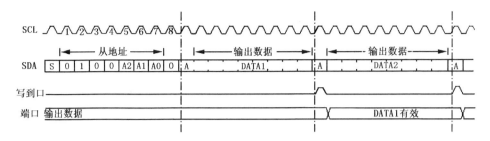

图 8-29　PCF8574 写操作时序图

3. PCF8574 的应用

（1）应用 PCF8574 扩展 8 位输入口

应用 PCF8574 扩展 8 位输入口的电路图如图 8-30 所示。

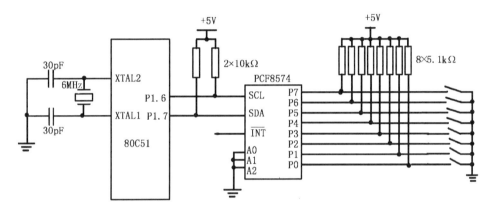

图 8-30　应用 PCF8574 扩展 8 位输入口的电路图

PCF8574 的从地址为

D7	D6	D5	D4	D3	D2	D1	D0	
				A2	A1	A0	R/W	
0	1	0	0	0	0	0	0	写地址为 40H
0	1	0	0	0	0	0	1	读地址为 41H

将开关的状态读入片内数据存储器 30H 单元中。程序如下：

```
RDS: ACALL    STA              ; 开始
     MOV      A, #41H          ; PCF8574 为读方式
     ACALL    WRBYT
     ACALL    CACK             ; 检查 ACK 信号
     JB       F0, RDS
     ACALL    RDBYT            ; 读开关状态
     MOV      30H, A           ; 存入片内数据存储器 30H 单元
     ...
```

（2）应用 PCF8574 扩展 8 位输出口

应用 PCF8574 扩展 8 位输出口电路图如图 8-31 所示。程序如下：

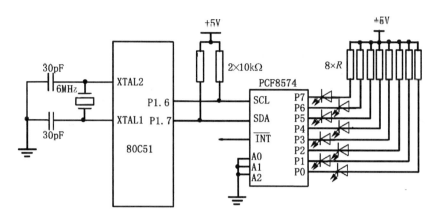

图 8-31　应用 PCF8574 扩展 8 位输出口电路图

```
WRS: ACALL     STA            ; 开始
     MOV       A, #40H        ; PCF8574 为写方式
     ACALL     WRBYT
     ACALL     CACK           ; 检查 ACK 信号
     JB        F0, WRS
     MOV       A, #XXH        ; 指示灯的亮熄取决于不同的立即数××
     ACALL     WRBYT
     ACALL     CACK           ; 检查 ACK 信号
     JB        F0, WRS
```

8.5　D/A 转换器接口的扩展及应用

8.5.1　概述

在过程控制和智能仪器仪表中，通常由单片微机进行实时控制和数据处理。计算机所加工和处理的信息是数字量，实际应用中，计算机处理的结果往往需要转换成模拟量，以便实现对被控对象的控制。将数字量转换成模拟量的过程称为数字模拟转换（D/A 转换），使用的转换器件称为 D/A 转换器。

随着大规模集成技术的发展，各种型号的 D/A 转换器的集成芯片均已商品化，可供直接选用。

1. D/A 转换器的一般特点

数/模转换器是一种将数字信号转换成模拟信号的器件，为计算机系统的数字信号和模拟环境的连续信号之间提供了一种接口。数/模转换器的输出是由数字输入和参考源 V_{ref} 组合进行控制的。大多数常用的数/模转换器的数字输入是二进制或 BCD 码形式的，输出可以是电流也可以是电压，而多数是电流。因而，在多数电路中，数/模转换器的输出需要用运算放大器组成的电流-电压转换器将电流输出转换成电压输出。

2. D/A 转换器接口电路的一般特点

数/模转换器的数字输入是由数据线引入的，而数据线上的数据是变动的，为了保持数/

模转换器输出的稳定，就必须在单件微机与数/模转换器输入口之间增加锁存数据的功能。根据数/模转换器输入口是否具有锁存器可将其分为两类。

(1)内部无锁存器

这类数/模转换器(如 DAC800(8 位)、AD7520(10 位)、AD7521(12 位))的结构简单，内部不带锁存器。这类数/模转换器，最适合与单片微机 80C51 的 P1、P2 等具有输出锁存功能的 I/O 口直接接口。但是当它们与 P0 口相接口时，需在其输入端增加锁存器。

(2)内部带锁存器

目前应用的数/模转换器，不仅具有数据锁存器，有的还提供地址译码电路，有些包含双重甚至多重的数据缓冲结构，如 DAC0832、DAC1230、AD7542 以及 AD7549 等。这种类型的数/模转换器以高于 8 位(如 12 位)的居多。这类数/模转换器以与 80C51 中的 P0 口相接口较为适合，这时需要占用多根口线。

目前 DAC 除了可以并行方式与单片微机连接外，还可以使用串行方式与单片微机连接，如使用三线 SPI 数字通信协议的 10 位 DAC TLC5615、12 位 DAC AD5320；使用 I^2C 总成的 8 位 DAC MAX518 等。

8.5.2 8 位并行 D/A 转换器芯片 DAC 0832

1. DAC 0832 的技术特性

DAC 0832 的输入数字量为 8 位，逻辑电平与 TTL 兼容，参考电压 V_{ref} 的工作范围为 $-10\sim+10$ V，单电源电压 Vcc 的范围为 $+5\sim+15$V，电流建立时间为 1μs，CMOS 工艺，低功耗 20mW，20 脚双列直插式封装，具有单缓冲、双缓冲和直通三种数据输入工作方式。

2. DAC 0832 的内部逻辑结构

数/模转换器 DAC 0832 的内部逻辑结构如图 8-32 所示。芯片内有一个 8 位输入寄存器，一个 8 位 DAC 寄存器，形成两级缓冲结构。这样可使 DAC 转换输出前一个数据的同时，将下一个数据传送到 8 位输入寄存器，以提高数/模转换的速度。在一些场合(如 X-Y 绘图仪的单片微机控制)，能够使多个数模转换器分时输入数据之后，同时输出模拟电压。

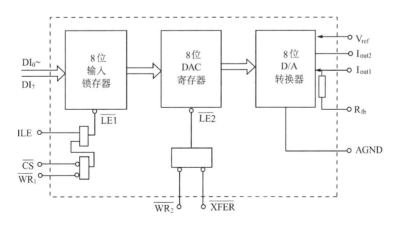

图 8-32 DAC 0832 逻辑结构图

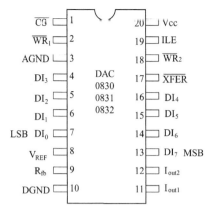

图 8-33　DAC 0832 的引脚图

3. DAC 0832 的引脚及其功能

DAC 0832 的引脚如图 8-33 所示。

- $\overline{\text{CS}}$：片选，低电平有效。$\overline{\text{CS}}$ 与 ILE 信号结合，可对 $\overline{\text{WR}_1}$ 是否起作用进行控制。

- ILE：允许数据输入锁存，高电平有效。

- $\overline{\text{WR}_1}$：写信号，输入，低电平有效。用于将 CPU 数据总线送来的数据锁存于输入寄存器中，$\overline{\text{WR}_1}$ 有效时，$\overline{\text{CS}}$ 和 ILE 必须同时有效。

- $\overline{\text{WR}_2}$：写信号 2，输入，低电平有效，用于将输入寄存器中的数据传送到 DAC 寄存器中，并锁存起来。当 $\overline{\text{WR}_2}$ 有效时，$\overline{\text{XFER}}$ 也必须同时有效。

- $\overline{\text{XFER}}$：传送控制信号，低电平有效。用来控制 $\overline{\text{WR}_2}$，选通 DAC 寄存器。

- $\text{DI}_7 \sim \text{DI}_0$：8 位数字输入，$\text{DI}_7$ 为最高位，DI_0 为最低位。

- I_{out1}：DAC 电流输出 1，当数字量为全 1 时，输出电流最大；当数字量为全 0 时，输出电流最小。

- I_{out2}：DAC 电流输出 2，其与 I_{out1} 的关系，满足下式：

$$\text{I}_{\text{out1}} + \text{I}_{\text{out2}} = \frac{\text{V}_{\text{out1}}}{\text{R}}\left(1 - \frac{1}{16}\right) = 常数$$

- R_{fb}：反馈电阻（15kΩ），已固化在芯片中。因为 DAC0832 是电流输出型 D/A 转换器，为得到电压输出，使用时需在两个电流输出端接运算放大器。R_{fb} 作为运算放大器反馈电阻，为 DAC 提供电压输出。

- V_{ref}：参考电压输入，通过它将外加高精度电压源与内部的电阻网络相连接。V_{ref} 可在–10～＋10 V 范围内选择。

- Vcc：数字电路电源。

- DGND：数字地。

- AGND：模拟地。

8.5.3　DAC 0832 的扩展及应用

1. DAC 0832 的单缓冲方式的接口电路和应用

所谓单缓冲方式就是使 DAC 0832 内部的输入寄存器或 DAC 寄存器中有一个处于直通方式，另一个处于受控的锁存状态，或者两个寄存器同时处于受控的锁存状态。单缓冲方式的接口电路如图 8-34 所示，两个寄存器同时处于受控的锁存状态。

要使输入寄存器处于直通方式，应使 ILE=1、$\overline{\text{CS}}$=0、$\overline{\text{WR}_1}$=0。要使 DAC 寄存器处于直通方式，应使 $\overline{\text{XFER}}$=0、$\overline{\text{WR}_2}$=0。

例：产生锯齿波。

由图 8-34 可知，DAC 0832 为单缓冲方式，输入寄存器和 DAC 寄存器同时受控锁存。DAC 0832 的地址为 7FFFH（P2.7=0，其他地址脚任意，现全选为 1）。

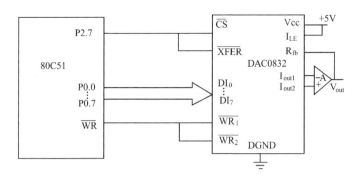

图 8-34　DAC 0832 单缓冲方式的接口电路图

产生锯齿波的程序如下：

例.产生锯
齿波

```
        ORG     0000H
        SJMP    MAIN
        ORG     0030H
MAIN: MOV      DPTR, #7FFFH    ; 同时输入输入寄存器和 DAC 寄存器地址
      MOV      R0, #0          ; 转换数字量初值
LP: MOV        A, R0
    MOVX       @DPTR, A        ; D/A 转换后，输出模拟量
    LCALL      DELAY           ; 波形延时
    INC        R0              ; 转换数字量加 1
    SJMP       LP              ; 循环 D/A 转换
DELAY: …                       ; 延时子程序(略)
      RET
```

2. DAC 0832 的双缓冲方式的接口电路和应用

DAC 0832 与 80C51 的接口电路见图 8-35，采用的是双缓冲方式。

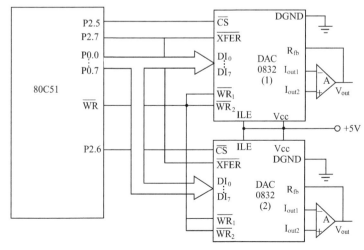

图 8-35　DAC 0832 双缓冲方式的接口电路图

用口线 P2.5 控制第一片 DAC 0832 的输入锁存器，地址为 DFFFH；用口线 P2.6 控制第二片 DAC 0832 的输入锁存器，地址为 BFFFH；用口线 P2.7 同时控制两片 DAC 0832 的第二级缓冲，地址为 7FFFH。

P2.7	P2.6	P2.5			
A15	A14	A13	A12	⋯ A0	
1	1	0	1	⋯ 1	；第一片 DAC 0832输入锁存器地址为 DFFFH
1	0	1	1	⋯ 1	；第二片 DAC 0832输入锁存器地址为 BFFFH
0	1	1	1	⋯ 1	；两片 DAC 0832的DAC 寄存器地址为 7FFFH

若第一片的数据在 R0 中，第二片的数据在 R1 中，此时送数程序为

```
MOV     DPTR, #0DFFFH        ; 把数据送第一片 DAC 0832 的输入锁存器
MOV     A, R0
MOVX    @DPTR, A
MOV     DPTR, #0BFFFH        ; 把数据送第二片 DAC 0832 的输入锁存器
MOV     A, R1
MOVX    @DPTR, A
MOV     DPTR, #7FFFH         ; 两片 DAC 0832 同时 D/A 转换，输出模拟量
MOVX    @DPTR, A
```

8.6　A/D 转换器接口的扩展及应用

8.6.1　概述

模/数转换器是一种用来将连续的模拟信号转换成适合于数字处理的二进制数的器件，可以认为，模/数转换器是一个将模拟信号值编制成对应的二进制码的编码器。与此对应，数/模转换器则是一个解码器。

常用的模/数转换器有：计数式 A/D 转换器、双积分式 A/D 转换器、逐位比较式 A/D 转换器及并行直接比较式 A/D 转换器、Σ/ΔA/D 转换器等几种。

一个完整的模/数转换器应该包含以下输入、输出信号。

- 模拟输入信号 V_{in} 和参考电压 V_{ref}。
- 数字输出信号。
- 启动转换信号。
- 转换完成(结束)信号或者"忙"信号，输出。
- 数据输出允许信号，输入。

单片微机对 A/D 转换的控制一般分为三个过程。

1) 单片微机通过控制口发出启动转换信号，命令模/数转换器开始转换。
2) 单片微机通过状态口读入 A/D 转换器的状态，判断它是否转换结束。
3) 一旦转换结束，CPU 发出数据输出允许信号，读入转换完成的数据。

目前厂家已生产有许多可以通过串行总线进行扩展的ADC,如具有 SPI 总线的 ADC（如 MAX187)、具有 I^2C 总线的 ADC（如 MAX127) 等。

8.6.2　8 位并行 A/D 转换器芯片 ADC 0809

ADC 0809 是美国国家半导体公司生产的 CMOS 工艺 8 位 8 通道逐次逼近式 A/D 模数转换器。其内部有一个 8 通道多路开关，它可以根据地址码锁存译码后的信号，只选通 8 路模拟输入信号中的一个进行 A/D 转换，其转换时间为 100μs 左右。可用单一电源供电，此时模拟电压输入范围为 0～5V，无须调零和满刻度调整。分辨率为 8 位，非调整误差为 ±1LSB，三态锁存输出，低功耗为 15mW，采用 28 脚 DIP 封装。

1. ADC 0809 的内部逻辑结构

ADC 0809 的内部逻辑结构图如图 8-36 所示。从图中可看到，ADC 0809 芯片包含一个 8 路模拟开关、模拟开关的地址锁存和译码电路、比较器、256R 电阻网络、电子开关逐位比较寄存器（SAR）、三态输出锁存缓冲器及控制与定时电路等。

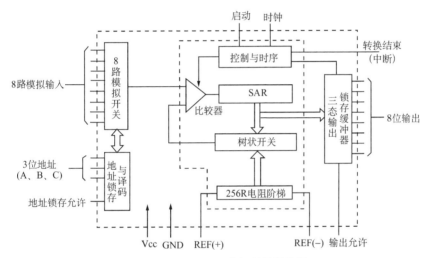

图 8-36　ADC 0809 内部逻辑结构图

2. ADC 0809 的引脚及功能

ADC 0809 的引脚如图 8-37 所示。

• ADDA、ADDB、ADDC：模拟通道的地址选择线，输入，ADDA 为低位。8 路模拟开关的三位地址选通输入端与对应的输入通道的关系见表 8-7。

• ALE：地址锁存允许信号，输入。由高到低的负跳变有效，此时锁存地址选择线的状态，从而选通相应的模拟通道，以便进行 A/D 转换。

• 2^{-8}～2^{-1}：数字输出线，输出。2^{-8} 为最低位（LSB），2^{-1} 为最高位（MSB）。

• IN_0～IN_7：模拟量输入通道，信号为单极性，电压范围 0～Vcc。若信号过小还需加以放大。在 A/D 转换过程中模拟量的值不应变化，对变化速度快的模拟量，在输入前应增加采样保持电路。

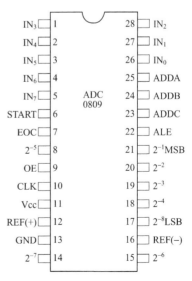

图 8-37　ADC 0809 的引脚图

- START：启动信号，输入，高电平有效。为了启动转换，在此端上应加一正脉冲信号。脉冲的上升沿将内部寄存器全部清 0，在其下降沿开始转换。
- EOC：转换结束信号，输出，高电平有效。在 START 信号的上升沿之后 0～8 个时钟周期内，EOC 变为低电平。当转换结束时，EOC 变为高电平，这时转换得到的数据可供读出。

表 8-7　ADC 0809 通道选择表

ADDC	ADDB	ADDA	选择的通道
0	0	0	IN0
0	0	1	IN1
0	1	0	IN2
0	1	1	IN3
1	0	0	IN4
1	0	1	IN5
1	1	0	IN6
1	1	1	IN7

- OE：输出允许信号，输入，高电平有效。当 OE 有效时，A/D 的输出锁存缓冲器开放，将其中的数据放到外面的数据线上。
- CLK：时钟，输入。时钟频率范围为 10～1280kHz。

ADC 0809 的时序如图 8-38 所示。其中：

t_{WS}：最小启动脉宽，典型值为 100ns，最大值为 200ns。

t_{WE}：最小 ALE 脉宽，典型值为 100ns，最大值为 200ns。

t_D：模拟开关延时，典型值为 1μs，最大值为 2.5μs。

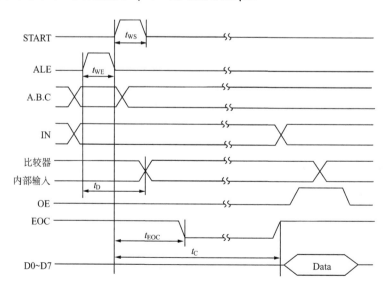

图 8-38　ADC 0809 的时序图

t_C：转换时间，当 $f_{CLK}=640\text{kHz}$ 时，典型值为 100μs，最大值为 116μs。

t_{EOC}：转换结束延时，最大值为 8 个时钟周期+2μs。

首先输入 ADDC、ADDB 和 ADDA 地址，并使 ALE=1，将地址存入地址锁存器中。此地址经译码选通 8 路模拟输入之一到比较器。START 上升沿将逐次逼近寄存器复位，下降沿启动 A/D 转换，之后 EOC 输出信号变低，指示转换正在进行，当 EOC 变为高电平，则指示 A/D 转换结束，结果数据已存入锁存器。EOC 信号可用作查询，也可用作中断申请。当 OE 输入高电平时，输出三态门打开，转换后的数字量输出到数据总线上。

确认 A/D 转换的完成可采用下述三种方式。

（1）定时传送方式

ADC 0809 采用逐次逼近法原理，转换时间约为 128μs，相当于 6MHz 时的共 64 个机器周期。可设计一个延时约 128μs 的子程序，A/D 转换启动后即调用此子程序，延迟时间一到，转换肯定已经完成了，接着就可进行数据传送。

（2）查询方式

用查询方式测试 EOC 的状态，即可确认转换是否完成，并接着进行数据传送。

（3）中断方式

把表明转换完成的状态信号（EOC）作为中断请求信号，以中断方式进行数据传送。注意 EOC 信号与中断请求信号的有效极性。

8.6.3 ADC 0809 的扩展及应用

1. ADC 0809 与 80C51 的接口

ADC 0809 与 80C51 连接图如图 8-39 所示。

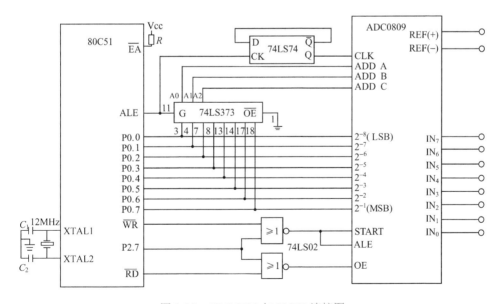

图 8-39 ADC 0809 与 80C51 连接图

P0 口直接与 ADC 0809 的数据线相接，P0 口的低三位通过锁存器 74LS373 连到 ADDA、ADDB、ADDC，锁存器的锁存信号是 80C51 的 ALE 信号。由于晶振为 12MHz，

ALE 信号为 2MHz，所以 80C51 的 ALE 信号需通过二分频器 74LS74 连到 ADC 0809 的 CLK 引脚。

P2.7 作为读写口的选通地址线。ADC 0809 的 8 个模拟量输入通道地址为 7FF8H～7FFFH（A14～A3 未参加译码，可取任意值，现取为全 1）。

片选			字选				
P2.7(A15)	A14		A3	A2	A1	A0	
0	1	…	1	0	0	0	IN0 地址为 7FF8H
…	…	…	…	…	…	…	…
0	1	…	1	1	1	1	IN7 地址为 7FFFH

在软件编制时，令 P2.7(A15)＝0，A0、A1、A2 给出被选择的模拟通道的地址，由图上逻辑分析可知，执行一条输出指令 MOVX @DPTR, A，就产生一个正脉冲（P2.7=0，$\overline{\text{WR}}$ =0），锁存通道地址和启动 A/D 转换；执行一条输入指令 MOVX A,@DPTR，就产生一个正脉冲（P2.7=0，$\overline{\text{RD}}$ =0），OE 信号有效，打开三态输出锁存缓冲器，可读取 A/D 转换结果。

例：采用延时等待 A/D 转换结束方式，分别对 8 路模拟信号轮流采样一次，并依次把结果存入数据存储器。

例.ADC0809

```
            ORG      0000H
            SJMP     MAIN
            ORG      0030H
MAIN: MOV   R1, #20H
      MOV   DPTR, #7FF8H       ; 指向模拟量输入通道 0 地址
      MOV   R7, #08H           ; 共需转换 8 个模拟量输入通道
LOOP: MOVX  @DPTR, A           ; 启动 A/D 转换
      LCALL D128μs             ; 延时等待 A/D 转换结束
      MOVX  A, @DPTR           ; 读入 A/D 转换值
      MOV   @R1, A             ; 存入内存
      INC   DPTR               ; 指向下一个模拟量输入通道地址
      INC   R1
      DJNZ  R7, LOOP           ; 8 个模拟量输入通道未转换完, 则继续
      …
D128μs: …                      ; 延时 128μs 子程序 (略)
      RET
```

2. ADC 0809 与 80C51 中断方式的接口

ADC 0809 与 80C51 中断方式连接图如图 8-40 所示。将 ADC 0809 作为外扩的并行 I/O 口，由 P2.7 和 $\overline{\text{WR}}$ 脉冲同时有效来启动 A/D 转换，通道选择端 ADDA、ADDB、ADDC 分别与地址线 A0、A1、A2 相连，其模拟量输入通道地址为 7FF8H～7FFFH。A/D 转换结束信号 EOC 经反相后接 80C51 的外部中断引脚。

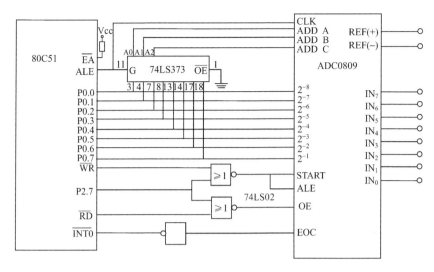

图 8-40　ADC 0809 与 80C51 中断方式连接图

例：采集 8 路模拟量输入通道模拟量，并存入 20H 地址开始的内部数据存储器中。

	ORG	0000H	
	SJMP	MAIN	
	ORG	0003H	; 外部中断 0 入口地址
	LJMP	INTDATA	
	ORG	0100H	; 数据采集程序
MAIN:	MOV	R0, #20H	; 数据缓冲区首址
	MOV	R2, #8	; 8 个模拟量输入通道计数器
	MOV	DPTR, #7FF8H	; 指向模拟量输入通道 0
START:	CLR	F0	; 清中断发生标志
	MOVX	@DPTR, A	; 启动 A/D（P2.7=0，$\overline{WR}$ =0）
	SETB	IT0	; 置外部中断 0 为边沿触发
	SETB	EX0	; 允许外部中断 0
	SETB	EA	; 开中断
LOOP:	JNB	F0, LOOP	; 判中断发生标志是否为 0
	DJNZ	R2, START	; 判 8 个模拟量输入通道转换是否结束
	SJMP	MAIN	
INTDATA:	MOVX	A,@DPTR	; 读 A/D 转换数据（P2.7=0，$\overline{RD}$=0），硬件
			; 撤销中断
	MOV	@R0, A	; 存 A/D 转换数据
	INC	R0	
	INC	DPTR	; 指向下一模拟量输入通道
	SETB	F0	; 置中断发生标志
	RETI		

◆8.7　键盘接口的扩展及应用

在过程控制和智能化仪表中，通常是用微控制器进行实时控制和数据处理的，为实现人机对话，键盘是个必不可少的功能配置。利用按键可以实现向单片微机输入数据、传送命令、功能切换等，是人工干预单片微机系统的主要手段。

键盘有两种类型：编码键盘和非编码键盘。

编码键盘必须具有必要的硬件，键按下后便产生对应的代码，在新键按下之前，一直保持该码。键的数目增多时，硬件变得复杂。

非编码键盘只有两个动作状态：闭合或断开，由 1 或 0 来表示。单片微机常用机械触点按键组成非编码矩阵键盘。单片微机应用系统中用得较多的是非编码键盘。

键盘在单片微机应用系统中是一个很关键的部件，了解键盘的工作原理，键盘按键的识别过程及识别方法，键盘与单片微机的各种接口技术和编程应用。

8.7.1　键盘接口工作原理

1. 键盘的工作原理

键盘实质上是一组按键开关的集合。通常，按键所用开关为机械弹性开关，利用了机械触点的合、断作用。一个电压信号通过机械触点的断开、闭合过程，其波形如图 8-41 所示。由于机械触点的弹性作用，一个按键开关在闭合时不会马上稳定地接通，在断开时也不会一下子断开。因而在闭合及断开的瞬间均伴随一连串的抖动，抖动时间的长短由按键的机械特性决定，一般为 5～10ms，这是一个很重要的时间参数。为了确保单片微机对一次按键动作只确认一次按键，必须消除抖动的影响。对按键的抖动，通常有硬件、软件两种消除方法，常采用软件的方法进行消抖。在第二次检测到按键被按下时，执行一段延时10ms 的子程序后再确认该键电平是否仍保持闭合状态电平，如果仍为闭合状态电平，则确认为真正有键被按下，从而消除了抖动的影响。

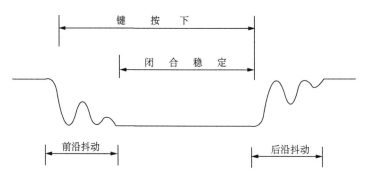

图 8-41　按键抖动信号波形图

按键的稳定闭合期长短则是由操作人员的按键动作决定的，一般为十分之几秒到几秒的时间，这个时间参数可作为一般的参考。

键盘可分为两类：独立式键盘和矩阵式键盘。

（1）独立式键盘

这是最简单的键盘电路，各个键相互独立，每个按键独立地与一根数据输入线相连接，如图 8-42 所示。独立式按键电路中，各按键开关均采用了上拉电阻，这是为了保证在按键断开时，各 I/O 口线有确定的高电平，若输入口线内部已有上拉电阻，则外电路的上拉电阻可省去。

当有且仅有一个键按下时才予以识别；如果有两个或多个键同时按下，将不予以处理。

图 8-42 中 (a) 为查询方式，当任何一个键被压下时，与之连接的数据输入线将被拉成低电平。要判断是否有键被压下，只要用位处理指令即可。

图 8-42 中 (b) 为中断方式，任何一个按键按下时，通过门电路都会向 CPU 申请中断，在中断服务程序中，读入 P1 口的值，从而判断是哪一个按键被按下。

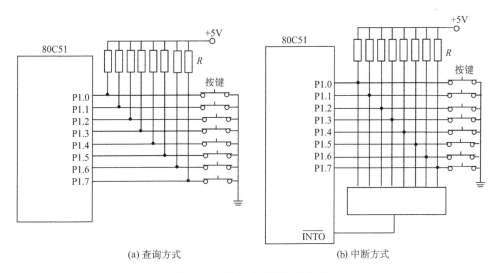

(a) 查询方式　　　　　　　　　　(b) 中断方式

图 8-42　独立式按键接口电路

对按键是否被按下，需采用软件消抖的办法，以消除按键在闭合和断开瞬间所伴随有一连串抖动所带来的不利影响。

这种键盘的优点是结构简单、使用方便，但随着键数的增加所占用的 I/O 口线也增加。在使用键数不多的单片微机系统中，常使用这种独立式键盘。

（2）矩阵式键盘

矩阵式键盘适用于按键数量较多的场合，它由行线和列线组成，按键位于行、列的交叉点上，如图 8-43 所示，若有 4 根行线，4 根列线，则构成 4×4 键盘，最多可定义 16 个按键。

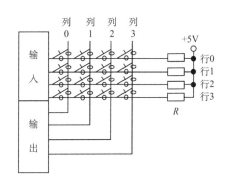

图 8-43　矩阵式键盘接口电路

每个按键的两个焊点分别与相应行线和列线相连，行线通过上拉电阻接到+5V 上。平时无按键动作时，行线处于高电平状态，而当有按键按下时，行线电平状态将由与此行线相连的列线电平决定。如果列线电平为低，则行线电平为低，如果列线电平为高，则行线电平亦为高。这一点是识别矩阵键盘按键是否被按下的关键所在。由于矩阵键盘中行、列线为多键共用，各按键均影响该键所在行和列的电平。因此，各按键彼此将相互发生影响，所以必须将行、列线信号配合起来并作适当的处理，才能确定闭合键的位置。

2. 矩阵式键盘的工作过程

(1)键扫描

1)识别键盘有无键被按下的方法是：让所有列线均置为 0 电平，检查各行线电平是否有变化，如果有变化，则说明有键被按下；如果没有变化，则说明无键被按下。(实际编程时应考虑按键抖动的影响，通常总是采用软件延时的方法进行消抖处理。)

2)识别具体按键的方法是(亦称为扫描法)：逐列置零电平，其余各列置为高电平，检查各行线电平的变化，如果某行电平由高电平变为零电平，则可确定此行、此列交叉点处的按键被按下。

3)当判断出哪个键被压下后，程序转入相应的键处理程序。

对于矩阵式键盘，编码最基本的是键所处的物理位置即行号和列号，它是各种编码之间相互转换的基础，编码相互转换可通过查表的方法实现。所以分别对行号和列号进行二进制编码，然后将两值合成一个字节，高 4 位是行号，低 4 位是列号将是非常直观的。如 12H 表示第 1 行第 2 列的按键。但是这种编码对于不同行的键，离散性大。例如，一个 4×4 的键盘，14H 键与 21H 键之间间隔 13，因此，不利于散转指令。所以常常采用依次排列键号的方式对按键进行编码。以 4×4 键盘为例，键号可以编码为：01H，02H，03H，…，0EH，0FH，10H 共 16 个。

(2)键盘工作方式

单片微机应用系统中，键盘扫描只是单片微机的工作内容之一。单片微机在忙于各项工作任务时，如何兼顾键盘的输入，取决于键盘的工作方式。键盘的工作方式的选取应根据实际应用系统中单片微机工作的忙、闲情况而定。其原则是既要保证能及时响应按键操作，又要不过多占用单片微机的工作时间。通常，键盘工作方式有三种，即程控扫描、定时扫描和中断扫描。

1)程控扫描方式：CPU 的控制一旦进入监控程序，将反复不断地扫描键盘，等待输入命令或数据。

2)定时扫描方式：在初始化程序中对定时器/计数器进行编程，使之产生 10ms 的定时中断，CPU 响应定时中断，执行中断服务程序，对键盘扫描一遍，检查键盘的状态，实现对键盘的定时扫描。

3)中断扫描方式：当键位上有键压下时，由硬件电路产生中断请求，CPU 响应中断，执行中断服务程序，判断压下的键的键号，根据键的定义(数字键或功能键)作相应的处理。

8.7.2 键盘接口电路扩展

除了使用专用的键盘控制芯片(如 8279 键盘/显示器控制 IC) 外，单片微机还可以通过单片微机本身的 I/O 引脚(如 P1 口)或外扩可编程 I/O 芯片(如 8255A)的 I/O 脚来构成独立式或矩阵式键盘。

由于 80C51 的 I/O 口具有输出锁存和输入缓冲的功能，因而用它们组成键盘电路时，可以省掉输出锁存器和输入缓冲器，图 8-44 所示的是由 80C51 本身的 P1 口来构成 4×4 矩阵式键盘。

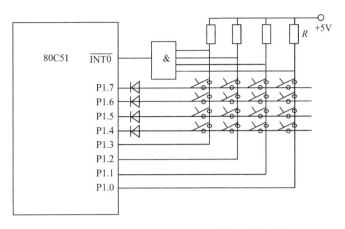

图 8-44　通过 80C51 I/O 口扩展的矩阵式键盘

图 8-44 中，键盘的 4 根列线连到 P1 口的高 4 位，而 4 根行线连到 P1 口的低四位，并通过"与"门连到 $\overline{INT0}$ 端。

没有键被压下时，$\overline{INT0}$ 为高电平；当键位上有任一键被压下时 $\overline{INT0}$ 端变为低电平，向 CPU 发中断请求。若 CPU 开放外部中断 0，则响应中断、执行中断服务程序扫描键盘。

在列输出电路中，每列都串联一个二极管是为了防止多键同时压下时，输出口可能会短路。

◆8.8　显示接口的扩展及应用

显示是将各种信息转化为视觉信息再传达给他人的过程。这种转化、传达的技术称为显示技术。现代显示的最大特点是光与电的结合，它是现代人们与信息间的桥梁。本节介绍单片微机应用系统中常用的数码管 LED 和液晶显示器(LCD)的基本工作原理及与单片微机的各种接口技术和编程应用。

8.8.1　LED 显示器的工作原理与扩展

1. LED 显示器的工作原理

发光二极管一般为砷化镓半导体二极管，在发光二极管两端加上正向电压，则发光二极管发光。而数码管 LED 是由若干发光二极管组合而成的，一般的"8"字形 LED 由"a、b、c、d、e、f、g、dp"8 个发光二极管组成，如图 8-45 所示，每个发光二极管称为一个字段。

七段 LED 有共阴极和共阳极两种结构形式。

显示电路一般分为静态显示和动态显示两类。

(1)共阳极接法

把发光二极管的阳极连在一起构成公共阳极，使用时公共阳极接 Vcc，当某阴极端为低电平时，该段发光二极管就导通发光。

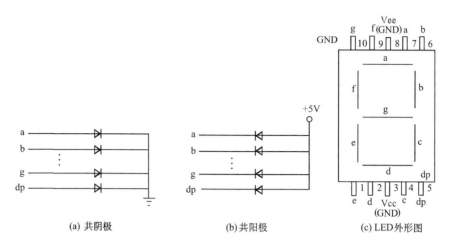

(a) 共阴极　　　　　　　　　(b) 共阳极　　　　　　　(c) LED 外形图

图 8-45　七段 LED 结构及外形图

(2)共阴极接法

把发光二极管的阴极连在一起构成公共阴极，使用时公共阴极接 GND，当某阳极端为高电平时，该段发光二极管就导通发光。

七段 LED 包含七段发光二极管和小数位发光二极管，共需 8 位 I/O 口线控制，其代码为一个字节。七段 LED 字型码如表 8-8 所示。

表 8-8　七段 LED 字型码表

显示字符	共阴极字型码	共阳极字型码	显示字符	共阴极字型码	共阳极字型码
0	3FH	C0H	C	39H	C6H
1	06H	F9H	D	5EH	A1H
2	5BH	A4H	E	79H	86H
3	4FH	B0H	F	71H	8EH
4	66H	99H	P	73H	8CH
5	6DH	92H	U	3EF	C1H
6	7DH	82H	R	31`H	CEH
7	07H	F8H	y	6EH	91H
8	7FH	80H	H	76H	89H
9	6FH	90H	L	38H	C7H
A	77H	88H	"灭"	00H	FFH
b	7CH	83H	—	—	—

2. LED 显示电路

由 N 个 LED 显示块可构成 N 位 LED 显示器。N 位 LED 显示器需要 N 根位选线和 $8 \times N$ 根段选线。根据显示电路不同，位选线和段选线的连接方式不同，实际所需的位选线和段选线的根数也不一样。显示电路主要有静态显示和动态显示两种。

(1)静态显示电路

LED 显示器工作在静态显示时，其公共阳极（或阴极）接 Vcc（或 GND），一直处于显示有效状态，所以每一位的显示内容必须由锁存器加以锁存，显示各位相互独立。

图 8-46 所示为一个四位 LED 静态显示电路。该电路各位可独立显示，只要在该位的段选线上保持段选码电平，该位就能保持相应的显示字符。由于各位分别由一个 8 位输出口控制段选码，故在同一时间里，每一位显示的字符可以各不相同。

静态显示时，LED 的亮度高，接口编程容易，但是功耗大，占用口线资源较多。如图 8-46 所示，若用 I/O 口线接口，则要占用 4 个 8 位 I/O 口；若用锁存器(如 74LS373)接口，则要用 4 片 74LS373 芯片。若显示位数增多，则静态显示方式很难适应，一般需要采用动态显示方式。

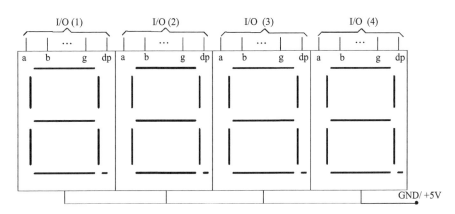

图 8-46　LED 静态显示电路图

(2) 动态显示电路

对于动态显示，一般将所有位的段选线的同名端联在一起，由一个 8 位 I/O 口控制，形成段选线的多位复用。而各位的公共阳极或公共阴极则分别由相应的 I/O 口线控制，实现各位形成段的分时选通，即同一时刻只有被选通位是能显示相应的字符，而其他所有位都是熄灭的。由于人眼有视觉暂留现象，只要每位显示间隔足够短，则会造成多位同时点亮的假象。这就需要单片微机不断地对显示进行控制，牺牲单片微机的 CPU 时间来换取元件的减少以及显示功耗的降低。LED 动态显示电路如图 8-47 所示。

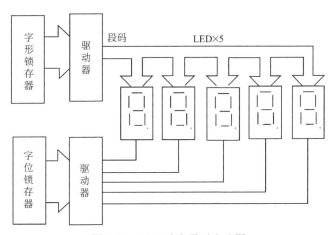

图 8-47　LED 动态显示电路图

工作过程：将字形代码送入字形锁存器锁存，这时所有的显示块都有可能显示同样的字符；再将需要显示的位置代码送入字位锁存器锁存。为防止闪烁，每位显示时间在 1～2ms，然后显示另一位，CPU 需要不断地进行显示刷新。

例：通过串行口方式 0 扩展键盘和显示器。

图 8-48 示出的是通过串行口扩展的键盘和显示器电路。

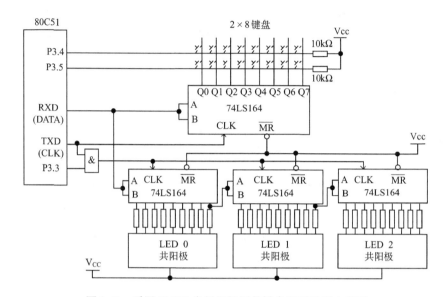

图 8-48　采用 80C51 串行口扩展的键盘和显示器电路图

74LS164 是串行输入并行输出的移位寄存器，每接一片 74LS164 可扩展一个 8 位并行输出口，可以作为键盘的 8 根列线或者作为 LED 显示器的 8 根段选线。

图 8-48 中扩展了三位共阳极 LED 显示器，分别用三片 74LS164 作为三个 LED 的段选输入，采用静态显示方式。P3.3=0 时，关闭显示输入。

图 8-48 中扩展了 2×8 矩阵式键盘，由 P3.4、P3.5 两个引脚作为行线，采用一片 74LS164 并行输出的 8 位作为列线。

例：显示一位。

```
…
MOV        SCON, #00H        ; 置串行口为同步移位寄存器方式
SETB       P3.3              ; 开显示输入
MOV        A, #0C0H          ; 显示"0"（C0H 为共阳极"0"的段码值）
MOV        SBUF, A
JNB        TI, $
CLR        TI
…
```

8.8.2　LCD 显示器的工作原理与扩展

液晶是一种特殊物质态，它不同于固体（晶体），又不同于液体（各向同性可流动的液态）

和气体，有人把液晶称为第四态，简称 LC，用它制成的液晶显示器件称为 LCD。

液晶显示必须通过环境光来显示信息，其本身并不发光，因此，功耗很低，只要求液晶周围有足够的光强。必要时，可选用背光源来保证 LCD 显示信息。

液晶必须由交流电压驱动，使用直流驱动会损坏 LCD。

LCD 有段式、点阵式；有字符型，图型；有单色、彩色的。

1. 字符型 LCD 原理

字符型 LCD 是一种用 5×7 点阵图形(特殊情况也可以是 5×8 点阵图形)来显示字符的液晶显示器。被显示的每个字符都有一个代码(用十六进制数表示，如 47H 表示字符"G")。显示时 LCD 从单片微机得到此代码，并把它存储到显示 DDRAM 中。LCD 的字符发生器根据此代码可产生"G"的 5×7 点阵图形。字符在 LCD 显示屏上的位置地址是通过数据总线，由单片微机送至 LCD 指令寄存器的。每个字符代码送入 LCD 后，LCD 可将显示位置地址自动加 1 或减 1。

LCD 1602 模块见图 8-49。

(a) LCD 1602模块外形图　　　　　　　(b) LCD 1602模块引脚图

图 8-49　LCD1602 模块图

字符型 LCD 功能框图如图 8-50 所示。框图中各方块的功能如下。

(1)寄存器

LCD 有两个 8 位寄存器指令寄存器(IR)与数据寄存器(DR)。指令寄存器寄存清除显示、光标移位等命令的指令码，也可寄存 DDRAM 和字符发生器 RAM(CGRAM)的地址。数据寄存器在 LCD 和单片微机交换信息时，用来寄存数据。

当单片微机向 LCD 写入数据时，写入的数据首先寄存在 DR 中，然后才自动写入 DDRAM 或 CGRAM 中，数据是写入 DDRAM，还是写入字符发生器 RAM，由当前操作而定。当从 DDRAM 或 CGRAM 读取数据时，DR 也用作寄存数据。在地址信息写入 IR 后，来自 DDRAM 或 CGRAM 的相应数据移入 DR 中。

(2)忙信号标志(BF)

当 BF 置为 1 时，LCD 正在进行内部操作，不会接受任何命令。BF 的状态由数据线 D7 输出。当 BF 为 0 时，LCD 才会执行下一个命令。

(3)地址计数器(AC)

地址计数器的内容是 DDRAM 或 CGRAM 单元的地址。当确定地址指令写入 IR 后，DDRAM 或 CGRAM 单元的地址就送入 AC，同时存储器是 CGRAM 还是 DDRAM 也被确定下来。当从 DDRAM 或 CGRAM 读出数据或向其写入数据后，AC 自动加 1 或减 1。AC 的内容由数据线 D0~D6 输出。

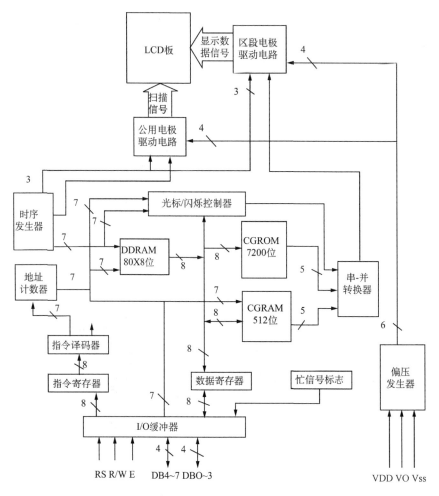

图 8-50　LCD 功能框图

(4) 显示数据 RAM(DDRAM)

DDRAM 是 80B 的 RAM，能够存储多至 80 个的 8 位字符代码作为显示数据。从高位至低位依次为 AC6、AC5、AC4、AC3、AC2、AC1 和 AC0，对应于显示屏上各位置的 DDRAM 地址如图 8-51～图 8-56 所示。每一行各有一个 40 个字符的显示数据 RAM 区，第一行 DDRAM 单元的地址为 00H～27H；第二行 DDRAM 单元的地址为 40H～67H。

		0	1	2	3	4	5	6	7	8	9	39	40
DDRAM	第一行	00H	01H	02H	03H	04H	05H	06H	07H	08H	...	26H	27H
地址	第二行	40H	41H	42H	43H	44H	45H	46H	47H	48H	...	66H	67H

图 8-51　双行显示时 DDRAM 地址

01H	02H	03H	04H	05H	06H	07H	08H	09H	...	27H	00H
41H	42H	43H	44H	45H	46H	47H	48H	49H	...	67H	40H

图 8-52　双行左移位显示时 DDRAM 地址与显示位置关系

27H	00H	01H	02H	03H	04H	05H	06H	07H	…	25H	26H
67H	40H	41H	42H	43H	44H	45H	46H	47H	…	65H	66H

图 8-53　双行右移位显示时 DDRAM 地址与显示位置关系

00H	01H	02H	03H	04H	05H	06H	07H	40H	41H	42H	43H	44H	45H	46H	47H

图 8-54　单行显示时 DDRAM 地址与显示位置关系

01H	02H	03H	04H	05H	06H	07H	08H	41H	42H	43H	44H	45H	46H	47H	48H

图 8-55　单行左移位显示时 DDRAM 地址与显示位置关系

27H	00H	01H	02H	03H	04H	05H	06H	67H	40H	41H	42H	43H	44H	45H	46H

图 8-56　单行右移位显示时 DDRAM 地址与显示位置关系

(5)字符发生器 ROM(CGROM)

CGROM 可产生 160 个不同的字符代码所表示的 5×7 点阵字符图形。字符代码与字符的对应关系见表 8-9。

表 8-9　LCD 字符代码表

高4位 低4位	0000	0010	0011	0100	0101	0110	0111	1010	1011	1100	1101	1110	1111
××××0000	CGRAM(1)		0	@	P	\	p		—	タ	ミ		p
××××0001	(2)	!	1	A	Q	a	q		ア	チ	ム		q
××××0010	(3)	''	2	B	R	b	r		イ	ツ	メ		θ
××××0011	(4)	#	3	C	S	c	s		ウ	テ	モ		∞
××××0100	(5)	$	4	D	T	d	t		エ	ト	ヤ		Ω
××××0101	(6)	%	5	E	U	e	u		オ	ナ	ユ		o
××××0110	(7)	&	6	F	V	f	v	ラ	カ	ニ	ヨ		Σ
××××0111	(8)	,	7	G	W	g	w	ア	キ	ヌ	ラ		π
××××1000	(1)	(	8	H	X	h	x	イ	ク	ネ	リ		/X
××××1001	(2)	)	9	I	Y	i	y	ウ	ケ	ノ	ル		y
××××1010	(3)	*	:	J	Z	j	z	エ	コ	ハ	レ		千
××××1011	(4)	+	;	K	[	k	{	オ	サ	ヒ	ロ		万
××××1100	(5)	,	<	L	¥	l		ヤ	シ	フ	ン		円
××××1101	(6)	-	=	M	]	m	}	ユ	ス	ヘ	—		÷
××××1110	(7)	.	>	N	.	n		ヨ	セ	ホ	·		
××××1111	(8)	/	?	O	—	o		ツ	ソ	マ			■

(6)字符发生器 RAM(CGRAM)

CGRAM 可存储 8 个自行编程的任意 5×7 点阵字符图形。自编程字符图形代码见表 8-9 的第 1 列。

(7)时序发生器

时序发生器产生用于 DDRAM、CGRAM 操作的时序信号。这样，单片微机从 RAM 读出数据或向 RAM 写入数据时才不会发生差错。当数据写入 DDRAM 时，显示不能闪烁。

(8)光标/闪烁控制

此控制可产生一个光标，或者在 DDRAM 地址对应的显示位置处闪烁。DDRAM 地址在地址计数器 AC 中。AC 具有双重功能：或存放 DDRAM 地址，或存放 CGRAM 地址。

(9)并行/串行转换器

转换器将从 CGROM 或 CGRAM 内读到的 8 位数据转换成串行数据，以供驱动器使用。

(10)电压调整电路

它提供驱动液晶显示所需要的电压 VLCD＝VDD－VO。

(11)LCD 驱动器

它可以接收显示数据、时序信号等，并产生公用显示信号和区段显示信号。

2. LCD 模块引脚及功能

- Vss　　　　　接地
- VDD(Vcc)　　电路电源，+5V
- VEE(VO)　　 液晶驱动电压
- RS　　　　　寄存器选择(为"1"时选数据寄存器 DR，为"0"时选指令寄存器 IR)
- R/$\overline{W}$　　　　 读/写信号
- E　　　　　　使能，片选，下降沿触发
- DB0～DB7　　数据线

LCD 模块寄存器选择见表 8-10。

表 8-10　LCD 模块寄存器选择表

RS	R/W	操作说明
0	0	把命令写进命令寄存器，执行内部操作
0	1	读忙信号标志状态及地址计数器的内容
1	0	把数据写进 DDRAM 或 CGRAM，执行内部操作
1	1	读数据存储器，执行内部操作

3. LCD 模块指令系统

(1)清屏

0	0	0	0	0	0	0	1

将空码写入 DDRAM 全部单元，将地址指针计数器 AC 清零，光标或闪烁归 home 位。该指令多用于上电时或更新全屏显示内容时。

(2) 光标复位

0	0	0	0	0	0	1	*

将地址指针计数器 AC 清零，光标或闪烁位返回到显示屏的左上第一字符位上。

（3）模式设置

0	0	0	0	0	1	I/D	S

I/D　当单片微机读/写 DDRAM 或 CGRAM 的数据后，地址指针计数器 AC 的修改方式，由于光标位置也是由 AC 值确定，所以也是光标移动方式。

I/D=0，AC 为减 1 计数器，光标左移一个字符位。

I/D=1，AC 为加 1 计数器，光标右移一个字符位。

S　表示在写入字符时，是否允许画面的滚动。

S=0，禁止滚动。

S=1，允许滚动。当 I/D 同时为 0 时，显示画面向右滚动一个字符位。当 I/D 同时为 1 时，显示画面向左滚动一个字符位。

（4）显示开/关控制

0	0	0	0	1	D	C	B

D　画面显示状态位，当 D=1 时开显示，D=0 时关显示。

C　光标显示状态位，当 C=1 时光标显示，C=0 时光标消失。

B　闪烁显示状态位，当 B=1 时启用闪烁，B=0 时禁止闪烁。

（5）光标或屏移动

将产生光标或屏移动。

0	0	0	1	S/C	R/L	*	*

S/C　选择滚动对象：

S/C=1，画面滚动。

S/C=0，光标滚动。

R/L　选择滚动方向：

R/L=1，向右滚动。

R/L=0，向左滚动。

该指令专用于滚动功能，执行一次，显示呈现一次滚动效果。

（6）系统功能设置

设置接口数据宽度、显示行数、字符点阵形式。

0	0	1	DL	N	F	*	*

DL　设置模块接口形式，体现在数据总线长度上。

DL=1，8 位数据长度，DB0～DB7 有效。

DL=0，4 位数据长度，DB4～DB7 有效。在该方式下 8 位指令代码和数据将按先高 4 位后低 4 位的顺序分二次传送。

N　设置显示的字符行数。

N=1，双行显示。

N=0，单行显示。

F　设置显示字符的字体。

F=1，5×10 点阵字符体。

F=0，5×7 点阵字符体。

(7) 字符发生器 CGRAM 地址设置

将 6 位 CGRAM 地址写入地址指针计数器 AC 中。

0	1	A5	A4	A3	A2	A1	A0

(8) 显示地址 DDRAM 设置

将 7 位的 DDRAM 地址写入地址指针计数器 AC 中。

1	A6	A5	A4	A3	A2	A1	A0

(9) 读"忙"标志和地址指针

只有当 BF=0 时，单片微机才能向显示模块写指令代码或读/写数据。

BF	AC6	AC5	AC4	AC3	AC2	AC1	AC0

（10）CGRAM/DDRAM 中数据写入命令

根据当前地址指针计数器 AC 值的属性及数值将数据送入相应的存储器内的 AC 所指的单元中。

（11）CGRAM/DDRAM 中数据读出命令

需设置或确认地址指针计数器 AC 值的属性及数值，从数据寄存器通道中数据输出寄存器读取当前所存放的数据。

4. LCD 模块应用举例

HC1602LCD 模块与 AT89C51 单片微机连接图如图 8-57 所示。

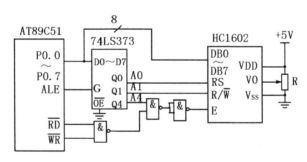

图 8-57　HC1602LCD 模块与 AT89C51 单片微机连接图

根据图 8-57，A7、A6、A5、A3、A2 共 5 位可取 0 或 1，此处都取为 1。

A7	A6	A5	A4	A3	A2	A1	A0	
			片选			字选		
			E			R/W	RS	
1	1	1	1	1	1	0	0	写指令口地址为 FCH
1	1	1	1	1	1	0	1	写数据口地址为 FDH
1	1	1	1	1	1	1	0	读状态口地址为 FEH
1	1	1	1	1	1	1	1	读数据口地址为 FFH

LCD 初始化设置子程序

```
LCDS: MOV      R0, #0FCH        ; 写指令口地址
      MOV      R1, #0FEH        ; 读状态口地址
```

```
        CLR         F0
INIT: LCALL         RDBUSY              ; 判 LCD "忙"?
        MOV         A, #38H             ; 系统设置, 8 位, 二行, 5×7 点阵
        MOVX        @R0, A
        LCALL       RDBUSY              ; 判 LCD "忙"?
        MOV         A, #01H             ; 清屏
        MOVX        @R0, A
        LCALL       RDBUSY              ; 判 LCD "忙"?
        MOV         A, #02H             ; 光标回到第一行第一列
        MOVX        @R0, A
        LCALL       RDBUSY              ; 判 LCD "忙"?
        MOV         A, #06H             ; 显示地址加 1 模式
        MOVX        @R0, A
        LCALL       RDBUSY              ; 判 LCD "忙"?
        MOV         A, #0FH             ; 打开显示
        MOVX        @R0, A
        RET
RDBUSY: MOVX        A, @R1              ; 判 LCD "忙标志" 子程序
        JB          ACC.7, RDBUSY
        RET
```

写数据

在写入数据(即显示数据)之前, 必须设置数据显示的位置。

第一行: 00H~0FH

第二行: 40H~4FH

以下程序设置待显示字符的显示位置为 00H(第一行第一列)

```
        MOV         R0, #0FCH           ; 写指令口地址
        LCALL       RDBUSY              ; 判 LCD "忙"?
        MOV         A, #80H             ; 设置数据显示位置为 00H
        MOVX        @R0, A
```

然后可写要显示的数据。LCD 有一个字符表, 当要显示字符表的字符时, 只需向 LCD 写入该字符在字符表中对应的代码。阿拉伯数字在字符表中对应的代码就是它的 ASCII 码。

以下程序向 LCD 中写入 30H(0 的 ASCII 码), 程序的执行结果是在 LCD 的左上角显示字符 0。

```
        LCALL       RDBUSY              ; 判 LCD "忙"?
        MOV         R0, #0FDH           ; 指向写数据口
        MOV         A, #30H             ; 显示 "0"
        MOVX        @R0, A
```

以上程序执行完后, 显示位置会自动加 1, 当要显示 01 时, 可以接着以上程序

```
LCALL        RDBUSY            ; 判 LCD "忙" ?
MOV          A, #31H           ; 显示 "1"
MOVX         @ R0, A
```

◆8.9　系统扩展时的可靠性与低功耗设计

单片微机应用系统设计涵盖了功能性设计、可靠性设计和产品化设计三个方面。功能性设计是为了满足系统检测、控制、运算等基本运行能力的设计；产品化设计是保证构成实用化产品必须解决的环境适应性、使用条件适应性及满足使用者人体设计工程的设计；可靠性设计则是保证在满足使用条件下，系统有良好的电磁兼容性、运行可靠性与使用安全性。

8.9.1　系统扩展时的可靠性设计

按照国家标准规定，可靠性的定义是"产品在规定条件下和规定时间内，完成规定功能的能力"，离开了这三个"规定"，就失去了衡量可靠性高低的前提。

1) 规定条件。通常是指应用系统工作条件(如操作方式、负载条件等) 和环境条件(如温度、湿度、气压、有无腐蚀性气体等)。很显然，同一种应用系统在不同的工作条件和环境条件下，可靠性是有很大差别的。在条件恶劣的情况下，应用系统容易发生故障和失效。

2) 规定时间。由于服务对象的不同和使用条件的不同而不同。而应用系统的可靠性本身就是一个与规定时间密切相关的，使用时间越长则可靠性就越差。所以评价一个应用系统的可靠性时，必须指明是多长时间内的可靠性，否则就没有意义。

3) 规定功能。指应用系统的主要性能指标和技术要求(如采样精度、响应时间、输出输入信号等)综合性是可靠性的一个特点，所以可靠性可以用多种指标形式(数学特征量) 表示，如可靠度、平均故障间隔时间(MTBF) 、有效寿命等。

可靠性设计是单片微机应用系统软件、硬件设计的重要组成部分，而可靠性等级是可靠性设计的依据。可靠性等级越高，可靠性设计的工作量与技术难度越大，可靠性设计所需投入的资金越多。合理的可靠性设计是以满足单片微机应用系统运行可靠为原则。可靠性设计贯彻在单片微机应用系统设计的全过程，包括以下环节。

1) 总体设计。

2) 硬件系统设计。

3) PCB 设计。

4) 电源系统设计。

5) 软件设计。

其中硬件系统设计、PCB 设计及电源系统设计主要是本质可靠性设计，而在软件设计及总体设计中，则除了本质可靠性外，还必须考虑可靠性控制设计。

1. 硬件系统的可靠性设计

(1) 单片微机的选择

单片微机要选择满足最大系统集成要求，系统中的外围电路(如 A/D、D/A、看门狗等)尽可能在单片微机中解决。减少系统中的电路器件，有利于减少由硬件产生的失误概率。

(2)简化电路设计的器件选择

尽可能采用串行传输总线器件代替并行总线扩展的器件。

(3)选择保证可靠性的专用器件

这类器件可以消除系统出错因素或保护系统的安全，常用的有以下几种。

1)电源监控类器件。可监测系统的电源，防止电源投切过程中的系统出错；电源过电压、欠电压的保护和报警，电源上电、断电时，系统的可靠复位及数据的保护。

2)μP 运行监控。程序运行的监视定时器，保证单片微机程序运行失控时的可靠复位及数据保护。

3)尖峰抑制器件。如压敏电阻、瞬变电压抑制器等，能可靠地消除电源总线上尖峰电压、浪涌电压对系统的损坏。

4)其他如信号线路故障保护器、ESD(静电干扰)抑制器件等。

2. 软件系统的可靠性设计

(1)减少缺陷

软件的缺陷可以导致错误，并造成系统的故障。软件的缺陷通常可分为显性与隐性两大类。显性缺陷发生在程序正常运行中，这些缺陷大部分都可通过仿真调试进行纠正；而隐性缺陷通常都在系统非正常运行时暴露出来。容错能力弱的系统中会存在较多的隐性错误。例如，单片微机在通信时若采用查询方式，执行 JNB RI，$或 JNBTI，$指令，当通信中一方或通信线路出现故障时，会出现"死机"现象。这时应在软件中设置"超时错"的功能，当通信在规定时间内未完成，则认为是超时，退出通信程序。

(2)程序"死机"或"跑飞"的处理

由于程序执行过程中遇到干扰，或是设计软件时的缺陷，引起程序"死机"或"跑飞"。一般可采取以下两种方法来解决：一是增加看门狗或软件超时错处理，二是在非程序段设置"软件陷阱"，当程序非法进入这些程序段时，即转入"热启动"。一般在空余的中断矢量区和程序存储器地址单元中，全部填入无条件转入"热启动"入口地址的转移指令即可。

8.9.2　系统扩展时的低功耗设计

有些产品和系统要求功耗尽量小，要求在停电时可以采用备用电池工作多少时间等。以上这些设计和要求往往与应用系统的低功耗设计是密切相连的。应用系统低功耗设计除了降低功耗，节省能源，满足绿色电子的基本要求之外，还能提高系统的可靠性，满足便携式、电池供电等特殊应用场合产品的要求。

应用系统低功耗设计的意义如下。

1)实现"绿色"电子，节省能源。低功耗的实现，能明显地降低应用系统所消耗的功率。消耗功率的降低，可以使温升降低，改善应用系统的工作环境。

2)提高了电磁兼容性和工作可靠性。目前单片微机正全盘 CMOS 化，CMOS 电路有较大的噪声容限；单片微机的低功耗模式常采用休闲、掉电、关断及关闭电源等方式，在这些方式下，系统对外界噪声失敏，大大减少了因噪声干扰产生的出错概率。

3)促进便携化发展。最小功耗设计技术有利于电子系统向便携化发展。如便携式仪器仪表，可以在野外环境使用，仅靠电池供电就能正常工作。又如水表数据采集仪表由于某些原因，只能通过电池供电，并且要求能够连续供电几年而不用更换电池。

单片微机应用系统直面对象，突出控制功能，由于单片微机的高速运行与缓慢变化的物理参数；由于单个单片微机对应多个外围功能电路形成的分时操作状况。这两个特点将导致在单片微机应用系统中，无论是时间上还是区域上形成巨大的无谓等待状态。这两个特点又恰好是应用系统低功耗设计的依据之一。

主要进行本质低功耗设计和在运行中进行功耗的管理(如待机和掉电保护等)。

1. 低功耗应用系统的硬件设计

(1) 单片微机的选择

采用 CMOS 工艺后，单片微机具有极佳的本质低功耗和功耗管理功能。从第四代单片微机开始，各家半导体厂家都在单片微机中实现了全面的低功耗技术。

1) 传统的 CMOS 单片微机低功耗运行方式，即待机方式(IDle)、掉电方式(power down)。

2) 双时钟技术。配置高速时钟(系统时钟，如 12MHz)和低速时钟(子时钟，如 32.768kHz)，在不需要高速运行时，转入子时钟下运行，以节省功耗。在掉电保护期间，有可能由电池供电，这时一定转入子时钟运行。

3) 低电压节能技术。不断降低单片微机电源电压，降低供电电压能大幅度减少器件的功耗。

(2) 外围器件的选择和控制

单片微机应用系统所选用的外围器件也趋向于 CMOS 化，一是本质低功耗，二是可以实行功耗管理，三是在该外围器件不工作时，通过简单电路把该器件的供电电源切断。

2. 低功耗应用系统的软件设计

(1) 单片微机的功耗管理

根据应用系统运行的不同时段用软件选择晶振频率，在采样、运算、控制时，希望执行速度要尽量快，这时应选用主振高频运行；在一般等待或非重要任务执行时，可用软件分频降低总线速度，以达到降低功耗的目的；当检测到掉电时，应迅速进入子时钟工作状态，使系统工作电流最低。

在无谓等待时，如检测故障，可先进入等待或掉电状态，系统功耗降低；当发生故障时，产生的中断可以使系统退出低功耗状态。这样系统绝大部分时间工作在低功耗状态。

(2) 应用系统外围器件的功耗管理

除具有自关断功能的外围器件外，对于可外部关断的外围器件，可以通过单片微机的 I/O 脚直接用软件来控制其关断和合上。

对于不具有关断控制功能的外围器件，当其处于无谓等待状态时，可以采用电源管理的方法，直接切断对该外围器件的供电。

思考与练习

填空题

1. 外接程序存储器的读信号为_____，外接数据存储器的读信号为_____。

2. 可编程并行 I/O 接口芯片 8255 共有_____个端口地址。它的扩展与_____统一编址。

3. D/A 转换器是将_____转换为_____，DAC 0832 具有_____，_____，

_____三种工作方式,其主要技术性能有_____,_____,_____。

简答题

4. 简述单片微机系统扩展的基本原则和实现方法。

5. 如何构造 80C51 并行扩展的系统总线?

6. 在 80C51 单片微机系统中,外接程序存储器和数据存储器共用 16 位地址线和 8 位数据线,为什么不会发生冲突?

7. 举例说明程序存储器和数据存储器扩展(并行和串行)的原则和方法。

8. 举例说明线选法和译码法的应用特点。

9. 在单片微机 I/O 扩展中为什么有数据总线的隔离问题?如何解决?

10. 单片微机控制 I/O 操作有几种方法?说明各种方法的特点及适用范围。

11. 80C51 单片微机采用哪一种 I/O 编址方式?有哪些特点?

12. 举例说明接口电路的功能。

13. 写出可编程并行 I/O 接口芯片 8255A 方式 1 可能出现的各种控制字及相对应的各口组态。

14. D/A 转换器为什么必须有锁存器?有锁存器和无锁存器的 D/A 转换器与 80C51 的接口电路有什么不同?

15. 在什么情况下要使用 D/A 转换器的双缓冲方式?试以 DAC 0832 为例,绘出双缓冲方式的接口电路。

16. A/D 转换器转换数据的传送有几种方式?

17. 简述逐次逼近式 A/D 转换的原理。

18. 请举例说明独立式按键的设计原理。

19. 请举例说明 3×3 矩阵键盘的设计原理和编程方法。

20. 简述系统扩展时的可靠性设计。

21. 简述系统扩展时的低功耗设计。

设计题

22. 80C51 扩展一片 Intel 2764 和一片 Intel 6264,组成一个既有程序存储器又有数据存储器的系统,请画出逻辑连接图,并说明各芯片的地址范围。

23. 80C51 用多片 8KB RAM 芯片,要实现最大数据存储器扩展,采用 74LS138 进行地址译码,画出连接示意图,并说明各芯片的地址范围。

24. 已知可编程并行 I/O 接口芯片 8255A 控制寄存器的地址为 BFFFH,要求把 A 口设定为基本输入,B 口为基本输出,C 口为输入方式。请编写从 C 口读入数据后,再从 B 口输出的程序段。并根据要求画出 80C51 与 8255A 连接的逻辑原理图。加上必要的伪指令,并对源程序加以注释。

25. 使用 D/A 转换器 DAC 0832 产生梯形波,梯形波的上升段和下降段宽度各为 5ms 和 10ms,波峰宽度为 50ms,请编程实现。

26. 利用 ADC 0809 芯片设计以 80C51 为控制器的巡回检测系统。8 路输入的采样周期为 1s,其他未列条件可自定。请画出电路连接图并进行程序设计。

27. 如何用静态方式实现多位 LED 显示?请画出接口电路图,并编写 LED 显示程序。

28. 如何用动态方式实现多位 LED 显示?请画出接口电路图,并编写 LED 显示程序。

29. 某型号直流测速发电机，输出为 0～5V，对应电机转速为 0～1024r/min，设计单片微机巡回检测系统(参见第29题附图)，要求：

(1) 编写定时巡检程序，每隔100ms定时中断方式（采用定时器/计数器T0）对8路电机转速进行A/D采样，并存入40H～47H单元，当某台电机转速低于512 r/min时，发出报警信号(对应发光二极管亮)，并继续巡回检测，加以注释和加上伪指令，写出必要的计算步骤。

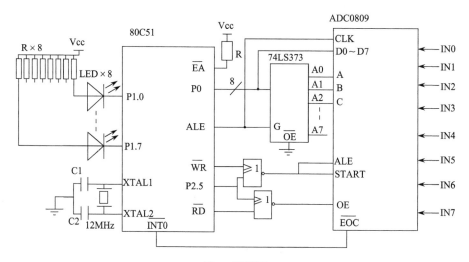

第29题附图

(2) 回答两个问题：

① A/D启动信号是由哪条指令产生的？为什么是窄脉冲？

② 上图设计中有两处错误，请指出并直接在图中加以修正。

30. 设计单片微机应用系统的LCD显示电路，采用LCD模块。

(1) 画出硬件连接图，标出LCD模块端口地址。

(2) 写出LCD初始化程序流程框图及源程序，加以注释。

第 9 章
单片微机应用系统实例

摘要：单片微机应用系统设计涵盖了功能性设计、可靠性设计和产品化设计三个方面，单片微机应用系统设计涉及非常广泛的基础知识和相关专业知识，是一个综合性的设计内容。既有硬件系统的设计，又需要配套应用软件的开发。对设计者来讲，需要具有综合性的素质。

单片微机的应用领域非常广泛，除了应用量最大的家电行业之外，在工业控制系统、数据采集系统和智能仪器仪表等领域都得到了广泛的应用。下面以数据采集系统和无总线单片微机应用系统为例来综合介绍单片微机应用系统的构成及设计。

9.1 数据采集系统

数据采集系统设计的主要内容通常包含硬件(连同单片微机在内的全部电子线路)、软件(包括操作系统、监控管理程序及各功能模块应用软件)及结构工艺等三大部分。由于对象提供的数据形式"五花八门"，若是模拟量，则要通过 A/D 转换器得到数据；若是脉冲量，则需通过 I/O 引脚对其计数后再通过计算得到数据。而对于温度、湿度、速度、加速度、流量、电压、电流和功率等参数，则往往需通过传感器或专用模块输出模拟量、脉冲或数据。数据采集各级的主要通信通道有 RS-232、RS-485、低压电力线载波(power line carrier，PLC)、以太网、综合业务数字网(integrated service digital network，ISDN)、公共交换电话网(public switched telephone network，PSTN)、微功率无线通信、GPRS、CDMA 等。

在进行数据采集系统设计时，往往还需要同时进行低功耗设计和可靠性设计。

以电能表数据远程采集系统为例，介绍单片微机应用系统设计。

远程采集系统包括主站(采集工作站)和子站(数据集中器、中继器和采集终端)两个分系统。

系统现场设备由采集终端、集中器、中继器和表计(终端)构成，现场系统结构图如图9-1 所示。

1)采集终端：对电能表的用电量进行采集，实现单元集抄系统功能。

2)台区集中器：通过电力线载波方式或 RS-485，将电能表数据集中传送到集中器上，实现台区集抄系统功能。

3)局端工作站： 通过掌上机或 GSM 无线网络把电能表数据上传到电力局的上端计算

机，实现集抄系统功能。

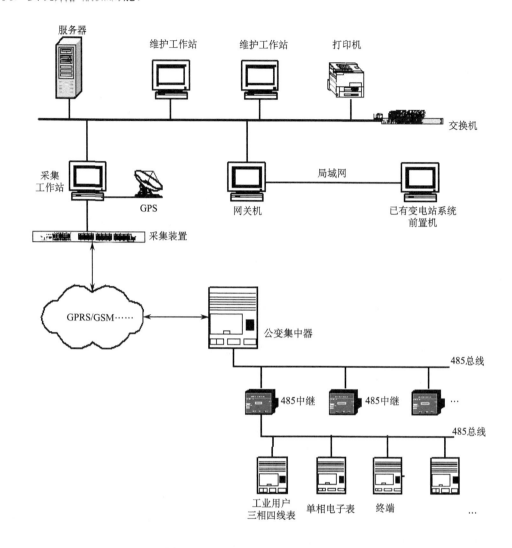

图 9-1　电能表数据远程采集系统示意图

全电子电能表把用户的用电量转化为电脉冲送入采集终端，采集终端将通过计数和计算后得出的数据经由局域网(低压电力线载波方式或 RS-485 总线)信道送到集中器。采集终端由单片微机、脉冲信号采集处理电路、低压电力载波通信或 RS-485 总线电路等部分构成。用户表选用全电子式送入单片微机进行实时处理，显示各用户电表的上月电量和本月当前抄见电量等数据。

由于采集终端要处理和保存大量的数据，仅仅依靠 CPU 内部的数据存储器是不够的，所以需要外加数据存储器。为了简化设计，提高系统的可靠性，而且考虑需要有在掉电时也不丢失数据的能力，所以在电能表数据采集终端中使用了串行 E^2PROM。

该系统直接与交流电网相连，需考虑可靠性设计。

集中器主要功能如下。

1) 数据采集功能, 实现表计 (终端) 数据的定时抄读、实时上传、实时抄读、点名抄读及抄表日抄读多种方式。

2) 数据传输功能, 可作为主站远程命令的中继, 下发主站请求的远程命令, 如表计 (终端) 数据采集、广播对时、远程电量冻结、远程拉闸及远程参数设置命令。

3) 事件处理功能。

4) 保存采集到的表计的数据, 在发生掉电时数据不丢失。

5) 自动记录运行时发生的事件, 如断电时间记录、编程记录、存储器故障记录、时钟故障记录、电池欠电压、软件故障记录等。

6) 具有总线数据的侦听功能, 当发现有非法通信时, 集中器将记录其通信内容和发生时间。

子站间的通信采用了 RS-485 总线方式, 485 专线通信方式明显具有通信速率高、抗干扰能力强的特点, 在近距离通信中有许多不能替代的优点。

由于现在使用的 485 通信接口芯片的节点一般为 32～256, 不能满足抄表的要求, 因此, 系统设计中引入了 RS-485 中继的概念, 引入中继概念后, 原理上 485 总线节点可以扩展到无穷大。由专用的 485 总线中继器完成 485 总线数据的中继。

集中器再通过城域网信道 (GPRS/GSM 等) 将数据送至供电管理中心。

中继器主要功能如下。

1) 实现透明的一路输入多路输出的通信数据中继功能。每个通道可驱动小于 32 个同类接口, 在传输速率不大于 9600bit/s 条件下, 有效传输距离不小于 1000m。

2) 接口具有雷击保护、静电保护。

3) 485 通信故障自动检测功能。

主站主要功能如下。

通过通信信道对采集终端进行信息采集并对采集到的数据进行处理和管理的设备。一般包括前置机、应用服务器、数据库服务器等。主站可分成分布式和集中式两类。

可靠性设计。

本系统主要进行可靠性设计, 保证系统硬件可靠、软件通信可靠等, 如加入 RS-485 中继, 加入看门狗, 加入通信时的奇偶校验和超时错处理等。

9.2 无总线单片微机应用系统

1. AT89C2051 Flash 单片微机

AT89C1051/2051/4051 单片微机和 MCS-51 兼容, 片内有 1KB/2KB/4KB 可重复编程闪速存储器。具有 15 根 I/O 口线, 1 个 16 位定时器/计数器, 3 个中断源; P1 口可吸收 20mA 电流并能直接驱动 LED 显示器, 其中 P1.2～P1.7 提供内部上拉电阻, P1.0 和 P1.1 要求外部加上拉电阻; P3.0～P3.5、P3.7 是带有内部上拉电阻的 7 个双向 I/O 引脚。芯片为 20 引脚的 DIP 封装。

AT89C1051/2051/4051 单片微机不具备 80C51 所具有的并行三总线引脚, 非常适合不扩展或仅通过串行总线扩展芯片的场合。

2. 应用 AT89C2051 的交通灯智能管理系统

设计一个智能交通灯管理系统。要求如下。

假设十字路口有两组交通灯，每一组各有红、黄、绿三种颜色的指示灯，分别管理通道 A 和通道 B，A 为主通道。

1）如果两个车道都有车，则轮流放行，其中 A 道绿灯 30s，B 道绿灯 15s。

2）通道放行管理：如果某个通道无车，而另一车道有车，那么有车的通道放行。如果无车的通道有车了，则有车的通道立刻恢复正常的交通灯进行管理。

3）如果两个通道都没有车，那么两个通道交通灯状态保持不变。

4）如有紧急车辆通过，应立即禁止普通车辆通行（即 A、B 车道均亮红灯），紧急车辆通过后，恢复原来的信号灯状态，且原先的计时时间累计。要求采取中断方式，用按键中断模拟有紧急车辆通过。

5）在从绿灯切换为红灯时，应有 5s 的黄灯点亮时间。

智能交通灯管理系统的硬件设计如图 9-2 所示。应用 P1.0～P1.5 共 6 根 I/O 口线控制 A 车道和 B 车道 6 个指示灯，P3.0 输入 A 车道是否有车信息，P3.1 输入 B 车道是否有车信息，P3.2 输入是否有紧急车辆信息。定时器/计数器作为通行时间定时器。

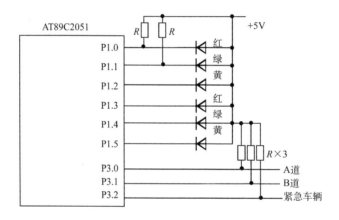

图 9-2　AT89C2051 交通灯智能管理系统原理框图

软件程序如下：

```
; this program is for the transportation
; light control system
; P1.0=0, A 车道红灯点亮
; P1.1=0, A 车道绿灯点亮
; P1.2=0, A 车道黄灯点亮
; P1.3=0, B 车道红灯点亮
; P1.4=0, B 车道绿灯点亮
; P1.5=0, B 车道黄灯点亮
; ; ; ; ; ; ; ; ; ; ; ; ; ; ; ; ;
; P3.0=1, A 车道有车
```

```
; P3.1=1, B 车道有车
; P3.2=1, 有紧急车通过
;;;;;;;;;;;;;;;;;
        s_ok        BIT 20H.0
        ORG         0000H
        SJMP        MAIN
        ORG         000BH               ; 定时器计数器 T0 中断矢量
        AJMP        SECOND
        ORG         0030H
MAIN: MOV           SP, #60H            ; 设堆栈指针
        CLR         EA                  ; 关中断
        MO          VTMOD, #01H         ; 设定时器/计数器 T0 为方式 1
        MOV         TL0, #0B0H          ; 设定时器/计数器 T0 时间常数(100ms)
        MOV         TH0, #3CH
        SETB        ET0                 ; 允许定时器/计数器 T0 中断
        SETB        PT0                 ; T0 中断为高优先级
        SETB        EA                  ; 开中断
        SETB        TR0                 ; 启动定时器/计数器 T0
        MOV         R0, #10             ; 100ms 计数次数
TEST: MOV           P3, #0FFH           ; 设 P3 口为输入方式
        MOV         A, P3               ; 读车道的状态
        JB          ACC.2, EMERG_CAR    ; 有紧急车辆要通过, 转 EMERG_CAR
        JB          ACC.0, CAR_0        ; A 道有车, 转 CAR_0
        JB          ACC.1, CAR_1        ; B 道有车, 转 CAR_1
        SJMP        TEST                ; 无车, 则继续等待
NORMAI: ACALL      A_GREEN              ; A 道通行 30s
        ACALL       YELLOW              ; 黄灯 5s
        ACALL       A_RED               ; B 道通行 15s
        AJMP        TEST
;;;;;;;;;;;;;;;;;;
; 紧急车处理程序
;;;;;;;;;;;;;;;;;;;;
   EMERG_CAR: MOV   A, #00001001B       ; A 道、B 道红灯亮
        MOV         P1, A
        ...                             ; 紧急车处理程序段(略)
        AJMP        TEST
CAR_0:
        JB          ACC.1, NORMAL       ; A、B 道均有车
        ACALL       A_GREEN             ; A 道有车, 立即放行
```

```
        AJMP        TEST
    CAR_1:
        ACALL       A_RED            ; B 道有车, 立即放行
        AJMP        TEST
;;;;;;;;;;;;;;;;;;
; 秒计数中断服务程序
;;;;;;;;;;;;;;;;;;;;
    SECOND:
        CLR         EA
        CLR         S_OK
        DEC         R0
        MOV         A, R0
        JZ          SECOND_1
        SJMP        SECOND_2
SECOND_1:MOV R0, #10
        SETB        S_OK
SECOND_2:MOV TH0, #3CH             ; 1s 定时到, 置标志位
        MOV         TL0, #0BFH       ; 重置 100ms 时间常数
        SETB        EA
        RETI
;;;;;;;;;;;;;;;;;;;;
; B 车道红灯
; A 车道绿灯
;;;;;;;;;;;;;;;;;;;;
    A_GREEN:
        MOV         A, #00001010B    ; A 车道绿灯亮, B 车道红灯亮
        MOV         P1, A
        MOV         R1, #30          ; 亮灯时间为 30s
    TLP: JNB        S_OK, TLP
        CLR         S_OK
        DJNZ        R1, TLP
        RET
;;;;;;;;;;;;;;;;;;;;
;;; A 车道黄灯 5s
;;; B 车道黄灯 5s
;;;;;;;;;;;;;;;;;;;;
    YELLOW:
        MOV         A, #00100100B    ; A、B 车道黄灯亮
        MOV         P1, A
```

```
        MOV      R1, #05              ; 黄灯亮 5s
TLP1: JNB      S_OK, TLP1
        CLR      S_OK
        DJNZ     R1, TLP1
        RET
;;;;;;;;;;;;;;;;;;;
;;; A 车道红灯
;;; B 车道绿灯
;;;;;;;;;;;;;;;;;;;
   A_RED:
        MOV      A, #00010001B        ; A 车道红灯亮, B 车道绿灯亮
        MOV      P1, A
        MOV      R1#15                ; 亮灯时间为 15s
TLP2: JNB      S_OK, TLP2
        CLR      S_OK
        DJNZ     R1, TLP2
        RET
        END
```

附录 A 80C51 指令表

附录 A.1 80C51 指令一览表

高位 / 低位	0	1	2	3	4	5	6	7	8	9	A	B	C	D	E	F
0	NOP	JBC bad,rel	JB bad,rel	JNB bad,rel	JC rel	JNC rel	JZ rel	JNZ rel	SJMP rel	MOV DP,#dal6	ORL C,/bad	ANL C,/bad	PUSH dir	POP dir	MOVX A,@DP	MOVX @DP,A
1	AJMP adll	ACALL Adll	AJMP adll	ACALL adll	AJMP adll	ACALL adll	AJMP adll	ACALL adll	AJMP adll	ACALL adll	AJMP adll	ACALL adll	AJMP adll	ACALL adll	AJMP adll	ACALL adll
2	LJMP adl6	LJMP adl6	RET	RETI	ORL dir,A	ANL dir,A	XRL dir,A	ORL C,bad	ANL C,bad	MOV bad,C	MOV C,bad	CPL bad	CLR bad	SETB bad	MOVX A,@R0	MOVX @R0,A
3	RR A	RRC A	RL A	RLC A	ORL dir,#ad	ANL dir,#ad	XRL dir,#ad	JMP @A+DP	MOVC A,@A+PC	MOVC A,@A+DP	INC DPTR	CPL C	CLR C	SETB C	MOVX A,@R1	MOVX @R1,A
4	INC A	DEC A	ADD A,#da	ADDC A,#da	ORL A,#da	ANL A,#da	XRL A,#da	MOV A,#da	DIV AB	SUBB A,#da	MUL AB	CJNE A, da,rel	SWAP A	DA A	CLR A	CPL A
5	INC Dir	DEC Dir	ADD A,dir	ADDC A,dir	ORL A,dir	ANL A,dir	XRL A,dir	MOV dir,#da	MOV dir,dir	SUBB A,dir		CJNEdir, #da,rel	XCH A,dir	DJNZ Dir,rel	MOV A,dir	MOV dir,A
6	INC @R0	DEC @R0	ADD A,@R0	ADDC A,@R0	ORL A,@R0	ANL A,@R0	XRL A,@R0	MOV @R0,#da	MOV dir,@R0	SUBB A,@R0	MOV @R0,dir	CJNE@R0, #da,rel	XCH A,@R0	XCHD A,@R0	MOV A,@R0	MOV @R0,A
7	INC @R1	DEC @R1	ADD A,@R1	ADDC A,@R1	ORL A,@R1	ANL A,@R1	XRL A,@R1	MOV @R1,#da	MOV dir,@R1	SUBB A,@R1	MOV @R1,dir	CJNE@R1, da,rel	XCH A,@R1	XCHD A,@R1	MOV A,@R1	MOV @R1,A
8	INC R0	DEC R0	ADD A,R0	ADDC A,R0	ORL A,R0	ANL A,R0	XRL A,R0	MOV R0,#da	MOV dir,R0	SUBB A,R0	MOV R0,dir	CJNE R0, #da,rel	XCH A,R0	DJN2 R0,rel	MOV A,R0	MOV R0,A
9	INC R1	DKC R1	ADD A,R1	ADDC A,R1	ORL A,R1	ANL A,R1	XRL A,R1	MOV R1,#da	MOV dir,R1	SUBB A,R1	MOV R1,dir	CJNE R1, #da,rel	XCH A,R1	DJN2 R1,rel	MOV A,R1	MOV R1,A
A	INC R2	DKC R2	ADD A,R2	ADDC A,R2	ORL A,R2	ANL A,R2	XRL A,R2	MOV R2,#da	MOV dir,R2	SUBB A,R2	MOV R2,dir	CJNE R2, #da,rel	XCH A,R2	DJNZ R2,rel	MOV A,R2	MOV R2,A
B	INC R3	DEC R3	ADD A,R3	ADDC A,R3	ORL A,R3	ANL A,R3	XRI A,R3	MOV R3,#da	MOV dir,R3	SUBB A,R3	MOV R3,dir	CJNE R3, #da,rel	XCH A,R3	DJNZ R3,rel	MOV A,R3	MOV R3,A
C	INC R4	DEC R4	ADD A,R4	ADDC A,R4	ORL A,R4	ANL A,R4	XRL A,R4	MOV R4,#da	MOV dir,R4	SUBB A,R4	MOV R4,dir	CJNE R4, #da,rel	XCH A,R4	DJNZ R4,rel	MOV A,R4	MOV R4,A
D	INC R5	DEC R5	ADD A,R5	ADDC A,R5	ORL A,R5	ANL A,R5	XRL A,R5	MOV R5,#da	MOV dir,R5	SUBB A,R5	MOV R5,dir	CJNE R5, #da,rel	XCH A,R5	DJNZ R5,rel	MOV A,R5	MOV R5,A
E	INC R6	DEC R6	ADD A,R6	ADDC A,R6	ORL A,R6	ANL A,R6	XRL A,R6	MOV R6,#da	MOV dir,R6	SUBB A,R6	MOV R6,dir	CJNE R6, #da,rel	XCH A,R6	DJNZ R6,rel	MOV A,R6	MOV R6,A
F	INC R7	DEC R7	ADD A,R7	ADDC A,R7	ORL A,R7	ANL A,R7	XRL A,R7	MOV R7,#da	MOV dir,R7	SUBB A,R7	MOV R7,dir	CJNE R7, #da,rel	XCH A,R7	DJNZ R7,rel	MOV A,R7	MOV R7,A

注：dir——直接地址；#da——8 位数据；#da16——16 位数据；rel——带符号的 8 位偏移地址；ad11——11 位目的地址；bad——直接寻址位地址；ad16——16 位地址；DP—DPTR，16 位地址指针。

附录 A.2 数据传送类指令表

指 令 名 称	编 号	助 记 符		字节数	周期数
内部 8 位数据传送指令	1	MOV	A，Rn	1	1
	2	MOV	A，direct	2	1
	3	MOV	A，@Ri	1	1
	4	MOV	A，#data	2	1
	5	MOV	Rn，A	1	1
	6	MOV	Rn，direct	2	2
	7	MOV	Rn，#data	2	2
	8	MOV	direct，A	2	1
	9	MOV	direct，Rn	2	2
	10	MOV	direct，direct	3	2
	11	MOV	direct，@Ri	2	2
	12	MOV	direct，#data	3	2
	13	MOV	@Ri，A	1	1
	14	MOV	@Ri，direct	2	2
	15	MOV	@Ri，#data	2	1
16 位数据传送指令	16	MOV	DPTR，#data16	3	2
数据交换指令	17	XCH	A，Rn	1	1
	18	XCH	A，direct	2	2
	19	XCH	A，@Ri	1	1
	20	XCHD	A，@Ri	1	1
外部数据传送指令	21	MOVX	A，@Ri	1	2
	22	MOVX	A，@DPTR	1	2
	23	MOVX	@Ri，A	1	2
	24	MOVX	@DPTR，A	1	2
程序存储器数据传送指令(查表指令)	25	MOVC	A，@A+PC	1	2
	26	MOVC	A，@A+DPTR	1	2
堆栈操作指令	27	PUSH	direct	2	2
	28	POP	direct	2	2

附录 A.3 算术运算类指令表

指令名称	编 号	助 记 符		字节数	周期数
加法指令	1	ADD	A，Rn	1	1
	2	ADD	A，direct	2	1
	3	ADD	A，@Ri	1	1
	4	ADD	A，#data	2	1
带进位加法指令	5	ADDC	A，Rn	1	1
	6	ADDC	A，direct	2	1
	7	ADDC	A，@Ri	1	1
	8	ADOC	A，#data	2	1

指令名称	编 号	助 记 符		字节数	周期数
加 1 指令	9	INC	A	1	1
	10	INC	Rn	1	1
	11	INC	direct	2	1
	12	INC	@Ri	1	1
	13	INC	DPTR	1	2
二一十进制调整指令	14	DA	A	1	1
带借位减法指令	15	SUBB	A，Rn	1	1
	16	SUBB	A，direct	2	1
	17	SUBB	A，@R	1	1
	18	SUBB	A，#data	2	1
减 1 指令	19	DEC	A	1	1
	20	DEC	Rn	1	1
	21	DEC	direct	2	1
	22	DEC	@Ri	1	1
乘法指令	23	MUL	AB	1	4
除法指令	24	DIV	AB	1	4

附录 A.4　逻辑运算类指令表

指令名称	编 号	助 记 符		字节数	周期数
累加器清零	1	CLR	A	1	1
累加器按位变反	2	CPL	A	1	1
累加器移位/循环运算指令	3	RL	A	1	1
	4	RLC	A	1	1
	5	RR	A	1	1
	6	RRC	A	1	1
	7	SWAP	A	1	1
逻辑"与"运算指令	8	ANL	A，Rn	1	1
	9	ANL	A，direct	2	1
	10	ANL	A，@Ri	1	1
	11	ANL	A，#data	2	1
	12	ANL	direct，A	2	1
	13	ANL	direct，#data	3	2
逻辑"或"运算指令	14	ORL	A，Rn	1	1
	15	ORL	A，direct	2	1
	16	ORL	A，@R1	1	1
	17	ORL	A，#data	2	1
	18	ORL	direct，A	2	1
	19	ORL	direct，#data	3	2

续表

指令名称	编 号	助 记 符		字节数	周期数
	20	XRL	A，Rn	1	1
	21	XRL	A，direct	2	1
逻辑"异或"	22	XRL	A，@Ri	1	1
运算指令	23	XRL	A，#data	2	1
	24	XRL	direct，A	2	1
	25	XRL	direct，#data	3	2

附录 A.5　控制转移类指令表

指 令 名 称		编号	助 记 符		字节数	周期数
子程序调用指令	绝对调用指令	1	ACALL	add11	2	2
	长调用指令	2	LCALL	add16	3	2
子程序返回指令	从子程序返回指令	3	RET		1	2
	从中断返回指令	4	RETI		1	2
无条件转移指令	短转移指令	5	SJMP	rel	2	2
	绝对转移指令	6	AJMP	Addr11	2	2
	长转移指令	7	LJMP	Addr16	3	2
	间接转移指令	8	JMP	@A+DPTR	1	2
条件转移指令	累加器判零转移指令	9	JZ	rel	2	2
		10	JNZ	rel	2	2
	数值比较转移指令	11	CJNE	A，direct，rel	3	2
		12	CJNE	A，#data，rel	3	2
		13	CJNE	Rn，#data，rel	3	2
		14	CJNE	@Ri，#data，rel	3	2
循环转移指令		15	DJNZ	Rn，rel	2	2
		16	DJNZ	direct，rel	3	2
空 操 作		17	NOP		1	1

附录 A.6　布尔(位)操作类指令表

指令名称		编 号	助 记 符		字节数	周期数
布尔传送指令		1	MOV	C，bit	2	1
		2	MOV	bit，C	2	2
布尔状态控制指令	位清 0	3	CLR	C	1	1
		4	CLR	bit	2	1
	位置 1	5	SETB	C	1	1
		6	SETB	bit	2	1
	位取反	7	CPL	C	1	1
		8	CPL	bit	2	1

续表

指令名称		编 号	助 记 符		字节数	周期数
布尔逻辑 运算指令	位逻辑 "与"	9	ANL	C，bit	2	2
		10	ANL	C，/bit	2	2
	位逻辑 "或"	11	ORL	C，bit	2	2
		12	ORL	C，/bit	2	2
布尔条件 转移指令	布尔累加器 C 条件转移	13	JC	rel	2	2
		14	JNC	rel	2	2
	位测试 条件转移	15	JB	bit，rel	3	2
		16	JNB	bit，rel	3	2
	位测试条件转移并清 0	17	JBC	rel	3	2

附录 B 多种单片微机型号命名法

B.1 Intel 公司单片微机型号命名示例

【例】Q P 80 C 31 BH
　　① ② ③ ④ ⑤ ⑥

① 器件前缀

    M：军用级；

    I：工业级；

    J：JAN 认定器件，只作内部辨认；

    L：扩展工作温度范围（−40～+85℃），产品经 168±8 小时动态老化；

    Q：商业级（0～+70℃）且产品经 168±8 小时动态老化；

    T：扩展工作温度范围（−40～+85℃），但产品未经老化。

② 封装

    A：陶瓷格栅矩阵引脚；　　　B：密封 B 型；

    C：密封 C 型；　　　　　　D：密封 D 型；

    G：密封格栅矩阵引脚；　　　I：晶体封装；

    L：选片塑料；　　　　　　M：金属外壳封装；

    N：塑料带引线封装；　　　　P：塑料包装；

    R：密封无引线片；　　　　　S：四方扁平封装；

    X：未封装器件。

③ 系列代号

④ 工艺

    C：CMOS；

    无号：HMOS。

⑤ 器件序号

⑥ 版本号

最多用三个字符来限定功率、速度和工艺等。

B.2 Philips 公司单片微机型号命名示例

【例】主要适用于欧洲和亚太地区

  PC F 84 C 430 P
  MA B 80 　 51 WP
  ① ② ③ ④ ⑤ ⑥

① 工艺

PC：CMOS；

MA：NMOS。

② 温度范围

B：0~+70℃；　　　D：-25~+70℃；

F：-40~+85℃；　　H：-40~+125℃；

V：-40~+110℃。

③ 系列

84：8400 系列；

80：8051 系列。

④ 工艺

C：CMOS；

无号：NMOS。

⑤ 器件序号

⑥ 封装

P：塑料双列(PDIL)；

T：塑料小封装(PSO)；

WP：塑料带引线芯片载体(PLCC)。

【例】主要适用于美国和亚太地区

S　83　C　652　4　A28　(CP××××)

①　②　③　④　⑤　⑥　　　⑦

① 前缀

S 表示 Philips-Signetics 公司生产的器件。

② 版本

80：无 ROM 版本；

83：带掩模 ROM 版本；

87：带 EPROM 版本。

③ 工艺

C：CMOS；

无号：NMOS。

④ 器件序号

⑤ 温度范围及速度

1：0~+70℃，1.2~12MHz；

2：-40~+85℃，1.2~12MHz；

4：-40~+70℃，1.2~16MHz；

5：-40~+85℃，1.2~16MHz；

6：-40~+110℃，1.2~12MHz。

说明：上述表示方法仅适用于本例，不能适用于其他一般型号。

⑥ 封装及引脚

A28：PLCC，28 脚；

F××：CDIP，引脚数；

N××：PDIP，引脚数。

⑦ 用户 ROM 版本号

【例】适用于近期和将来的 8051 及 90C 改型产品

$$\underset{①}{P}\ \underset{②}{8}\ \underset{③}{7}\ \underset{④}{C}\ \underset{⑤}{L}\ \underset{⑥}{410}\ \underset{⑦}{H}\ \underset{⑧}{D}\ \underset{⑨}{S}\ /759$$

① 前缀

P 代表 Philips。

② 系列

8：8051；　　　　9：90C。

③ ROM 版本

0：无 ROM 版本；　　3：带掩模 ROM 版本；

5：压接(背骑式)；　　7：带 EPROM 版本；

9：带快速 E^2PROM 版本。

④工艺

C：CMOS。

⑤ 功耗

L：低功耗，低电压。

⑥ 器件序号

⑦ 频率范围

A：另有规定；　　　B：3.5～12MHz；

C：1.2～12MHz；　　D：0.5～12MHz；

E：3.5～16MHz；　　F：1.2～16MHz；

G：1.2～20MHz；　　H：DC～20MHz；

I：1.2～24MHz；　　J：DC～24MHz。

⑧ 温度范围

A：另有规定；　　　B：0～+70℃；

C：−55～+125℃；　D：−25～+70℃；

E：−25～+85℃；　　F：−40～+85℃；

G：−55～+85℃；　　H：−40～+125℃。

⑨ 封装

A：塑料带引线芯片载体；　B：塑料四方扁平封装；

F：带窗口陶瓷双列直插　L：带窗口陶瓷带引线芯片载体；

N：陶瓷格栅式封装；　　P：塑料双列直插；

Q：陶瓷扁平封装；　　　S，U，V，W，X：特殊；

T：小尺寸(SO)；　　　Z：背骑式。

B.3　Atmel 公司 89 系列单片微机的型号编码

【例】89 系列单片微机的型号编码由三部分组成，分别是前缀、型号、后缀，格式为

$$\underset{①}{\underline{AT}}\,\underset{②}{\underline{89C××××}}-\underset{③}{\underline{××××}}$$

① AT 是前缀，它表示该器件是 Atmel 公司的产品。

② 89C××××是型号，其中"9"是表示内部含 Flash 存储器，"C"表示是 CMOS 产品。

③ ××××是后缀，分别表示四个参数，每个参数的表示与意义不同。

后缀中的第一个参数×用于表示速度，它的意义如下：

　　×＝12，表示速度为 12MHz。

　　×＝16，表示速度为 16MHz。

　　×＝20，表示速度为 20MHz。

　　×＝24，表示速度为 24MHz。

后缀中的第二个参数×用于表示封装。它的意义如下：

　　×＝D，Cerdip。

　　×＝J，塑料 J 引线芯片载体。

　　×＝L，无引线芯片载体。

　　×＝P，塑料双列直插 DIP 封装。

　　×＝S，表示 SOIC 封装。

　　×＝Q，表示 PQFP 封装。

　　×＝A，表示 TQFP 封装。

　　×＝W，表示裸芯片。

后缀中的第三个参数×用于表示温度范围，它的意义如下：

　　×＝C，表示商业产品，其温度范围为 0～+70℃。

　　×＝I，表示工业产品，其温度范围为−40～+85℃。

　　×＝A，表示汽车用产品，其温度范围为−40～+125℃。

　　×＝M，表示军用产品，其温度范围为−55～+150℃。

后缀中的第四个参数用于说明产品的处理情况，它的意义如下：

　　×＝空，则表示处理工艺是标准工艺。

　　×＝/883，则表示处理工艺采用 MIL-STD-883 标准。

例如，某一单片微机型号为"AT89C51-12PI"，则表示该单片微机是 Atmel 公司的 Flash 单片微机，内部是 C51 结构，速度为 12MHz，封装为双列直插 DIP，是工业级产品，是按标准处理工艺生产的。

附录 C 单片微机常见缩略语表

缩写	全称	参考译文
AB	Address Bus	地址总线
AC	Auxiliary Carry	辅助进位
ACC	ACCumulator	累加器
ACK	ACKnowledge	应答段
A/D	Analog to Digital	模/数(转换)
ADC	Analog to Digital Conversion	模/数转换
ALE	Address Latch Enable	地址锁存允许
ALU	Arithmetic and Logic Unit	算术逻辑部件
ANGND	ANalog GrouND	模拟地
b	bit	位
B	Byte；B register；Bus	字节、B 寄存器、总线
BCD	Binary Coded Decimal	二-十进制
BOF	Beginning of Frame	帧起始
CB	Control Bus	控制总线
CHMOS	Complete High performance MOS	高性能 CMOS
CMOD	Counter MODe	计数器方式
CMOS	Complement MOS	互补金属氧化物半导体
CPU	Central Processor Unit	中央处理单元
CRC	Cyclic Redundancy Check	循环冗余检验
CS	Chip Select	片选
CY	CarrY	进位
D/A	Digital to Analog	数/模（转换）
DB	Data Bus	数据总线
DIP	Dual In-line Package	双列直插
DMA	Direct Memory Access	直接存储器访问
DPTR	Data PoinTeR	数据指针
DRDY	Data ReaDY	数据就绪
EA	Effective Address	有效地址
E^2PROM	Electrically Erasable Programmable ROM	电可擦可编程只读存储器
EMC	ElectroMagnetic Compatibility	电磁兼容性
EOF	End of Frame	帧结束
EPROM	Electrically Programmable ROM	紫外线可擦除可编程只读存储器
ES	Enable Serial interrupt	允许串行口中断
ET	Enable Timer overflow interrupt	允许定时器溢出中断
FIFO	First in First Output	先进先出（存储器）

续表

缩写	全称	参考译文
HMOS	High-performance MOS	高性能 MOS
IB	Internal Bus	内部总线
IBF	Input Buffer Full	输入缓冲器满
ID	Instruction Decode	指令译码
IE	Interrupt Enable	中断允许
I²C	Inter-Integrated Circuit	集成电路互连
INT	INTerrupt	中断
IP	Interrupt Priority	中断优先级
IR	Instruction Register	指令寄存器
IRQ	Interrupt ReQuest	中断请求
ISO	International Standards Organization	国际标准化组织
KBPS	Kilo Bits Per Second	千位每秒
LSB	Least Significant Bit	最低有效位
MBPS	Mega Bits Per Second	兆位每秒
MCU	MicroComputer Unit	微计算机单元
MOS	Metal Oxide Semiconductor	金属氧化物半导体
MPU	MicroProcessor Unit	微处理器单元
MSB	Most Significant Bit	最高有效位
NC	Not Connected	空脚
NMOS	N-channel MOS	N 沟道 MOS
NRZI	Non Return to Zero Inverted	不归零反向
OBF	Output Buffer Full	输出缓冲器满
OSI	Open Systems Interconnection	开放系统互连
OTP	One Time Programmable	一次可编程
OV	OVerflow	溢出
P	Parity flag	奇偶标记
PC	Program of A/D Conversion	程序计数器
PCON	Power CONtrol	功耗控制
PD	Power Down	掉电
PROG	PROGramming	编程
PS	Priority of Serial port interrupt	串行口中断优先级
PSW	Program State Word	程序状态字
PWM	Pulse Width Modulation	脉宽调制
RAM	Random Access Memory	随机存取存储器
RCLK	Receive CLocK	接收时钟
RD	ReaD	读
RI	Receive Interrupt	接收中断
ROM	Read Only Memory	只读存储器
RST	ReSeT	复位

续表

缩写	全称	参考译文
RTR	Remote Transmission Request	遥发请求
RTS	Request TranSmit	请求发送
RX	Receive	接收
RXD	Receive Data	接收数据
SA	Successive Approximation	逐次逼近法
SBUF	Serial data BUFfer	串行数据缓冲器
SCLK	Serial CLocK	串行时钟
SCON	Serial port CONtrol	串行口控制
SDA	Serial DAta	串行数据
SFR	Special Function Register	特殊功能寄存器
SO	Small Outline	小尺寸封装
SP	Stack Point	栈指针
SR	Shift Register	移位寄存器
TCON	Timer/counter CONtrol	定时器/计数器控制
TH	Timer Higher-order byte	定时器高位字节
TI	Transmit Interrupt	发送中断
TL	Timer Lower-order byte	定时器低位字节
TMOD	Timer MODe	定时器方式
TX	Transmit	发送
TXD	Transmit Data	发送数据
UART	Universal Asynchronous Receiver Transmitter	通用异步收发器
UPI	Universal Peripheral Interface	通用外围接口
WDT	WatchDog Timer	看门狗定时器
WDTCON	WatchDog Timer CONtrol	看门狗定时器控制
WR	WRite	写

附录 D ASCII 码表与控制符号定义表

ASCII 码表

高3位 低4位	000	001	010	011	100	101	110	111
0000	NUL	DLE	SP	0	@	P	`	p
0001	SOH	DC1	!	1	A	Q	a	q
0010	STX	DC2	"	2	B	R	b	r
0011	ETX	DC3	#	3	C	S	c	s
0100	EOT	DC4	$	4	D	T	d	t
0101	ENQ	NAK	%	5	E	U	e	u
0110	ACK	SYN	&	6	F	V	f	v
0111	BEL	ETB	'or'	7	G	W	g	w
1000	BS	CAN	(	8	H	X	h	x
1001	HT	EM	)	9	I	Y	i	y
1010	LF	SUB	*	:	J	Z	j	z
1011	VT	ESC	+	;	K	[	k	{
1100	FF	FS	,	<	L	\	l	/
1101	CR	GS	-	=	M	]	m	}
1110	SO	RS	•	>	N	∧	n	~
1111	SI	US	/	?	O	—	o	DEL

控制符号定义表

控 制 符 号	定 义	控 制 符 号	定 义
NUL	null 空白	DLE	data link escape 转义
SOH	start of heading 序始	DC1	device control1 机控 1
STX	start of text 文始	DC2	device control2 机控 2
ETX	end of text 文终	DC3	device control3 机控 3
EOT	end of tape 送毕	DC4	device control4 机控 4
ENQ	enquiry 询问	NAK	negative acknowledge 未应答
ACK	acknowledge 应答	SYN	synchronize 同步
BEL	bell 响铃	ETB	end of transmitted block 组终
BS	backspace 退格	CAN	cancel 作废
HT	horizontal tab 横表	EM	end of medium 载终
LF	line feed 换行	SUB	substitute 取代
VT	vertical tab 纵表	ESC	escape 换码
FF	form feed 换页	FS	file separator 文件隔离符
CR	carriage return 回车	GS	group separator 组隔离符
SO	shift out 移出	RS	record separator 记录隔离符
SI	shift in 移入	US	unit separator 单元隔离符
SP	space 空格	DEL	delete 删除

参 考 文 献

高锋, 2004. 单片微机应用系统设计及实用技术. 北京: 机械工业出版社

高锋, 2011. 单片微型计算机原理与接口技术——习题、实验与试题解析. 北京: 科学出版社

何立民, 1990. MCS-51 系列单片机应用系统设计(系统配置与接口技术). 北京: 北京航空航天大学出版社

李广弟, 2001. 单片机基础. 北京: 北京航空航天大学出版社

张俊谟, 2000. 单片机中级教程. 北京: 北京航空航天大学出版社